石になった足跡

—へこみの正体をあばく—

岡村喜明　著

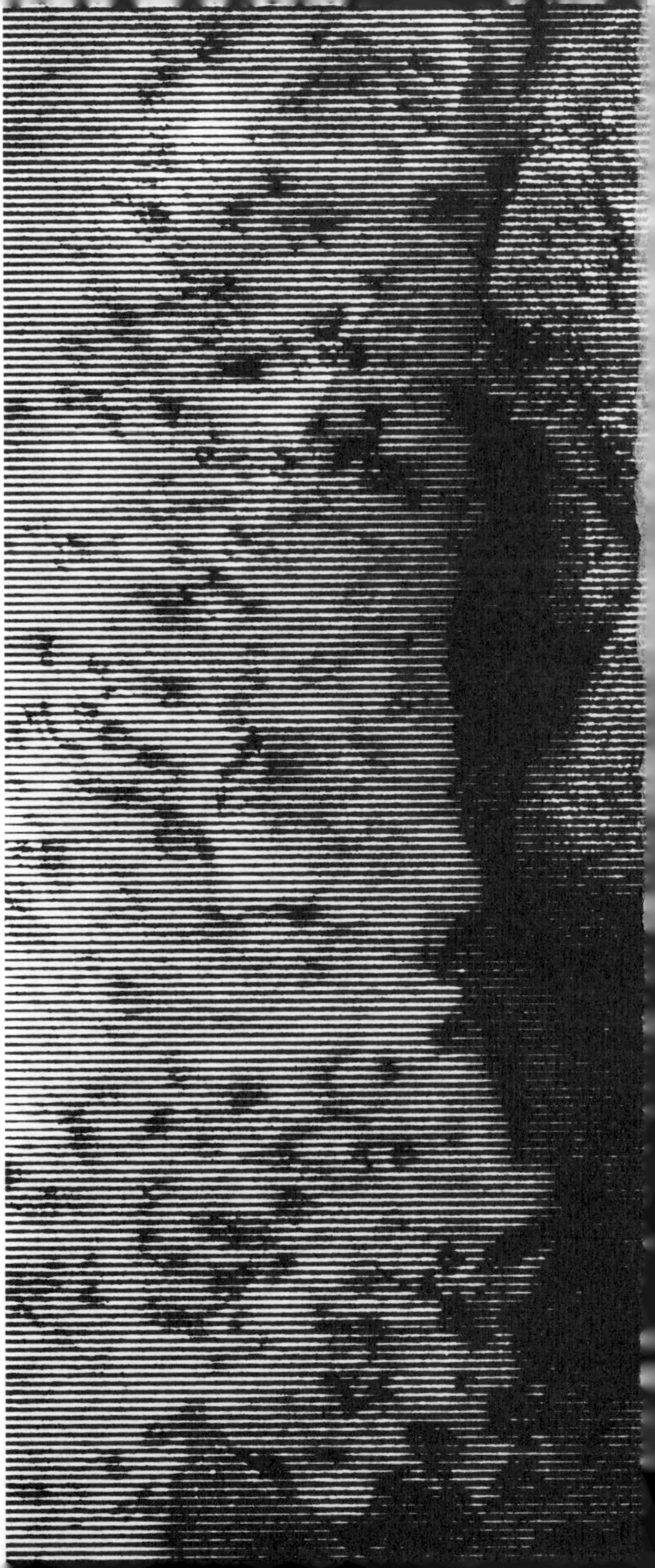

タイのメーテンにて家内を乗せてゾウを操る著者（1999年12月）

滋賀県の浅野川にて足跡を着けた古代ゾウの話をする琵琶湖博物館の高橋啓一さん（中央）と松岡長一郎さん（その左）

（1994年12月）

タイのサンプラーンにてカトレアをはさんでゾウ使いのヤーさん夫妻と（1999年５月）

タイのメーテンにて大きなアジアゾウの足を計る（1999年12月）

福井県の越前海岸にて中新世の地層から出たシカ類の足跡化石を調査しているところ（2000年8月）

滋賀県野洲川河床にて化石研究会の野外巡検で調査中の足跡化石を見てもらう（1996年11月）

滋賀県野洲川河床にてテレビ取材で撮影しているところ（1997年６月）

石川県門前町の山中にてワニ類の足跡化石を調査しているところ（1998年 5 月）

石になった足跡

―へこみの正体をあばく―

岡村喜明　著

はじめに

「先生、岩に何かの足痕あらんす」

宮沢賢治さんは、大正一二年（一九二三）八月七日、彼が教鞭を取っていた岩手県稗貫《ひえぬき》郡立稗貫農学校、のちの岩手県立花巻農学校の生徒たちと北上川の河床で偶蹄類の足跡化石を発見したようすを随筆『イギリス海岸』に詳しく書いている。みつけたときの生徒の第一声が「先生、岩に何かの足痕あらんす」であった。

それ以来、わが国では長い間、足跡化石に注目する学者は少なく、もっぱら骨や歯など体の化石の研究だけが進んできた。しかし、足跡化石が発見されていなかったわけではない。ごくわずかだが明石市からの偶蹄類、長崎県北松浦郡小佐々《こざさ》町からの偶蹄類、新潟県越路《こしじ》町からの長鼻類や偶蹄類、山形県新庄市からのツル類の足跡化石などをあげることができる。それがいまでは、国内の足跡化石産地は三九箇所（産地が近接していて、ほぼ同じ時代と考えられるところは一箇所とした）にのぼる。それは昭和六三年（一九八八）秋、滋賀県甲賀郡甲西町吉永の野洲川河床で古琵琶湖層の地層と化石を研究している田村幹夫さんによって多くの長鼻類と偶蹄類の足跡化石が発見され、当時京都大学理学部の亀井節夫教授を団長として調査団が組織され、詳細な発掘調査が行われたことが契機となった。この調査によりすでに発見されていた足跡化石産地の再調査と再確認、新たな産地の発見へとつながっていったからである。

　特に注目すべきは、鮮新〜更新世の地層である三重県伊賀上野地方から滋賀県南部に広く分布する「古琵琶湖層群」で三七箇所（小範囲のところも含めた産地の数）の産地が確認できている。これだけ多くの足跡化石の産地を抱えるところは国内のみならず世界的にもたいへんに珍しい。

　著者は、この豊富な足跡化石をそのまま放っておけば風化し、消滅する運命にあることを懸念し、何とか研究し、標本を保存していこうと考え、平成三年（一九九一）に足跡化石を研究するグループ「滋賀県足跡化石研究会」をつくった。そして四〇〇万年の間に堆積した厚さが一五〇〇メートルにもおよぶすべての層のなかから何千という足跡化石を観察、発掘、研究している。しかし、その研究はたいへん難しく、いつも難問にぶち当たっている。その結論はいつでるかわからないが、これから足跡化石を研究してみようと思っている人たちとともに歩んでいけば、きっとすばらしい答えが出るであろう。その人たちにいままで著者が行ってきた調査・研究法の一端を解説し、少しでも参考になれば幸いである。また、著者もこれを踏み台にして、もっとすばらしいマニュアルを著すことができればうれしい限りである。

著者　岡　村　喜　明

平成十二年（二〇〇〇）十二月一日

目次

第1章　不思議なへこみのある河原

宮沢賢治に導かれて　―イギリス海岸に立つ―

宮沢賢治さんは、大正一二年（一九二三）八月七日、彼がイギリス海岸と名づけた白い凝灰岩《ぎょうかいがん》が広がる岩手県花巻市小舟渡《こふなと》の北上川河床で、生徒たちと偶蹄類の足跡化石を発見した。このことは「はじめに」も書いたように、彼の随筆『イギリス海岸』に詳しい。ぜひ読んでいただきたいが、彼はこの足跡化石のことを生物学や古生物学の専門誌には報告しなかった。

わが国で最初に哺乳動物の足跡化石として報告されたのは、昭和三年（一九二八）、斉藤文雄さんによってで、それが宮沢賢治さんが書いた花巻市小舟渡からの偶蹄類の足跡化石である。斉藤さんは亜炭化した樹木やクルミの堅果の化石とともに大小二種類の鹿類の足跡化石があると書いている。

著者がこの地を訪れたのは、平成六年（一九九四）八月。この夏は未曾有の干ばつで、北上川は広く干あがっていた。京都大学教授の亀井節夫さんの紹介で、一九九一年、金ケ崎町と水沢市の境を流れる胆沢川《いさわ》で足跡化石の調査を指揮された新田康夫さん、アシスタントの氏家富士子さんのおふたりに案内をしてもらった。新田さんは「こんなに水が少ない年はめったにない。川底の隅々まで歩けるなんて思ってもみなかった」と。本当にラッキーな夏であった。お蔭で長鼻類や偶蹄類の足跡化石、クルミの堅果、炭化した樹の枝などいろんな化石が観察でき、賢治先生の教え子になった気持ちであった。このイ

花巻市小舟渡のイギリス海岸で長鼻類の行跡をはさんで意見の交換をする北上市在住の新田康夫さん（右）と著者（1994年８月）

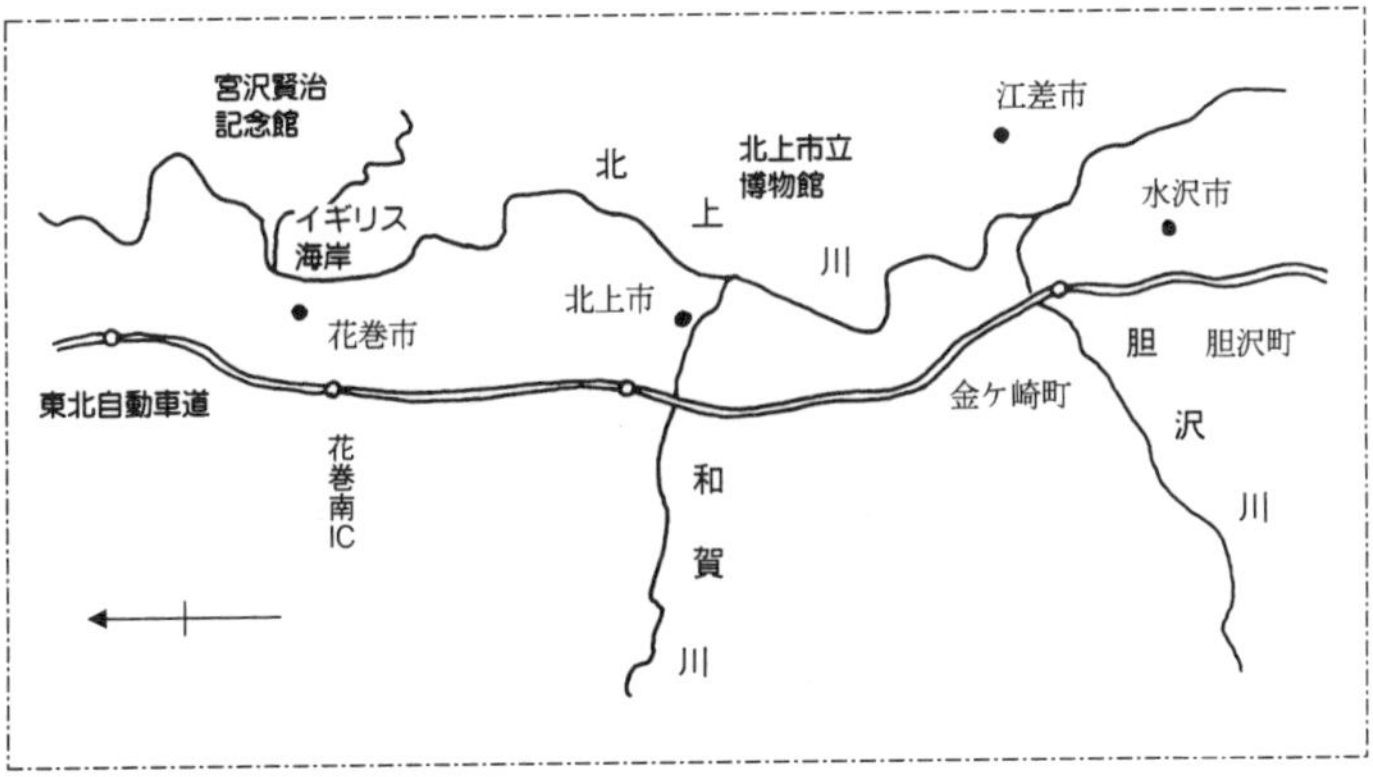

ギリス海岸と近くの和賀《わが》川、胆沢川での足跡化石との出会いのようすを、同年一〇月に、同行した次男と著した『大地を揺るがす象の群れ』（自費出版）から少し紹介してみよう。

新田さん、氏家さんとの挨拶もそこそこに花巻温泉の旅館から小舟渡に車を走らせる。北上川に沿ってきれいな公園ができていて、ゆくゆくは花巻市がここを賢治さんゆかりの公園にするらしい。用具をもって川底に降りると、天は私たちの味方であった。水が退いているではないか。長い間夢にみたイギリス海岸を今私たちは歩いているのである。水が退いて間もないのでまだ地層は黒く湿っているが、表面には無数のへこみがあり、まるで秀衡椀《ひでひらわん》をいくつもちりばめたようだ。亜炭化した木も顔を出す。「おはよう」「おはよう」「こんにちは」「こんにちは」と一つひとつの足跡に挨拶していると日が暮れるぐらいたくさんある。オオバタグルミの化石も目につく。堅果二つを資料として採集し新聞紙に包んだ。偶蹄類の足跡はやや少ないが、水ぎわに右、左、右、左、右と五個からなり、はっきりと行跡がわかるものがあった。これらの足跡はさほど大きくなく前部にV形が、後部にU形の印がみられる前後足の重複足印で、歩幅は七五～八〇センチと広い。恐らく走ったのであろう（次頁の写真）。ここでは新田さんと「足跡の形態を論ずる時は、静の目でみずに動的なものとしてみなければなりませんネ」と話し合った。また、その近くにはこれまた幸運にも六個の長鼻類の足跡が右、左、右、左、右、左と並んでいて、歩幅は一〇〇～一一〇センチである。足跡は深いが簡単に中の砂や小石を取り出すことができた。この砂は現在の川の流れによって入ったもので、この印跡層はやや粘土質のシルト、上位層はシルト質である。この何センチか上位には真っ白な火山灰層が堆積している。たぶん明治から大正にかけて、当時はこれが河床を白く染めていたのであろう。ここイギリス海岸でいきなり偶蹄類と長鼻類のきれいな

イギリス海岸でみた偶蹄類が走ったときの足跡のひとつで浸食されている
（1994年８月）

行跡がみられるとは思ってもみなかった。シャッターを切る手が震えるのをどうしようもない。ここから少し下流の右岸には賢治さんゆかりのイギリス海岸の案内の塔が建っている。そこからさっきの上流の産地を眺めるこの心地よさ、まさに新田さんと氏家さんに感謝感謝である。

さて、興奮も冷めやらない私たちを乗せて車は国道四号線を南下、北上市を流れる北上川の支流、和賀川の足跡化石産地へ。和賀大橋の右岸のでこぼこ道を上流へ、東北自動車道の赤い橋の下に着く。市民ゴルフ場で楽しむ人や魚釣りをする人がまばらだが、足跡を掘る人は誰もいない。私たちだけ。ここの河床は砂、亜炭、シルト、火山灰層などからなっていて、これぞ本当の白亜の海岸のようである。特にすごいのは真っ黒な亜炭層でその規模には圧倒される。〝和賀川の流れに浸る亜炭層〟と下手な一句。この上面には足跡はないもよう。偶蹄類や長鼻類の足跡化石は主にシルト層の上にみられたが、全体にその数は少ない。夏の日照りで乾燥し砂ぼこりと化したのであろうか。午後二時、太陽は容赦なく照りつけ顔や首がヒリヒリする。自動車道の橋の上下流をくまなく観察した後、北上市の観光地である展勝地へ向かう。展勝

北上川の支流、和賀川は大きな川で真っ黒な亜炭層と真っ白なシルト層のコントラストが印象的だが、それにもまして足跡化石が興味をひく

（1994年８月）

地は珊瑚岳と国見山の麓にあり、和賀川が北上川と合流する眺めのすばらしいところ、レストランで〝ひっつみ〟をごちそうになり、いよいよ博物館へ登る。ここで一番興味をいだいたのは何と言ってもやはり足跡化石、胆沢川からのものが展示してある。そこで、小さい鳥の足跡が産出しているのを初めて知った。これは北上市立博物館研究報告の第八号に報告されていて水かきはなく、足印長は約二センチ強で小鳥くらいのものであろう。ただ一個である。そのほか偶蹄類と長鼻類のものもあり、なかなかおもしろい。明日はこの胆沢川に行けるのだと思うと胸がたかなる。一つ気になるのは食肉目のものとされている足跡で、これは再検討を要すると思われた。同じ博物館のある山に点々と復元されている家屋の中に、以前から一度見てみたいと思っていたあの有名な〝曲り屋〟があった。残念

ながら中は既に時間切れで閉まっていたのでみられなかったが外で新田さんや氏家さんらと記念写真に収まった。今夜は水沢市内のホテルでビールでもキュッといくか。私はお酒は余り飲まないし、次男もアルコールはだめ。しかし、今夜は祝杯をあげなければならない。賢治さんや新田さんや氏家さんに敬意をはらって。乾杯！

金ケ崎町中央生涯教育センターの朝は静まり返っていた。まだ涼しいうちにと午前六時二〇分、水上市内のホテルを出た。センター内には胆沢川からの長鼻類や偶蹄類のレプリカと切り取り標本が保管されていて、私は特に偶蹄類のU型のものと鳥類のものと先に鋭いつめの跡らしきものがある足跡をみたかったので、それに集中した。偶蹄類のU型の足跡は、ほかの足跡もそうであるが足印底がやや浸食されているようなので、その形態について切り取り標本で論じることはできなかった。現場で詳しく観察してみよう。鳥の足跡は三個あって、そのうちの二個に四本の指印をみることができた。第一指はやや長いようで第三指と第四指間には近位指間膜がありそうだ。先端に鋭い爪の跡と思われるものがある足跡を二種類三個みたかったが一個は現在センターにはなく、残念ながら一種類二個の標本のみをみせてもらった。その結果はいくら考えても、ついに正体不明に終わった。写真を撮らせてもらったので、これを動物の専門家にみてもらうことにしよう。植物化石や貝化石もたくさん保管されていて、植物はカバノキ、メタセコイア、ブナ、ヤナギ、クルミ、ハンノキ、ヒシなどが多かった。一旦ホテルに戻り朝食をすませてから四時間強、昼飯も忘れて胆沢川に入り浸り足跡化石の観察をしながら歩き回った。調査地のB区は既に護岸工事が完了しているがコンクリートで覆っていない岸や河床はまだまだ多く、A区の対岸、C区、D区、E区とかなりの広さである。大きな化石木がありメタセコイアも出たとのこと。

偶蹄類や長鼻類の足跡化石も多い。まだまだ浸食されていない足跡もみられる。両者の足跡の蹄尖印や指印も鮮明でしっかりしている。足跡は主として泥層、シルト層に印跡されていて、その上位には小さい軽石を主とする砂層で埋められているものがある。長鼻類の足跡の断面がきれいにわかるところもあった。ここでは長鼻類の足跡の大きさについて、それをみる時は足印長（前後足印の重複が多いが）と足印幅だけで判断することは危険で、それに加えて、指印幅、特に中指である第三指が前方を向く歩行である時は第三指印幅を重視するのも必要かも知れない、なぜなら歩行時に印跡される変形が外側や斜め前方を向く他の指に比べて少ないと考えられるから、と新田さんらと話し合った。そうこうしながら川を下る。そして極めつけは鳥類の足跡化石であろう。水中の泥層に四個みられたが緑の藻が邪魔をしてうまく写真が撮れない。しかし、これは何という幸運か！　ちょっと来て完全な鳥類の足跡三個がみられるなんて。この足跡は水底なので詳しくは掘らなかったがぜひ型を取ってもらいたいと思う（水底の足跡は水中エポキシ樹脂で型をとるのがよい）。種類はセンターに保管されている三標本と同じに思えた。金ケ崎大橋の少し上流でアケボノゾウの小さな臼歯が発見されているが、ここも今は護岸工事が終わっていて河床はみられない。遅い昼食をしてレストラン前で再会を約束、古琵琶湖層からのツル類の足跡のレプリカを、金ケ崎町に資料館ができたらぜひ展示して下さいと一個差し出してお別れした。中尊寺に向かう車のフロントガラスに突如として大粒の雨がたたきつけてくる。まるで別れの涙のように……。

大きな鳥類の足跡化石が水底に眠る胆沢川にて（1994年８月）

伝説の世界から科学の視野へ　—足跡もどきか足跡か—

昔人が見た足跡石

わが国には古くから言い伝えられてきた石にまつわる話がたくさんある。そのなかでも足跡石に関する話も意外と多い。その一端を少しひも解いてみよう。

あの平賀源内が五一才で没した年、安永八年（一七七九）、近江が生んだ博物学者である木内石亭（一七二四～一八〇八）は、国内を行脚し伝説の石や奇石を見聞し、それを『雲根志』と題する本に著した。その後編を刊行した年である。この時石亭は五六才であった。後編は全四巻からなり、その巻之三に像形類（ぞうぎょうのるい）として、形の変わった石やおもしろいいわれのある石九〇種類をあげて解説している。そのなかの「足跡石」のところを開いてみよう。

また、ここにはあげないが馬蹄の形をした「馬蹄石」や高野山花坂の「手跡石」が大師の手の跡と言い伝えられていること。そして、あの有名な天狗の爪石も。これはもちろんサメの歯の化石であり、化石に興味をもっている者は、黒く光る大きなサメ歯を一個はみつけたいと思うものである。

石亭があげている像形類を著者はすべてを検証したわけではないが、おそらく足跡化石ではなくて足跡のようなへこみであるものが大部分を占めていたのではなかろうかと考える。それはともかくとして読んでみよう。

雲根志後編　巻之三

江州山田浦木内小繁重暁著述

像形類《ぞうぎょうのるい》　九十種

足跡石《あしあといし》　一

上野国榛名山に神足石あり。方一尺五寸、高さ六七寸の石なり。石面に一足半の跡鮮やかにあり。伝えいう、権現の御足跡なりと。また相模国曾我の里に、會我兄弟が屋敷跡という籔の中に、四五尺四方の大石ありて、足跡五つの指より踵《きびす》までも常の人の足より大なり。俗にいう、五郎時宗百余日病に伏し、平癒して後力量おとりしかとて踏み試し足跡なりと。また尾州登々《とと》川に足跡石あり。菅清公の記に、むかし大巳貴命《おおなむちのみこと》、少彦名命《すくなひこなのみこと》巡国の時往還をし給う足跡なりと。また江州大津より牛尾山へぬける山路に、大石の平なる上に両の沓跡あり。伝えいう、行叡居士この石上に立ちて牛尾山の観音を安置すべき地を見立て給う時の沓跡なりと。また東国に百合若の足跡石あり。西国に巨人の足跡あり。また大和国大峰山安禅堂の後に、足摺石とて大石に踵にて摺りたる跡あり。小石にもまたあり。また北国所々に大多法師が足跡石という物あり。大多法師いかなる人かしる人なし。また江州甲賀郡鮎川村黒川村の間の山路、字提田《さげた》という所に八尺六面ばかりなる巨大の石あり。石上に尺ばかりなる足跡鮮やかにあり。予宝暦十一年（一七六一年）三月十七日、この地に至り尋ね求むるに、土人いう、これはむかしダダ坊という大力の僧ありて、熊野へ通るとて道に迷いこの石上に立ちしと。ダダ坊またいかなる人とも知るべからず。おもうに北国の太田坊と同称なるべし。また近江国八幡山牧村の岡山にあり。石面に巨大なる足跡二つ鮮やかなり。この地の俗説に子安神の足跡なりと。今に婦人ここに安産を祈る。また同国石部の宿の北に菩提寺村というあり。この山中に浪石という巨大の岩山あり。石面ごとに人の足跡あり。土俗いう、昔泥の海となりし時、良弁僧都この山に来たり給うその足跡なりと。また同国石山寺にもあり。また奥州武隈に大石あり。源義経足跡というもの今に鮮やかに見えたり。唐山《もろこし》にも足跡石のこと、水経および瀛涯勝覧《えいがいしょうらん》等の書に見えたり。

註：土人、土俗とは、その土地の人を指している

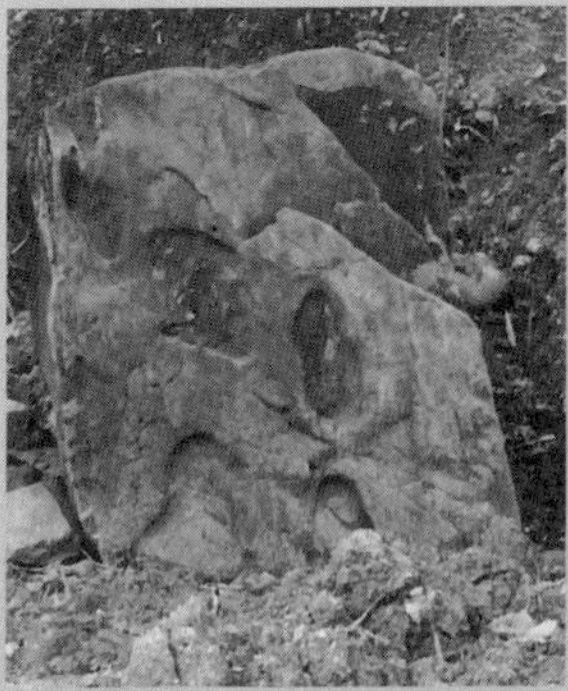

江州甲賀郡鮎川村黒川村の間の山路、字提田というところに……

石亭は、この地におもむき、むかしダダ坊という大力の僧がつけた足跡であると土人から聞いている。写真は、それではないが土山町鮎河の沢田さんが見つけた中新世「鮎河層群」の砂岩にみられる足跡石である。なかに含まれる泥岩が浸食されてへこんだものであり、足跡化石ではない。

江州石部の宿の北に菩提寺村というあり。この山中に浪石という巨大の岩山あり。石面ごとに人の足跡あり。土俗いう。昔泥の海となりし時、良弁僧都この山に来たり給うその足跡なりと。写真は石部のものではなく、琵琶湖の北岸にある義経の隠れ岩と伝えられている古生層のなかの石灰岩が浸食されて足跡のようなへこみとなったものであり、足跡化石ではない。

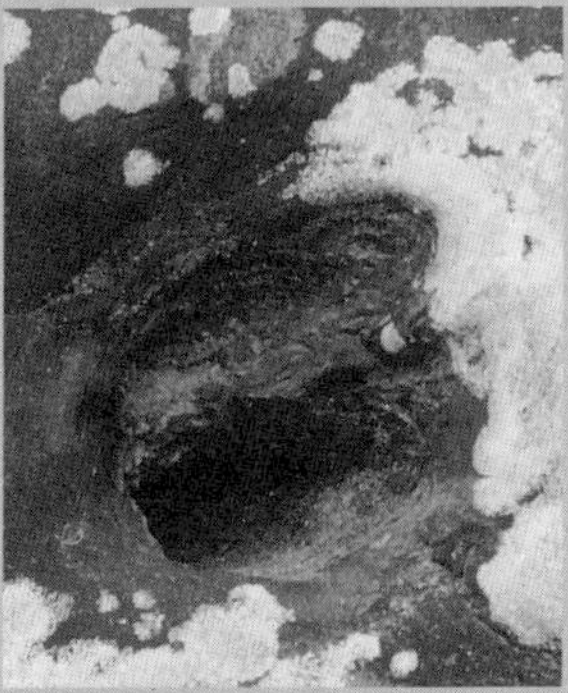

石亭の著述のなかにはみられないが、三重県伊賀地方の「古琵琶湖層」で足跡化石を調査していた時に、伊賀町の春日神社境内に昔から伝わる牛爪跡石があると聞き、さっそくに見聞した。これはかたい黒色の泥岩についていて、ちゃんと両方の主蹄印のようにみえる。もちろん足跡化石ではないが、夢のある足跡石で、石亭が生きていればさぞかし興奮したであろう。

生物が生きていた証

　ここで今さら「化石」とは何か?をあえて説明はしないが、化石は大別すると生物の遺骸、遺体やその一部である骨や歯、角、鱗、皮膚、毛などの体の化石と生物の生活、生理の記録である生痕《せいこん》化石《かせき》に分けられる。そして、生痕化石には生物の行動を記録した足跡やはい跡、巣穴などと生物の生理を示す糞や卵、胃石などがある。

　この生物の行動の記録である「足跡化石」を研究する主な目的は、印跡動物(それを着けた動物のこと)の種類や大きさ、行動・移動のようす、群れの頭数など大むかしの動物の生態を解明することにある。この目的を達成するにはどうすればよいか。そのことがこの書を起こそうと考えた動機でもあるが、その前にいくつかの生痕化石をお目にかける。

　まず生物の行動のあと、はい跡化石からあげてみる。よく博物館でみられるものにカニ類(次頁右上の写真)やカブトガニや三葉虫などの甲殻類が移動した跡がある。しかし、化石採集をしていてもっともポピュラーなのはアナジ

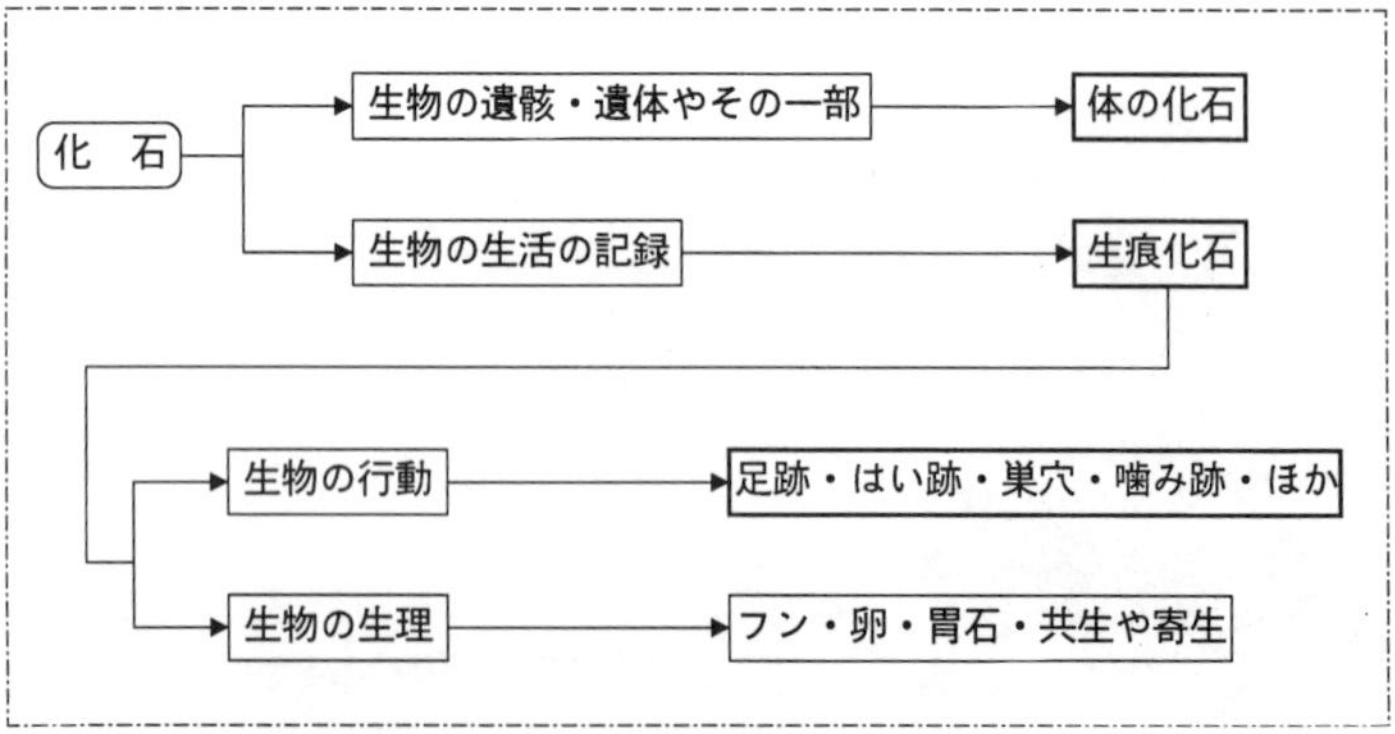

化石には体の化石と生物の生活の記録が残された生痕化石とがあり、足跡化石は、生痕化石のうちのひとつである

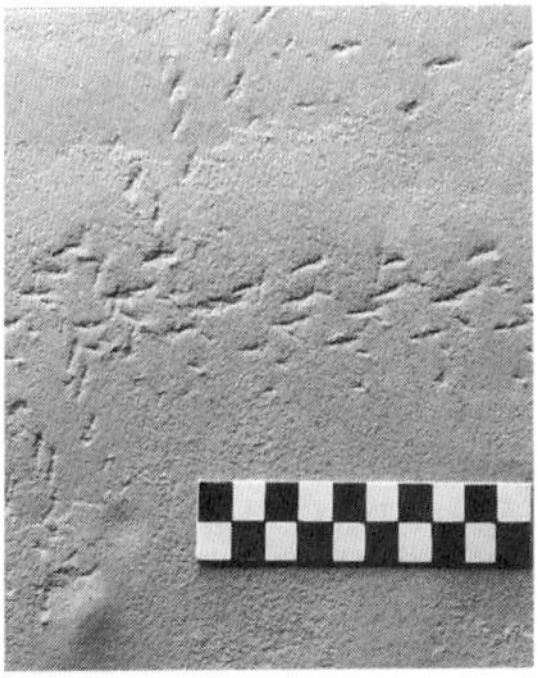

岐阜県瑞浪市の中新世、瑞浪層群でみつかったカニ類のはい跡（琵琶湖博物館保管）

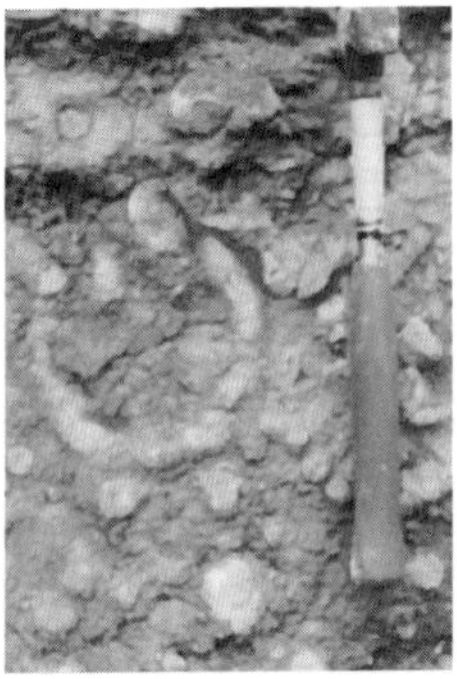

滋賀県土山町の中新世、鮎河層群でみつかったU字形のサンドパイプ

ヤコや貝類などの巣穴、すなわちサンドパイプである。網目状の複雑なすみ家やまっすぐなもので一番奥が少し広い部屋になっているものや左上の写真のようなU字形のものなどいろいろで、家主の種類によってその形態がちがう。そのほかに珍しいものとしては、海の猛者モササウルスがアンモナイトを咬んだ歯の跡とか、ベレムナイトをかじった魚の歯の跡、タマツメタガイに食われた二枚貝の小さな孔、虫に食われた葉の化石などなど数えあげればきりがない。

そしてよく展示されているのが、恐竜のウンコの化石、卵の化石、胃石である。糞の化石でも明らかにウンコ状をしたものはだれにでもわかるが、形の単純なものや胃石などは「これが？」と疑いたくなるものもある。また、興味深い生痕化石としてこんなものもある。それは傾斜した海底でアンモナイトが転がった軌跡とかエビがシッポをばたばたさせてあばれた跡とかヒトデが着地した星印など、これらもやはり生痕化石に入る。化石採集の時だけでなく、河原や海岸を散歩していても、ああこれが埋もれれば生痕化石になるのだなアと考えられるものがみつかる。

コーヒーブレイク（1）

落としものも石になる

森のなかへ入るとよく落とし物がある。その大きさや形でその主がわかる。フィールドガイドブックには、たいていその図や写真が載っている。ウンコも化石になればりっぱな生痕化石である。古琵琶湖層からはよくみつかる。おそらく水底に沈んでいたのであろう。もし陸上で落とされたものであれば虫が食べたり、乾燥して風化してしまうと思う。下の写真の糞は、おそらくワニのものであろうと言われている。これと次頁のシャムワニの糞と比べると大きさや形がよくにている。ワニのものは水底に沈むことが多いが、写真はコンクリートの上に落とされたもの。もちろんスケールは置けない。もし飼育池に侵入してメジャーを置こうものなら、夕方には私のからだは完全に消化されて落とし物の一部となるにちがいない。アアくわばら、くわばら。

古琵琶湖層群伊賀累層からのウンコの化石で、約350万年前のもの。このほかにも同層からは250万年前のものも見つかっている

ゾウの道へ一歩足を踏み入れるとアジアゾウの落としものがいっぱい

アジアゾウの落とし物はドでかい。その大きさは砲丸くらいだが、もってみると以外に軽い。なぜなら植物ばかりを食べていて、その中身は線維と水分だけだ。ゾウは１回に砲丸を10個から15個落とす。匂ってみてもそう臭くない。おしっこの方もこれまたすごく、ジャーと30秒はつづき、量も多い。ゾウの道へ入るといっぱいの落とし物だ。踏まないようにと思ってもそうはいかない。つい踏んでしまう。マアいいか。ウンがつくのだから。

シャムワニの落とし物。表面はツルッとしていてなめらか、内容は鶏ガラを食べているので、それが入っているのだろうが一見してもウンコの表面には骨の出っぱりはない
おそらく完全に消化されてしまうのであろう

第2章　へこみの正体をあばく

足跡化石に魅せられて　―古いカルテをひっくり返す―

開化前夜

昭和三年の斉藤文雄さんの報告以降にも足跡化石の報告はつづいた。昭和九年（一九三四）、徳永重康さんと直良信夫さんが兵庫県明石市郊外の林崎村三本松西一丁の海岸と大久保村中八木の海岸からの偶蹄類の足跡化石を報告した。また昭和一一年（一九三六）、鹿間時夫さんが同じく同市近郊の大久保村西八木で、昭和九年九月の暴風雨のあと発見された偶蹄類の足跡化石二個を報告し、シカ類に近いとしている。これらの報告文は、ごく簡単なものであったが、もう一つの論文、森本義夫さんと津田貞太郎さんの報告は詳細であった。

これは昭和一二年（一九三七）、博物学雑誌にみられる。文は一四頁にわたっていて、なかでも特筆すべきことは、『足跡化石の考察』のなかで、すでに偶蹄類の足跡の形態の多様性（足跡の形にいろいろなものがあること）に注目している点である。少し紹介してみる。「既述の化石はすべてその形によって偶蹄類のものであらうと言ふことは誰しも考へ得る處である。上野動物園で日本鹿 Cervus (sika) nippon nippon T・及水鹿* C・swinholi (SCLATER) の足跡を観察した。その輪廓は圖に示す（1～14）は日本鹿、15～18は水鹿）。（1）～（4）及（15）は比較的平坦な硬い地面に印せられた元来の

＊水鹿（スイロク）は、サンバー（Cervus unicolor）のこと

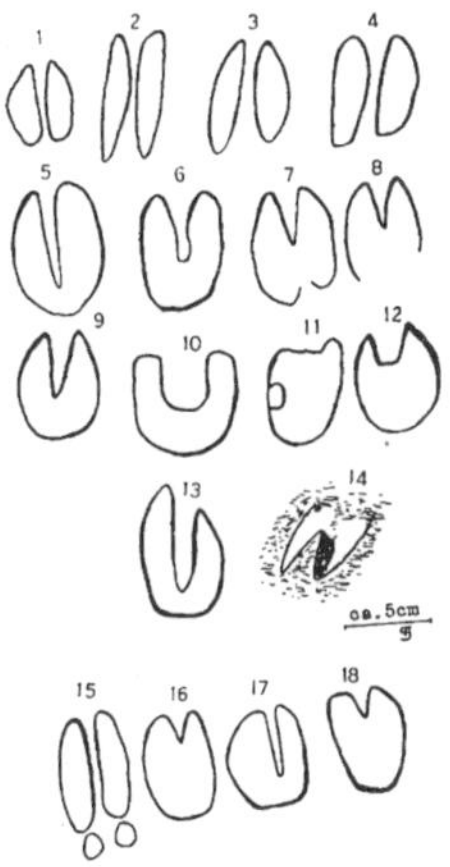

森本・津田の報告にあるいろいろな形態の偶蹄類足跡のスケッチ

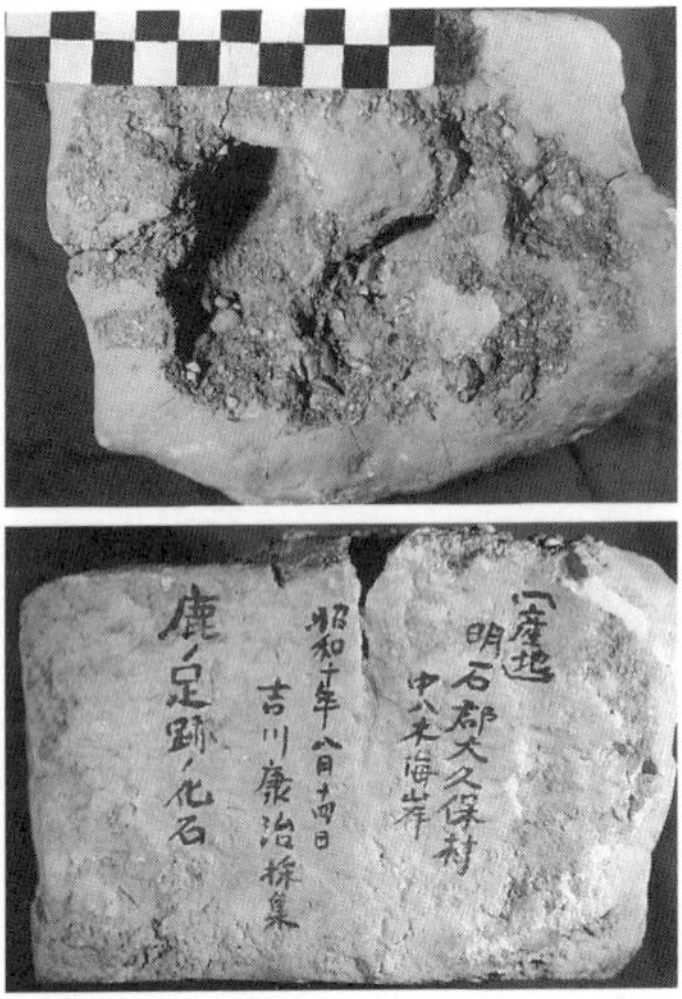

京都大学に保管されている明石市中八木産の切り取り標本。下の写真は、標本の側面に書かれた記載

蹄の底の形に近いものである。(5)~(14)及(16)~(18)は軟い泥地に印せられたもので、實に多様な變化がある。この變化を作る原因には(1)地面の硬さ、(2)歩む速度、(3)動作の變化等を考へられるが、更に又重要なことは鹿が普通の状況で眞直ぐに歩む時には必ず前肢の足跡を後趾が踏むことである。即ち足跡が前後二重に重なり、その重り方も運動の方法によって多種多様あって種々な形の變化を生ずる。斯の如き個性の少い足跡から元の動物を決定することはほとんど不可能なことであらう。而し乍ら深く泥中に入つた足跡には元の蹄の特徴が僅か残されてゐる場合がある。従って若し足跡を残した動物の間に限界が附せられるならば之を決定することも全く不可能なことではないと思はれる」と実に鋭い考察をしている。著者が一九八八年に発見された滋賀県の野州川河床の偶蹄類の足跡化石の解析に翻弄したことが、すでに五〇年前に観察されていたとは驚きであり、また感服する。これと左上に昭和一〇年、当時中学生であった吉川康

治さんが切り取った標本が京都大学に保管されているので、その写真もあげておく。

著者は、このほかに偶蹄類の足跡と考えられるものが、これからだいぶ経った昭和三三年(一九五八)、長崎県で発見されていることを文献(一一五頁を参照)で知ったが、その後の経過はわからない。

新潟県三島郡越路町の渋海川河床にて。同町教育委員会の安藤さん・長岡市立科学博物館の加藤さん・同好の長さんらと記念撮影する(一九九四年)

昭和四〇年(一九六五)、新潟県三島郡越路町の渋海川河床から発見された足跡化石を長岡市立科学博物館考古研究室の中村孝三郎さんが古生物学者の松本彦七郎さんの指導で一九六六〜六七年に調査をした。その成果は、昭和四三年(一九六八)に『蒼い足痕』という題で報告された。印跡した動物は、ゾウ、ラクダ、シカ、ウシ類としている。この報告書は、印刷の段階で〃地層〃という文字が抜けてしまったが、もとの原稿は『蒼い地層の足痕』であったとのこと。

平成四年(一九九二)に再刊された報告書の題名には〃地層〃が印字されている。それはさておき、当時この報告書の足跡化石については専門家の間では意見が分かれ、長い間かえりみられることなく時は流れた。平成四年に再刊された『長岡科学博物館研究調査報告』第九冊、岩清水古生物足跡遺跡調査報告書：中村孝三郎、岩清水化石哺乳類足痕に就いて：松本彦七郎・森一・北目子良、渋海川原産旧象二種に就いて：松本彦七郎・森一・北目子

わが国で最初にみつかった象の足跡化石で、大型43号と名づけられた。左は３１２番の偶蹄類の足跡化石（蒼い地層の足跡から）

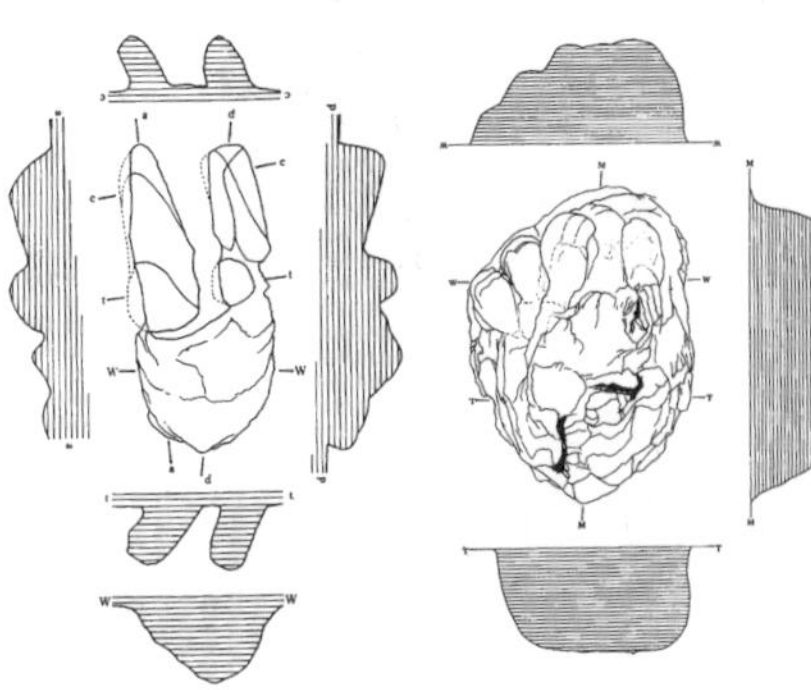

良・中村孝三郎の三つの論文が載せられた『蒼い地層の足痕』をみると、その印跡動物を象類、恐らくワカトクナガゾウ、駱駝《らくだ》類、恐らくトウアオオラクダ、鹿類（小）、恐らくナツメシカ、鹿類（大）あるいはキンリュウオオツノシカ、牛類、恐らくハナイズミモリウシと五種類の動物に同定している。このことについての詳細はあとで触れるが、著者は、次のようなことで大変感慨深いものをその文中にみつけた。それは、大形43号と名づけられた直径が三〇センチくらいの丸い凹痕を発見したときすぐに「象だ！」「象だ！」と叫び、心臓は早鐘を打ったと記録していることである。へこみを見てすぐにゾウの足跡だと直感したのだ。これがわが国で最初の長鼻類の足跡化石であった。

　また、いま一つは巻末に詳細な実測図が載せられている。それには足跡の上面観（上からみたところ）をスケッチした単なる平面図だけでなく、上に示したように必ず縦横二方向以上の断面図が描かれていることである。この記録方法は、平面図や写真では判別できない足跡の立体的な形態を研究者に理解させるに十分な手法である。さすが中村さんは考古学の目でへこみをみていたのだと感心する。この記録法が著者の調査と記録法にも大きな影響を与えたことはいうまでもない。

渋海川の発見と同じ年、わが国ではじめて鳥類の足跡化石が発見された。昭和四〇年（一九六五）、当時山形大学教授の吉田三郎さんの報告には、足跡化石は山形県新庄市と舟形町の境にある最上炭田、中山炭礦の坑内から発見されたツル科の足跡で大小二つのタイプがあるとしている。その二年のちに吉田さんは、このツル科の足跡化石を英文でも報告している。

それからしばらくの間、わが国では足跡化石のことは忘れられていた。ところが、群馬県西南部の多野郡中里村瀬林にある「漣岩《さざなみいわ》」と呼ばれている岩肌、これは昭和二八年（一九五三）の道路拡張工事で現れたものだが、そのきれいな漣痕《れんこん》（水底や波打ちぎわでの波の紋が化石になったもの）の中の二すじの並んだへこみが恐竜の足跡化石であると、昭和六〇年（一九八五）に松川正樹さんと小畠郁生さんが発表した。これがわが国で最初の恐竜の足跡化石であるが、このへこみは三二年間もの長い間、だれも気がついていなかったのではなく深く追求する人がいなかっただけなのである。

国道299号線沿いにある漣岩の前に立つ著者（1994年）

このように複数のへこみで形態や大きさ、その配列が規則的なものがあれば「ひょっとして足跡化石ではないだろうか？」と調べてみることが必要であるよい例であろう。案にたがわず、それ以来、国内各地から恐竜の足跡化石がぞくぞくと発見されてきた。平成一二年（二〇〇〇）六月現在、福島県、群馬県、長野県、岐阜県、富山県、石川県、福井県、三重県、山口県、福岡県、熊本県などの中生代ジュラ紀～白亜紀の地層からのものが報告されている。著者は、今まで主に新生代の地層からの足跡化石を観察させてもらったり調査をしてきたので、話をその若い時代の地層の足跡化石にもどそう。

足跡開化

昭和六三年（一九八八）九月、以前から精力的に滋賀県内の地層と化石の調査をしていた田村幹夫さんは、県南部の甲賀郡甲西町吉永を流れる野洲川河床で多くの長鼻類と偶蹄類の足跡化石を発見した。このことは「はじめに」にも書いたが、その発見の情報は彼の恩師である松岡長一郎さんを通じて、当時、京都大学で長鼻類化石の研究をされていた亀井節夫教授らに伝わり、京都大学を主体とする調査団が組織された。この発見と調査のニュースはまたたく間に全国にひろがり、同じ時代の地層や化石の調査をしている国内の研究者の目を足跡化石に向けた。その結果、各地からぞくぞくと新たな産地が発見されることとなった。

二〇〇〇年六月現在、古琵琶湖層群からの足跡化石の産地は巻頭に書いたように三七箇所を数えるが、ここでは著者が一九八八年から数年間に経験した古琵琶湖層群の足跡化石で興味深い産地の調査について紹介する。

何から手をつけてよいやら　滋賀県甲賀郡甲西町吉永

次頁上の写真は、昭和六三年（一九八八）一一月、バルーンを揚げて撮影した産地の全景である。左側が上流、白色が地層面、1が第一地点。2が第二地点で溝状にくぼんでいる。調査団が結成された当

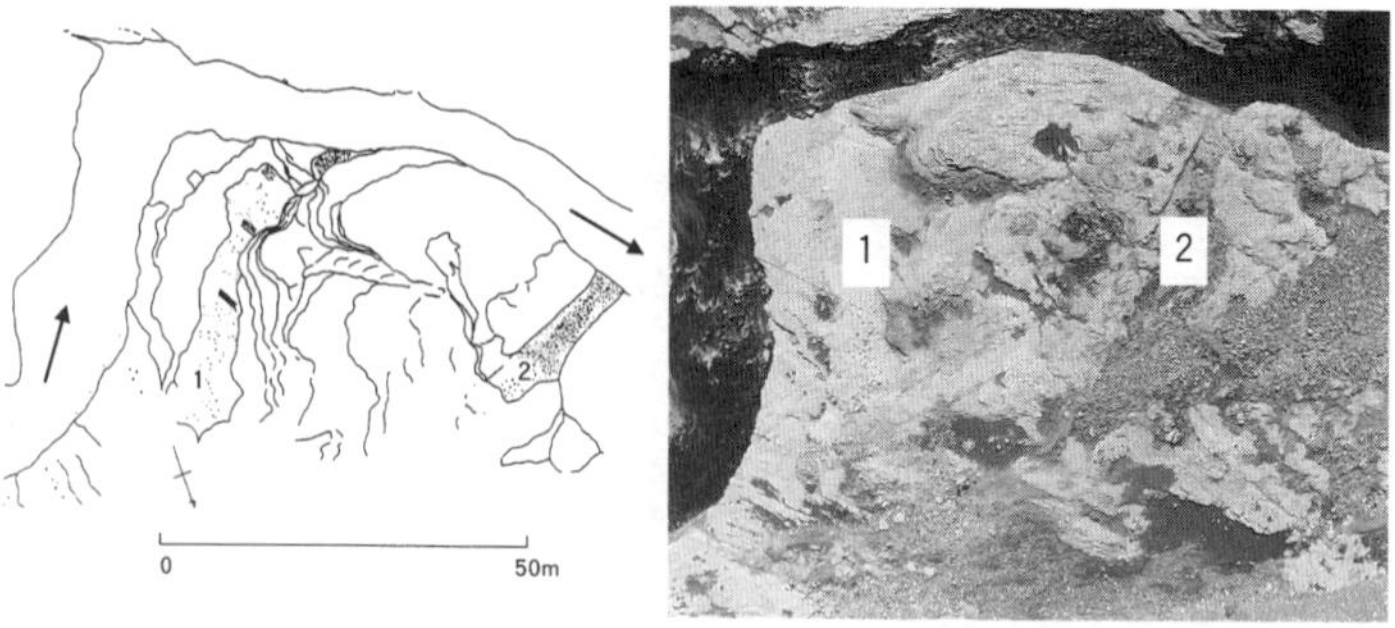

滋賀県甲西町吉永を流れる野洲川河床の産地の全景。写真・図の左方が上流、1は広く平坦な第1地点、2は溝状になった第2地点、矢印は川の流れの方向である

初は、今考えるとどうということはないが、正直いって足跡化石のあまりの多さとすばらしさに圧倒され、何から手をつけたらいいのか戸惑った。人間は初めてのものを目の当たりにするとどうしてもその「形」、特に上からみた形態から判断したり、ものをいってしまうものである。亀井団長の指示と各分野の専門団員らの探求心がここでは大いに発揮され二年間にわたる学術調査は終了したが、今現場に立って当時を振り返るとまだまだ多くの反省点があるような気がする。

ここでは調査の手順などについての詳細には触れないが、足跡化石、特に偶蹄類の形態の多様性を語るに先立って、第一地点と第二地点の地層の性質と古環境のちがいを報告書から引用して説明しておく。少しむずかしいがこの第一地点と第二地点の地層の性質や成り立ちのちがいが、あとで展開する足跡化石の解析にたいへん重要な意味をもつのである。

第一地点

第一地点の足跡化石群は、調査地の中部〜上部にかけての層準である。中部層最上部の粘土層中には、淡水生の貝化石が多産することから帯水域であった。この帯水域は、粘土層中に足跡がみられることから、少なくとも長鼻類がふつうに歩けるほどの水深であったと考えられる。この粘土層中に挟まれる細粒砂の薄層は厚さが数ミリと薄いにもかかわらず第一地点のほぼ全域に分布していることから、帯水域に流れ込んだ洪水流によって堆積したと考えられている。粘土層の上面には、第一地点の南部では乾痕（乾裂）が、中部では漣痕が認められることから、粘土層堆積末期には、ほぼ第一地点の中部と南部の境付近に帯水域の岸辺があったと考えられる。粘土層下位の中部層下部を構成する砂層の分布をあわせて考えると、中部層最上部の粘土層は、中部層下部の砂層を堆積した河川が放棄されたあとの帯水域に堆積したと考えられる。この帯水域は、洪水の時には、しばしば洪水流の浸入をうけていたと推定できる。そして、この粘土層堆積の末期には南側から干あがっていったと考えられる。長鼻類や偶蹄類はこのようなところを歩きまわっていた。上部層は蛇行河川の滑走斜面に堆積したものであると推定できる。したがって、第一地点の北部にまだ浅い帯水域が残っていた頃、河川の流路が変わって、再び第一地点の地域が流路になったと考えられる。この河川が蛇行して、北から南へ流路変更をおこなっていたと考えられる。この蛇行河川の滑走斜面を長鼻類や偶蹄類などが歩き回っていた。

第二地点

第二地点の足跡化石群は、最上部層最下部の層中にみられる。この層は第二地点で幅約五メートルの南北方向で深さ約四〇センチのチャンネル（流れなどで浸食されてできた溝・水路）を埋積して粗粒部が発達している。このチャンネルを埋積する粗粒部は、チャンネル壁面を被っているがチャンネル外には分布していない最大層厚五センチの粗粒〜中粒砂層と、それを被ってチャンネル外にまで広く拡がる炭質シルト層（層厚一〜三センチ）、チャンネルを埋積する粗粒砂層（層厚〇〜三〇センチ）から構成されている。足跡化石群は、おもに砂層と砂層の間に挟まれる炭質シルト層の上面に認められる。一方、このチャンネルの西岸から約二メートル離れたところと東岸から約三メートル離れたところには、炭質シルト層中にメタセコイアと思われる直径約一メートルの直立樹幹が認められる。したがって足跡化石の形成期の第二地点の堆積環境は、メタセコイアなどの成育する林の中を流れる浅い水路状の溝があり、溝には植物片やシルトが堆積していた。あるいは草本類が成育していた可能性もある。このような溝を長鼻類や偶蹄類が踏みつけて移動し足跡が着けられたと推定できる。

調査地は、この第一地点と第二地点からさらに下流へ約六〇〇メートルと長く広い範囲であったが、発掘調査は主としてこの二つの区域で行われた。その調査の結果は、平成七年（一九九五）、『琵琶湖博物館開設準備室研究調査報告』三号に詳しく報告しているので、ここでは深く触れないが、著者は前に書いたような古環境のちがいによる足跡化石の形態の多様性に興味を抱いた。それについての話をすることにしよう。まず次頁の四枚の写真をみてほしい。

松岡長一郎さんから著者に第一報が入り、甲西町吉永の野州川河床を訪れたのは、昭和六三年（一九八八）九月二三日（秋分の日）であった。まず第一地点の平坦な地層面に長鼻類や偶蹄類の足跡が点々と並んでいるのが目に入り驚いた。そして、少し下流の細長い溝の黒ずんだ面に偶蹄類や長鼻類の足跡とおぼしき丸いへこみがびっしりと着いている。ここが第二地点である。この第二地点の偶蹄類の足跡群はふつうのシカのようなV字形のものもあるが、円形やハート形、二本指の手袋形をしたものなどいろいろで、はじめは種類のちがう偶蹄類が着けたものとも思われた。調査団が結成され、調査の分担が決められた。著者は、ぜひこの第二地点の足跡群の調査と記録をしたいと申し出て承諾された。それから休診日

第１地点と第２地点の印跡層のちがいによる足跡化石の形態の比較

第１地点の長鼻類の足跡

均一なシルト質粘土層に印跡され、足跡内にそれより荒い砂が埋積している長鼻類の足跡は、指印などの細部まで明瞭である

第２地点の長鼻類の足跡

荒い砂が多いシルトと炭質物が多い面の足跡は、細部まで印跡されにくいし、浸食されやすくカメ穴化しているものが多い

第１地点の偶蹄類の足跡

均一なシルト質粘土層に印跡され、足跡内にそれより荒い砂が埋積している長鼻類の足跡は、指印などの細部まで明瞭である

第２地点の偶蹄類の足跡

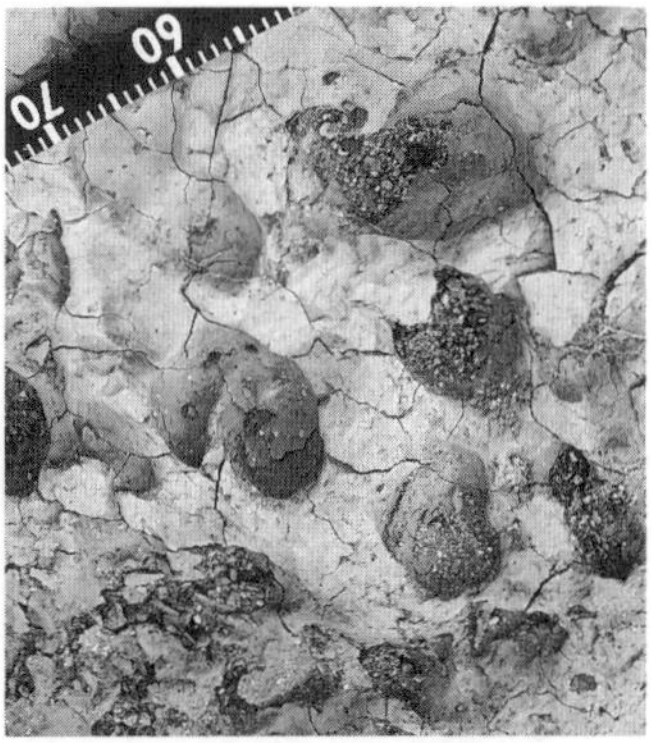

荒い砂や炭質物が多い面の偶蹄類の足跡は、円形やハート形になり、ウシ類が印跡した足跡のようにもみえる

毎に現地を観察、診察のある日は早朝や夕方暗くなるまで地面にはいつくばった。はじめての足跡化石、しかもいろいろな形態の足跡があり、これから印跡した動物の種類を決定するのに頭を痛めた。しかし、調査をしていたある日、足跡化石を見学に来られた和歌山県の一人の猟師さんと出合ったことが大きな解決の糸口をつくってくれた。彼は、これは鹿か猪の足跡だろうという。帰ったら猟に出るので鹿と猪の足をクール宅配便で送ってやろうと約束してくれた。彼から鹿と猪の前後の足部が送られてきたのはそれから間もなくであった。それ以降この足部をそっと冷凍庫から出しては印跡実験を繰り返した。奮闘すること二年、やっと偶蹄類の行動と当時の地面の性質が少し理解できるようになっ

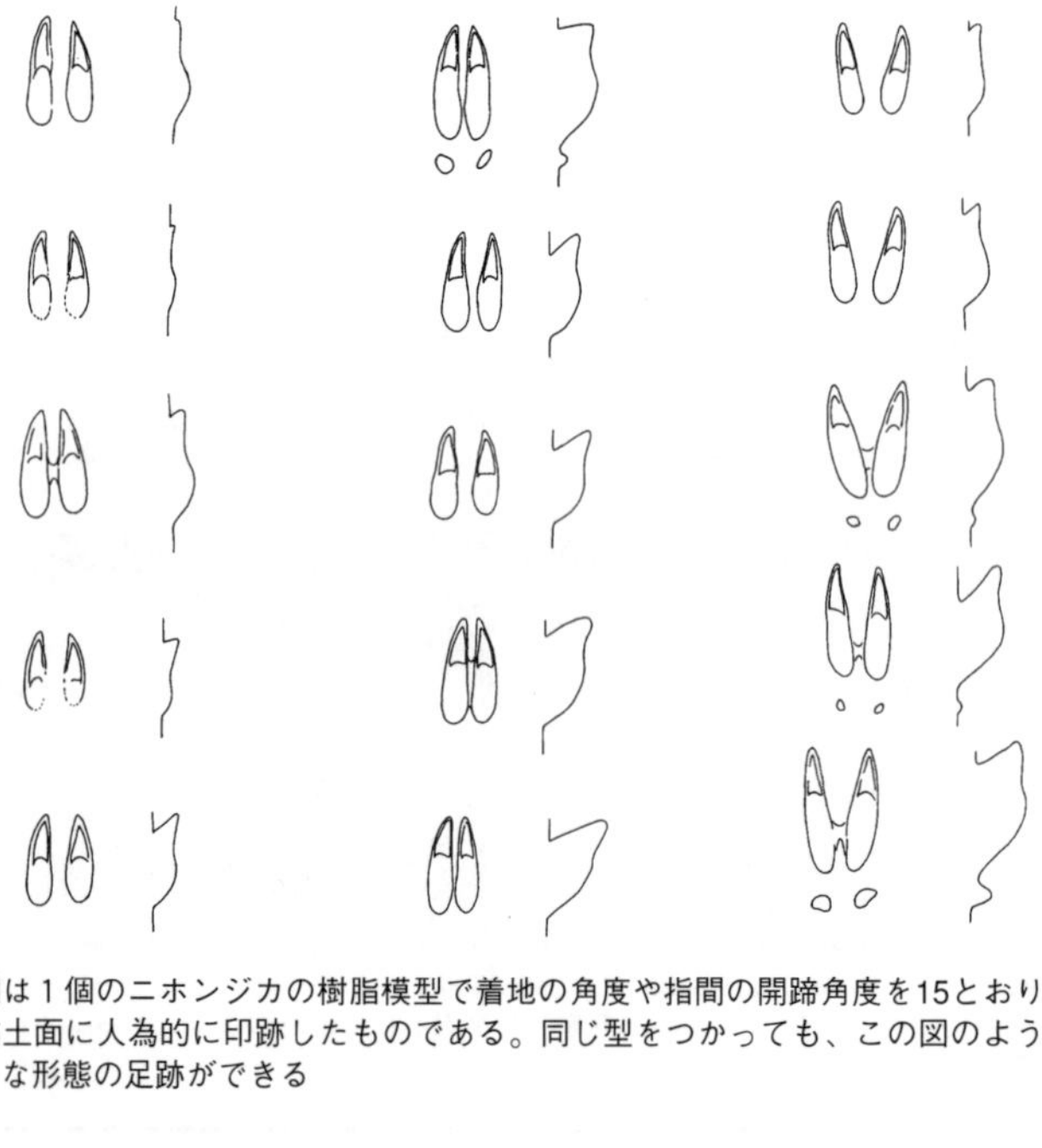

上の図は1個のニホンジカの樹脂模型で着地の角度や指間の開蹄角度を15とおりに変えて粘土面に人為的に印跡したものである。同じ型をつかっても、この図のようにいろいろな形態の足跡ができる

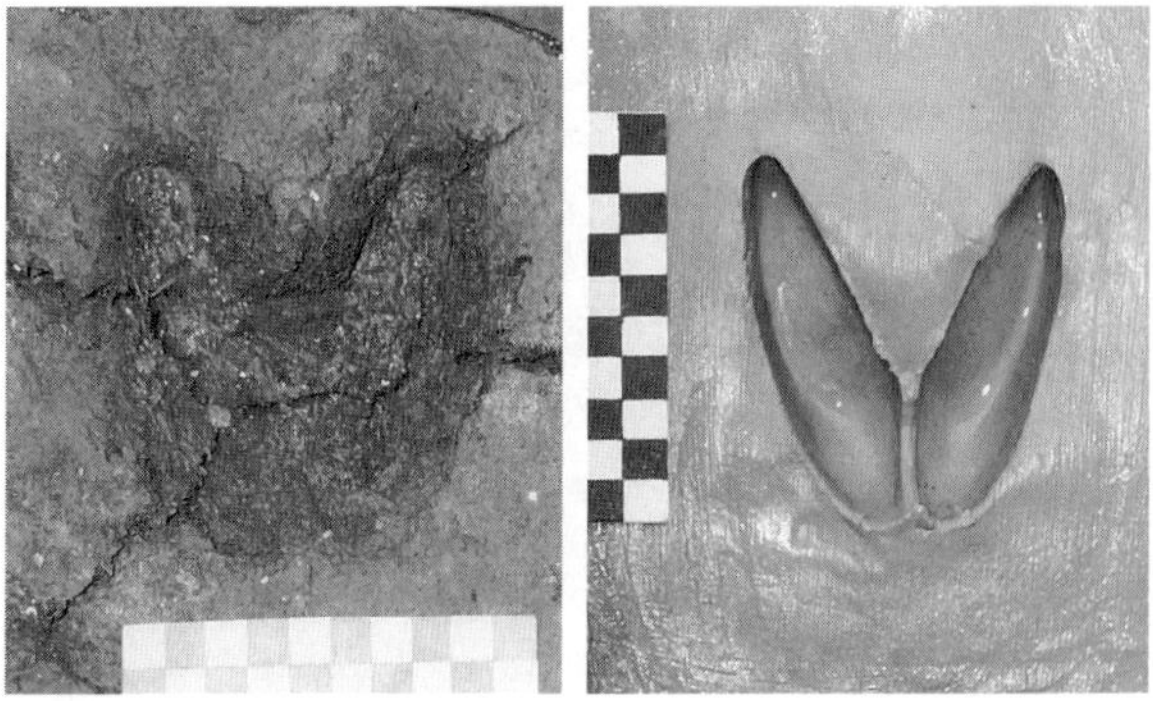

右の足跡は、均一な粘土に着けたもので明瞭である。
左は粘土の上にメタセコイアの枯れ葉をしいてから着けたものの一年後の状況である

てきた。この実験結果については、著者が一九九〇年に『地学研究』三九巻、四号に報告したので、それを参照してもらえばよい。ここでは図だけをあげておく。

前頁の図は均一な粘土面にニホンジカの足部を一五とおりの異なった角度や深度で押しつけたもので、実際の歩様とは一致しない場合もあるが、同じニホンジカの足部を用いてもこんなにも足跡の大きさや形態が異なるのである。図の左が上面観、右が主蹄印の断面観である。著者には大変貴重なデータとなった。そこでもう少し突っ込んだ次の実験、すなわち第二地点の地層の性質に似た印跡層を再現して印跡することとした。第二地点は、メタセコイアなどが茂る森の中の溝で落ち葉や草木片が堆積、腐葉土を含むような地面であったことがわかったことから、それに近い材料を作って、大型の鹿の足部の樹脂模型を印跡してみた。

右上の写真は、分厚い均一な粘土に印跡したシカの足跡である。両主蹄印は細部まで非常に明瞭に着き、指間の印もくっきりとしてつぶれず足印口の形態はV字形になる。

左上の写真は、粘土と腐葉土を混ぜた層の上に小枝を取り除いたメタセコイアの枯れ葉をやや分厚く敷き、その上に印跡したものを一年間室内で徐々に乾燥させたときの足跡の状況である。両主蹄印は明瞭に着くが、蹄尖印は鈍化して尖らない。指間印は少しU字形になり浅い。足跡後部の壁は少しW字形に残る。粘土だけの層に印跡した足跡とは輪郭がやや大きくみえ、足印口は実際の計測でも延長する。これは足印口のエッジが鈍化し、ゆるい傾斜をつくるからである。足印口の形態はU字形になる。

ここに紹介した二つの実験から第二地点の偶蹄類の足跡群は、いろいろな形態をしているが、大きさは別として足跡化石の形態と成り立ちの解析から多くても二種類までの偶蹄類が着けた可能性があり、第一地点の偶蹄類と同じ種の可能性が大きいと考えられた。

このように、第二地点の密集した偶蹄類の足跡を観察したことは、そののち古琵琶湖層群から発見された偶蹄類足跡化石の調査、特に印跡層の性質と足跡の形態の関係を考えるのに、たいへん参考になった。しかし、動物が印跡したのちに上位に荒い砂が流れ込む時の浸食、破壊が足跡に及ぼす影響、例えば流れの強さ、方向、洪水の持続時間、砂の粒子の大きさなど、今後まだまだ解決していかなければならない課題が多いことも実感した調査でもあった。

滋賀県日野町小井口にて。調査前の水量が多い産地のようす

川底に眠る足跡化石　滋賀県蒲生郡日野町小井口《おいぐち》

平成元年（一九八九）県立日野高校教諭の但馬達雄さんが発見

した日野川ダム下流の足跡化石の大半は、最大水深が一メートルもある川底に密集していた。そのために調査を実施したのは、発見から三年後の秋であった。なぜなら水利の関係ですぐ上流にあるダムを閉鎖できる時期が限定されたためである。

前頁の写真は産地を上流から撮影したものである。水は滔々と流れている。地層は泥質で右岸の方へわずかに傾斜している。足跡化石は、川の中央部から右岸寄りの三角形になった区域にみられた。左岸寄りは深く川底はみえない。写真中央の低い滝になっていて流れが落ちる辺りには、はじめは多くの足跡化石がみられたが年々浸食され、調査時にはほとんど確認できなくなっていた。そして、下の写真はダムの水門を閉鎖してもらい水流を止め、ポンプで汲み出し、乾燥させた印跡面の全景である。写真の下方から上方へと川は流れていた。この画面からはややわかりにくいが、小さい偶蹄類の足跡の密集は右岸寄り、すなわち深かったところに多く、川の中央部にはほとんどみられず長鼻類の足跡の浸食されたへこみのみが残っている。

日野川の流れを止め、水を汲み出したあとの産地のようす

この干あがらせた印跡面は、約二二〇平方メートルの広さであった。そこには偶蹄類の足跡が九四四個と長鼻類の足跡が七三個数えることができたが、浸食されていなければもっと多くの足跡があったにちがいない。

ここ日野川河床の調査からわかることは、わが国の新生代の地層からの足跡化石が発見される場所は、河床や海岸などが多い。増水のあとに露出し、ふだん水没しない河床の足跡化石は、立地条件がよければ調査は容易である。しかし、できるだけ早期に発掘調査をし記録しないと風化、破壊されやすい。反面、ここのような水底に発見される場合は、水流がゆるやかであれば浸食はさほどではなく、むしろ乾燥しないので足跡化石の寿命は保たれる。水底の足跡で、もし発見後すぐに調査ができない場合は流れを足跡化石のない方向へ変更し、流れのゆるい淵にしておくことも一つの保存策であろう。

河原一面カメ穴だらけ　滋賀県神崎郡永源寺町山上

平成二年（一九九〇）九月の台風一九号による増水で、以前から小さい化石樹や球果などが発見されていた愛知《えち》川河床で大規模な化石林が露出したことが一〇月一五日、増井憲一さんによって発見された。著者は、当時、県立琵琶湖博物館開設準備室の調査に地元教委、教員とともに参加した。この調査の報告は、『琵琶湖博物館開設準備室研究調査報告』一号（一九九三）に詳細に報告しているので、それを参照してほしい。ここでは、特に次のことのみを説明しておこう。

台風の洪水のあとで顔を出した長鼻類の足跡化石の多くは深い鍋のようになっている

　この調査地は、広い河川のうち上の写真のように幅が約五〇メートル、長さが約二五〇メートルの範囲で、一面にシルト質粘土層と顕著な炭質シルト層が互層で分布している。足跡化石は、この両層にみられるが、炭質シルト層の面に特に多い。全調査区域内に長鼻類の足跡化石は一四五〇個以上を確認したが、偶蹄類の足跡化石は三五個と少ない。足跡化石の数を数える場合は、足跡が一個の単足印（左右や前後の足跡が重なっていない一つの足跡のこと）のこともあれば前後の足跡が重複していることもある。正確には前者を一個、後者を二個と数えなければならないが、現場では一つひとつを詳細に解析することができず、両者の区別をせずに一個と数えることが多い。長鼻類の足跡化石で炭質層のものは、おそらく露出のあとの水流で強く浸食されていて深鍋状やスリバチ状になっている。この深鍋状の長鼻類の足跡とシルト質粘土層の長鼻類の足跡の形態を比較してみよう。

左上の写真は炭質シルト層に深く印跡された足跡である。足跡の底にある枝片が下方へ湾曲していて

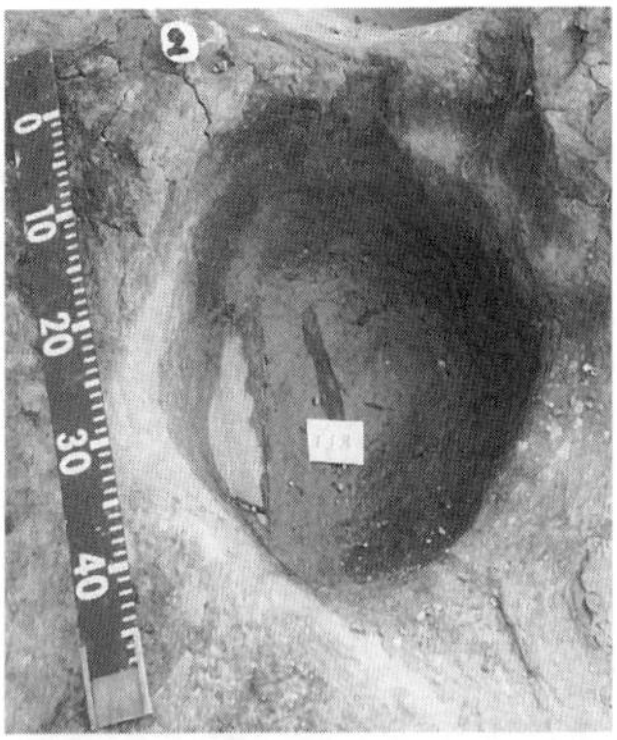

炭質シルト層にみられるカメ穴状になった足跡化石

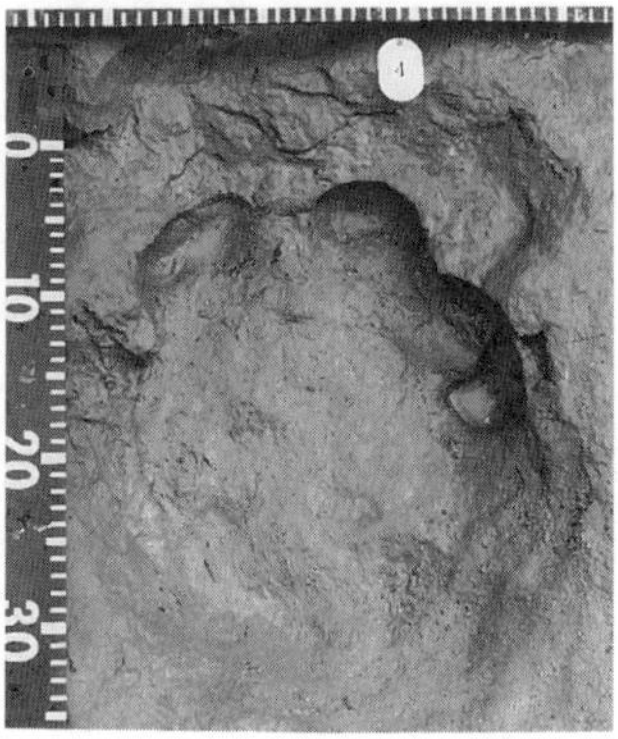

シルト質粘土層に着いた保存のよい足跡化石

一つの化石樹と長鼻類の足跡化石の関係

荷重がかかったことがわかるが、調査時すでにスリバチ状でカメ穴（ポットホール）と化していて指印はわからない。したがって厳密に言えば長鼻類が着けた足跡と断定できない。周辺のほかのものをよく観察して判定せねばならない。前頁中段の写真の足跡はシルト質粘土層に印跡されたもので少し浸食されているが、指印が明瞭でカメ穴になっていない。このように、大きな河川では、増水で露出、発見されても調査までに時間がかかりすぎると、せっかくの足跡化石の形態が変化する。どうすればよいか。とにかく各役所、例えば役場、教育委員会、土木事務所などとの折衝が済んで調査団を結成するまでに保護や記録をはじめることである。特にここの調査は寒風がほほを打つ湖東地方の一一月から一二月であった。

いま一つの特記すべきことは、調査区域のほぼ全域に炭質層が堆積していたが、長鼻類が移動した時期に全ての大木（メタセコイア植物群）が生きた直立樹幹ではなく、何本かは枯れて株だけになっていたことがわかった。それは前頁下の図のように炭化した大木株のすぐ根元に長鼻類の足跡が一個上流に向かって印跡されていたからである。こんなすぐ根元に大きな長鼻類の足跡が着くには、移動したときすでに大木の幹はなく株だけでなければならない。足跡化石は、実に多くのことをわれわれに知らせてくれる。

崖にへばりつく　滋賀県蒲生郡竜王町小口《おぐち》

著者らは、平成三年（一九九一）一二月中旬、当時、わが研

広い工事現場の法面の一つで、八層の炭質層のすべてに踏まれたへこみがみられる

究会会員であった園繁夫さんからの連絡で名神自動車道竜王インターチェンジのゲート拡張工事現場にて丘陵の崖に数層の凹みを確認した。この地から程遠くないところにある鏡山ではゾウの臼歯（竜歯）が発見されていることを江戸時代に木内石亭さんが記述している。

この崖の足跡化石は、上の写真のように地層を垂直に削ったような法面で粗粒の砂層と炭質シルト層の互層である。足跡化石はその炭質シルト層に明らかなへこみとしてみられ、その印跡層は八層を数えた。この産地のように工事中で、しかも法面に足跡が垂直断面として発見される場合は、深く追求する調査、特に発掘調査は、骨などの体の化石が出ないかぎり施主との折衝が困難である。もし許可がおりれば上位層を広く水平に剥がしていき足跡化石の発掘はできるが、ここでは体の化石が発見されなかったので、全法面の写真撮影と一つの足跡の断面の剥ぎ取りを行い標本とした。それは法面の適当な高さにあった長鼻類と考えられる足跡の断面で、正月休みの間に工事責任者の許可を得て崖にへばりついての作業であった。方法は樹脂での剥ぎ取りである。そして、その標本から印跡層である炭質シルト層中の植物片のラミナ（層理）の変化を観察した。剥ぎ取りの場合、荒い砂層は固めにくく、また粘土層は剥ぎ取っても砂や細植物片などが混じっていないとラミナがわかりにくい。

このように、われわれが初期に経験した偶蹄類の足跡化石の多様な形態の成り立ちを解明するための実験、長い間ずっと川底に眠っていた足跡化石の調査、炭質シルト層の上に着き、増水で浸食され丸いカメ穴になってしまった長鼻類の足跡化石の調査、広い範囲の工事で複数の炭質シルト層に着けられた長鼻類？の足跡化石を発見したが、垂直の断面でしか観察できなかった産地など、産地にはいろいろあることを紹介した。

また、一九八八年から二、三年の間に新潟県三島郡越路町の渋海川や岩手県花巻市周辺や北上市、水沢市、金ケ崎町付近の胆沢川・和賀川河床などでは、足跡化石を再確認する調査や新たな発掘が行われたり、平成元年（一九八九）夏には野洲川河床で第二次発掘調査も行われた。暑いさ中の調査であった。また、それと同時に大阪府富田林市を流れる石川河床から一〇〇万年前の長鼻類や偶蹄類、鳥類の足跡化石が発見され調査が行われた。また、京都市左京区岡崎にある京都市動物園内から発見された二万数千年前の偶蹄類の足跡化石の発掘調査も行われた。このように一九八八年の滋賀県での大発見がわが国の〝古足跡学研究への開化〟となったのである。

第3章　足跡化石を〝診察〟する

よりよい足跡化石を求めて　―CTスキャンで足跡を診る―

診察に先立って

国内の足跡化石は、今や新生代の地層だけでも未曾有ともいえる産地の増加がみられる。著者は、古琵琶湖層群からの足跡化石のほかにも全国各地の産地を調査したり、見学させてもらってきた。そのなかで実に多くのことを学んだが、いま一つ釈然としないことがある。それは一言でいえば、各地の調査団の発掘方法、研究法、記載方法が一定していないことである。この大きな要因は何か。ほかでもない。足跡化石は、動物が移動したときに着いたものであるから「静」でなく「動」の結果である。解剖形態学的なことのほかに生物力学的、堆積学的な因子も考慮しなければならないからである。しかし、産地によっていろいろな理由でその追求ができないところもあれば、観察が困難なことも多い。足跡は着いてから上位層で埋められ、また現在、われわれの目に触れるまでに多くの因子によって原足印(original footprint、七〇頁参照)から程遠いものになっていく。堆積学的考察ができない場合は、その時目の前にある足跡化石の形態だけをみて、これが原足印で当時のまま、あるいはへこみの形すなわち動物の足の形と思いこんでしまう危険性がある。五一頁の図をみてほしい。図の⑤～⑥の時期での調査では、上位層を発掘すればよい足跡化石が得られるが、⑦～⑧では学術的に価値が落ちる足跡化石が多い。いきなり難しいことを書き出してしまったが、ここが肝心なところである。

今国内で「足跡」について調べようとする時、その目的をかなえてくれる書物は意外に多い。それは今泉忠明さんや子安和弘さんら多くの著者によるアニマルトラック関連の図鑑である。しかし、「足跡化石の調査・研究法」について書かれた手引き書は、新生代のものに限れば少なく、一九九四年に発行された地学団体研究会編の『ゾウの足跡化石調査法』が唯一である。この書は長い間継続して発掘調査が行われてきた長野県野尻湖の研究成果をもとにして展開されており、執筆者には古生物学の専門家だけでなく、堆積学の専門家も名を連ねていることからわかるように、非常に高度な分野をわかりやく解説している。でもこれはタイトルのとおり「ゾウ」の足跡化石を主として書かれていて、将来大いに期待できる偶蹄類や奇蹄類、爬虫類、両生類、鳥類、そしてより小型の動物の足跡化石の調査に対応するには、これとは異なった視野での手引書が必要になってくる。その詳細についてはそれぞれの足跡化石のところで解説するが、前に書いたように著者はすでに一九八八年の野洲川河床の調査の時点から難問に当たっていた。それは偶蹄類の足跡化石の形態が多様なことである。当時、現生のニホンジカの足部を用いて粘土面にいろいろな足跡を着ける実験や地質時代にそうであっただろうと考えられる砂を含んだ粘土の上にメタセコイアの落ち葉を敷きつめて、その上からニホンジカの足跡を着け形態の変化を観察したりした。そののち著者は動物が移動した時のその地面の性質、例えば粘土層内に砂が少ない場合、荒い砂が多く含まれている場合、また、細かい植物片が多い場合などの条件で、動物が印跡したあとの浸食やその後の風化に大きな差が生じる。すなわち発掘してみると足跡の形態に多様性が生じていることを化石研究会会誌30号に報告した。そこで、これから「足跡化石の一生」というか、動物が移動して

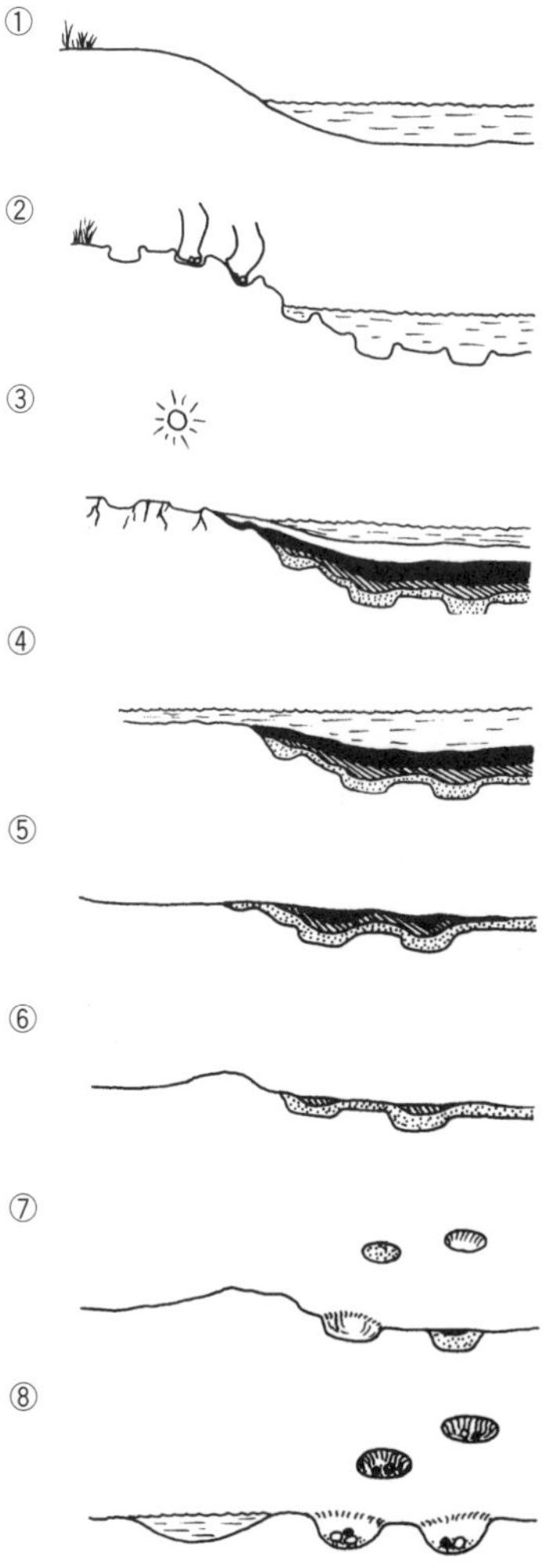

① 大昔の川や湖沼のほとり。そこへ動物が水を飲みに来たりして往来する

② 浅瀬や岸辺の水分の多いところには動物の足跡が残る。残り方は水中か陸上かだけでなく水流、水深、地面の性質、ほかの動物（陸生・水生生物）による破壊、変形などによっても左右される

③ 太陽熱、雨、風、波、水流、水生・底生動植物など、また塩類などのイオンの影響を受けながら固化していく。その後、強弱いろいろあるが流れなどで土が堆積したり、火山灰が堆積し足跡は埋もれる。その時にも破壊や変形がおこる

④⑤ 地中にて保存されていた足跡が上位層から浸食されてくる

⑥ 大昔の印跡面に近づき足跡化石が露出する

⑦ 水流、洪水、風化などで上位層がどんどんと削られる

⑧ 上位層だけでなく足跡化石も削られて、へこみにはまった小石などでカメ穴化していく。そしてついに足跡はさらに削られ消える

足跡化石の一生。動物が水辺を移動して着けた足跡が岸や水底で埋もれて化石になっていく過程と露出して浸食され消滅していく過程をあらわした

着けた足跡がどのようにして化石となり、そして消滅していくかを考えたうえで、ぜひ観察したい「保存の良好な足跡化石」とは何を指すのかについて総論的に書いてみる。しかし、それぞれの足跡化石についての各論は、それらの足跡化石のところで順次解説していく。

足跡化石のタフォノミー

タフォノミーとは、簡単に言うと「足跡が着いてから化石になっていく過程で、影響する因子などを考えながら足跡化石の生い立ちを探る」もので、再び前頁の図とあわせみて、次の文を読んでほしい。

足跡化石と考えられるへこみが発見されると、まず第一にそれが足跡化石であるかないかの確認をせねばならない。そして、足跡化石であると確認できれば調査をするわけだが、発見から発掘調査終了までの過程、手順については『ゾウの足跡化石調査法』の三三頁にわかりやすく書かれている。著者もおおむねこれに沿って実施しているが、滋賀県では、特に〝滋賀方式〟ともいえる発見者、これは必ずしも学者やアマチュアとは限らないがこれらの人を含めて県立琵琶湖博物館や滋賀県足跡化石研究会のほかに、足跡化石が産出した地元市町村の教育委員会や地域住民、自然観察会、歴史研究会の人たちとともに作業をし、その成果をできるだけその町に残そうという考えから合同で調査団を結成している。このことのあらましは、世界古代湖会議の報告書『エンシェント　レイク』（一九九九）に英文であるが、高橋啓一さんと報告しているので参照してほしい。

足跡化石を古足跡学の目的に則した研究の対象として確保するには、前頁に書いたようにただ足跡化石であればよいのではなく次頁の図に示すような良否判定基準に合うかどうか。われわれは調査に先だって、発見された足跡化石が調査の価値のある健康優良児か否か、保存が良好か否かを観察する。

では「保存が良好な足跡化石」とはいったいどんなものを指すのであろうか。例の「ゾウの足跡化石調査法」には、長鼻類の足跡化石の五つの確認ポイントがあげられている。

1、個々のへこみ（足跡）の形態はどのようなものか。

2、前足の足跡と後足の足跡が共存するか。

3、へこみの底面と側壁の形態は、足の形態および運動に対応しているか。

4、へこみの直下および周囲で、地層のラミナはどのように変形しているか。

5、左右の足跡の並び（行跡）は確認できるか、歩幅はどのくらいか。

しかし、河川などで自然露出した足跡化石の多くは上位層が浸食されて発見されるので、もうすでに研究の対象から遠くかけ離れてしまっていることもある。幸いにも古琵琶湖層群からは、何千、何百と

	足跡の状況	古足跡学的な評価	判定
上位層が残存しない場合	カメ穴状の足跡	露出後の浸食が強くて研究の対象外	×
	輪郭が少し残る足跡	正確な形態は論じられないがおおむね分かる	△
	指印のすべてか一部が残る足跡	正確な形態は論じられないが、印跡動物の移動の方向などは分かる	△
上位層が残存する場合	足跡内に少しでも残っている場合	印跡面の追求はできるので、発掘の価値はある	△～○
	まったく露出していない場合	水平、垂直断面のラミナなどから印跡面が分かるので、正確に発掘できる	◎
	崖に垂直断面としてみえる足跡	垂直断面のラミナから印跡面が分かるので、その結果周辺の足跡の発掘が可能である	◎

◎：発掘、研究の対象となる　○：発掘の価値がある
△：足跡の形態的な議論は不可　×：研究の対象とならない

足跡化石の良否判定基準

発見から消滅までを定点観察した足跡化石の推移

①炭質シルト層面に印跡された偶蹄類の足跡で、クリーニングが終わったところ。このまま手をつけずに放置する

（1995年７月30日）

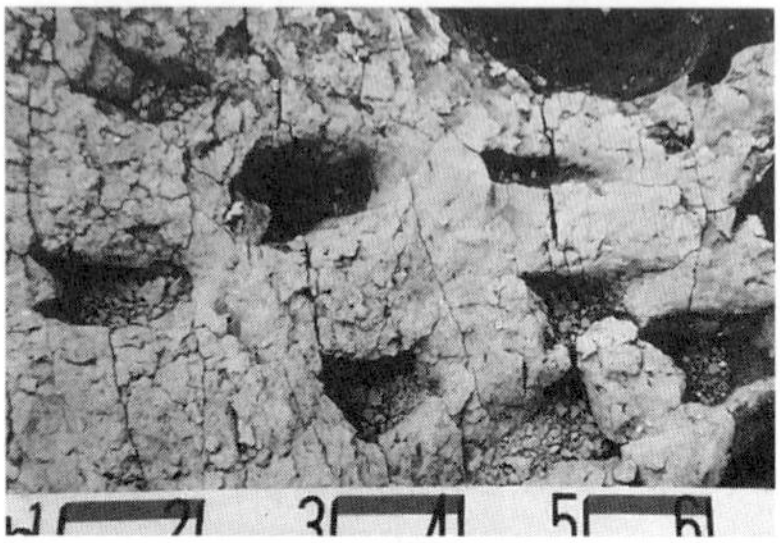

②風化が進行し、ひと夏が過ぎて足跡の辺縁部が足跡内にくずれ落ちている

（1995年10月10日）

いろいろな状態の足跡化石が産出する。これらを定期的に観察していると、上位層から浸食されて露出した足跡化石がまたつぎつぎと浸食されては消滅していく過程がよくわかる。この観察の結果、足跡化石の研究材料としては、足跡化石が上位層で保護されているか、露出寸前か、露出してからの時間的経過はどのくらいか。地質時代と現世にて浸食・風化がされていないかなどを観察し、これらの程度がよいことはいうまでもない。ここでも前頁の表と五一頁の図と上の定点観察の写真をあわせてみてほしい。

これは現在の川の流れの浸食で自然露出した足跡化石の発見から消滅するまでの推移で滋賀県甲賀郡甲西町吉永の野洲川河床で撮影したものである。

③足跡は凍結をくり返しくずれていく。足印口は、次第に鈍化し足跡は浅くなる
（1996年1月2日）

④足跡は、ますます浅くなり不明瞭になる
（1996年3月3日）

⑤足跡は、表面的にはまったく確認できない状態となる
（1996年5月6日）

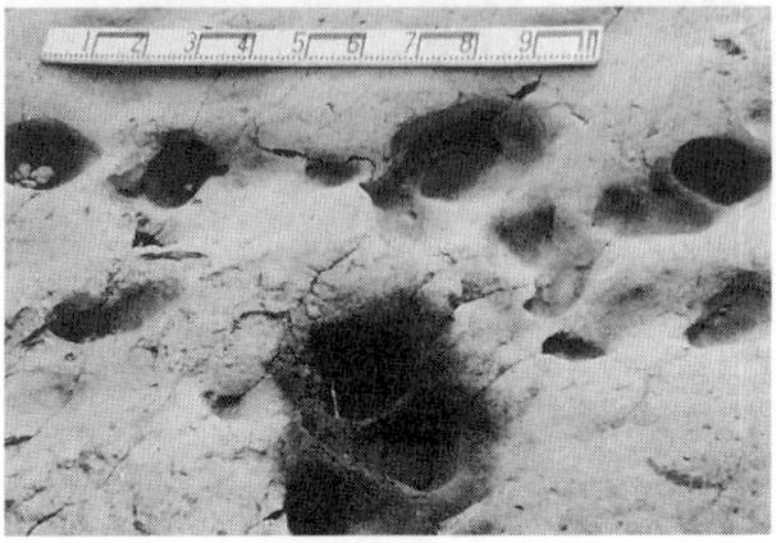

⑥印跡層である炭質シルト層が増水で完全に流されると、下位の粘土層がでてくる。それも流れで浸食されるとカメ穴になっていく
（1996年5月末）

コーヒーブレイク（2）

鼻も恥じらう二十歳《はたち》のカトレア

1999年5月から2000年１月にかけての４度にわたるタイへの旅行は、アジアゾウとシャムワニに出会うためであった。はじめの１日は、タイ王国に敬意を表してまずは寺院などの観光で過ごしたが、２日目からはバンコク近郊でゾウやワニが見られるところを回った。ガイドさんは、このような日本人のガイドははじめてと言う。組み込まれたツアーではなく朝から夕方まで動物園ばかり。その日から指名のガイドさんは名所の案内はせずにゾウ使いや獣医さんとの通訳が本業となってしまった。観光客の誰もが必ずと言ってもいいほど訪れるローズガーデンの近くに、もっと大きく広いサンプラーンエレファントグラウンドがある。ここには1998年２月24日に生まれたかわいい小ゾウのローズちゃんがいる。私の家内と同じ誕生日だが、こちらの方はもうだいぶ老ゾウである。タイ語でゾウのことを“チャーン”と言う。まさに“ジャパニーズ　バー　チャーン”である。

タイのサンプラーンでカトレアとローズの体格を計測しているところ

タイのサンプラーンでカトレア親子の歩き方をビデオ撮影しているところ。白線は10メートルのメジャー

ローズちゃんの母親の名前はカトレアという鼻も恥じらう20歳。父親は一緒ではないが、昼間、このローズちゃんがもう少し大きくなるまでは母子2頭でほかのゾウたちとは別に園内の柵のなかで過ごす。そして観光客からバナナやキューリやサトウキビを買ってもらい、それを食べて大きくなる。ゾウは親子の愛情がたいへんにつよく、小ゾウにちょっと何かあるとすぐに奇声をあげて暴れる。ある時ローズちゃんの鎖が柵にからまり動けなくなった。カトレアはすぐに助けようとして柵をバリバリとこわして駆けよった。私もすぐに駆けよって杭にからまった鎖をほどいてやった。幸いにもローズちゃんの足は骨折もなく無事。母親はまだ興奮して鼻を鳴らしている。その興奮をおさめてやるために、今度はカトレアに「もう大丈夫、大丈夫、ローズはけがしていないから」と頭や鼻をさすってやった。彼女の目をみながら。その後カトレアはやっと落ち着いた。毎回訪問する度にローズちゃんは大きくなり、この頃ではオオキニをするようになった。「この次あなた方が来る時には、もうみんなとショウをしているよ」とゾウ使いは笑って言った。

長鼻類の足跡化石

高橋啓一さんが調べた国内の新生代の地層からの足跡化石から推定した印跡動物の種類で最も多いのは長鼻類（ゾウ）である。次いで多いのが偶蹄類。そこでこの最も多い長鼻類の足跡化石から説明することにする。

長鼻類の足部の形態

長鼻類の足跡化石を理解するには、まず解剖学的なことを知らないと進めない。そもそも足跡化石でも体の化石でも、絶滅してしまった動物の化石を研究するには、今生息している系統的に近縁な動物を観察したり、比較することから始めなければならない。四九頁に書いたように、足跡は動物の〝動いた結果として地面に残された痕跡〟であることから、まず動物園へ行ってアフリカゾウやアジアゾウと会ってみることである。ゾウ舎前の広場を悠々と歩き回っているゾウをフェンスにもたれてじっくりと眺めてみよう。からだは大きく三〜六トン、大型の割りには小さな可愛い眼、自由自在に操る鼻。一日に食べる草、果物は一二〇キロ以上、水は一五〇リットルにもなり、その金額は一万二千円かかるという。これらゾウの頭骨や臼歯は大きな動物園や博物館には標本が展示してあるし、全身骨格の図も書物で簡単にみられる。でも、足跡を研究する者にとっては、何といっても足部の形態と運動、足跡の着き方に興味があることはいうまでもない。動物園では、ゾウ舎の広場には乾いた砂がまかれている場合が多く、深い足跡は着かない。また、近づいて足跡を真上から観察することもままならないが、四肢の動きや足部の着地のようすなどはみることができる。この足部の動きを連続して観察するにはビデオカメラを持って行くとよい。足部をズームアップしてみると足や爪の大きさ、形態、動きがよくわかる。
　ではゾウの足底はどうなっているのだろうか。ゾウが歩く時にちらっと足底がみえる。手のひらである前足底は円形、後足底は楕円形、ほぼ平で、時には深い亀裂様の溝や丸いもようがある。そして着地、支持した時、すなわち体重がかかった時には足底の面積が少し大きくなり足部もふくらむ。左上に示したタイのアユタヤでみた寝そべっている子ゾウの足の裏の写真からもその形態がよくわかる。そしてこの形態は成獣も同じである。

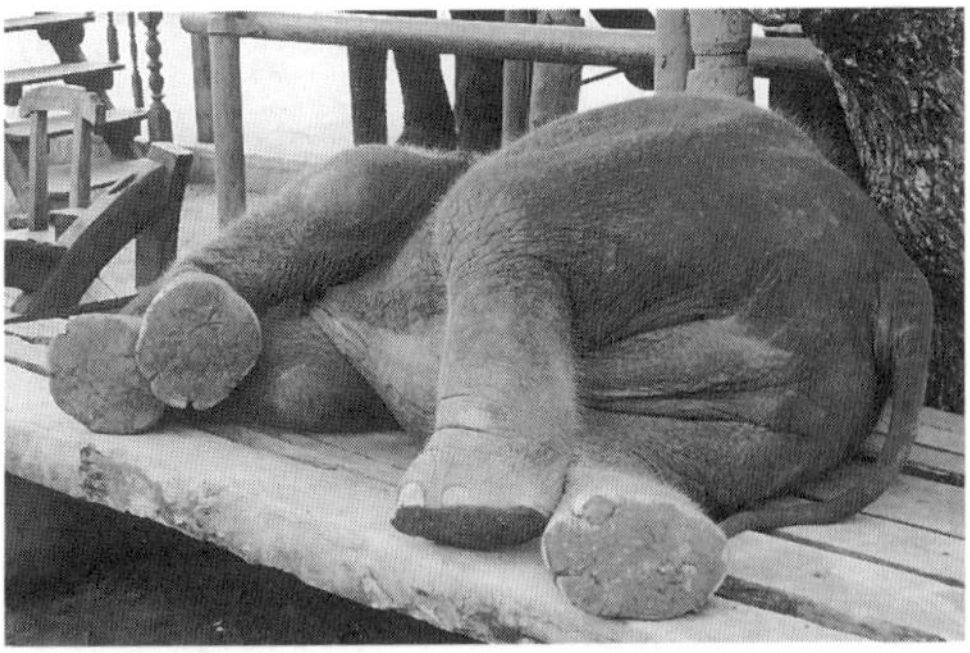

子ゾウが寝そべっているときには足底面がよくみえる（タイ）

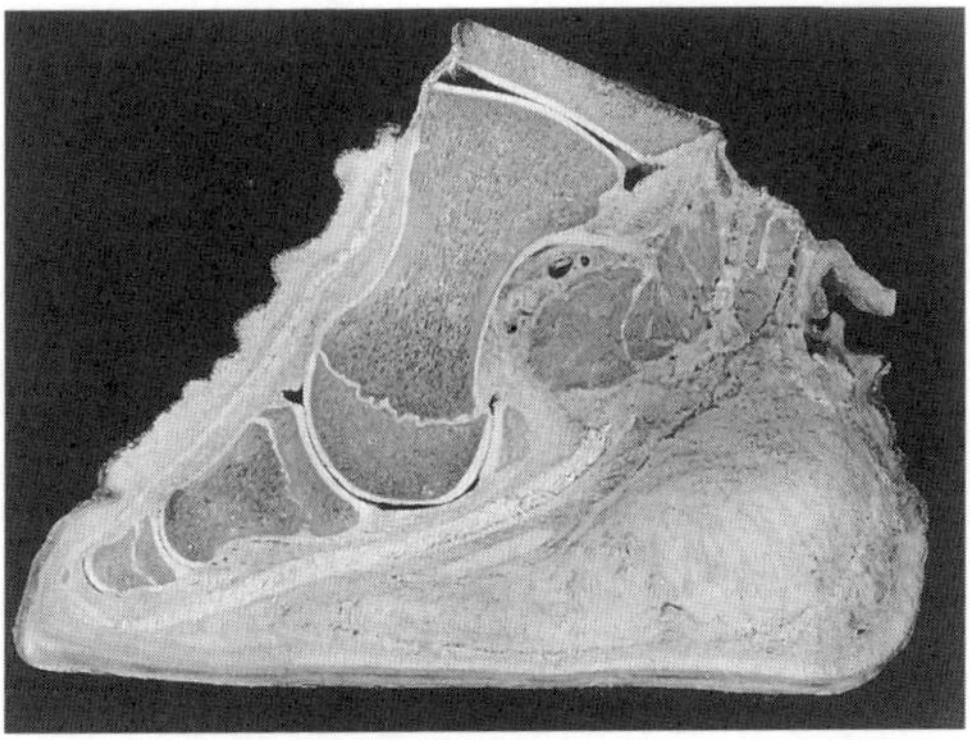

アジアゾウの前足部の切断面
（東京大学、神谷敏郎さん提供）

　足部の骨格は、上の写真のように、その構造は、大きな足でありながら指の骨組みは足部前半の周縁につま先を立てるようにひろがり、踵《かかと》にあたる部分には骨がない。踵部には強い弾性線維と脂肪が豊富でクッションの役目をしている。これをパッドと呼んでいる。この写真は、東京大学医学部の神谷敏郎さんからいただいたものである。表面的には前足底に爪は四本、後足底には爪は三本しかみえないことがあるが、実際は前後足ともに指・爪は五本あり、親指（第一指）や小指（第五指）が短く小さいためであることが下の二枚の写真でよくわかる。下右の写真は、下左の足部のレントゲン写真である。

長鼻類の足部の形態と骨格の話をしたついでに、化石になって残っている足部について写真をあげてみる。

化石で足部の皮膚、毛、爪や筋肉が残っているのは言うまでもなくシベリアのマンモスである。マンモス（学名でマムサスプリミゲニウス）は、ケナガマンモスとも呼ばれ、約三七万年前に登場。ユーラシア大陸、北アメリカ北部に棲み、約一万年前にそのほとんどが滅びた。ロシアのサンクトペテルブルグの動物学研究所には凍土のなかから発見された多くの標本が保管されている。「みなくち子どもの森自然館」（滋賀県甲賀郡水口町）に勤務する小西省吾さんが撮影した写真を同研究所のチーホノフ博士の承諾を得て紹介する。次頁の上二枚が左前足の背面観と底面観である。また右下の赤ちゃんマンモス〝ディーマ〟の写真は元京都大学教

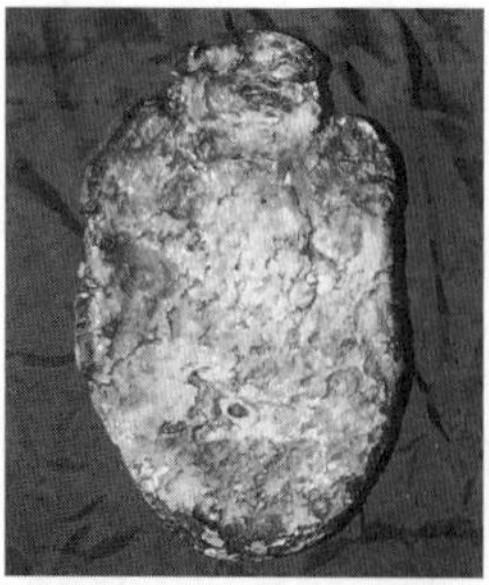

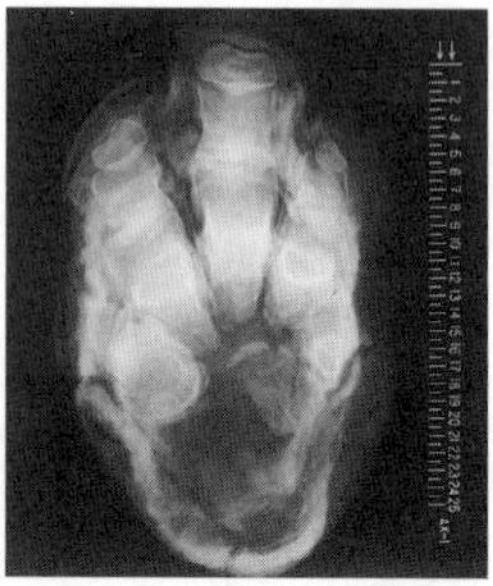

東京大学の神谷敏郎さんから贈られたアジアゾウの右後足底面観（左）とそのレントゲン写真（岡村保管）

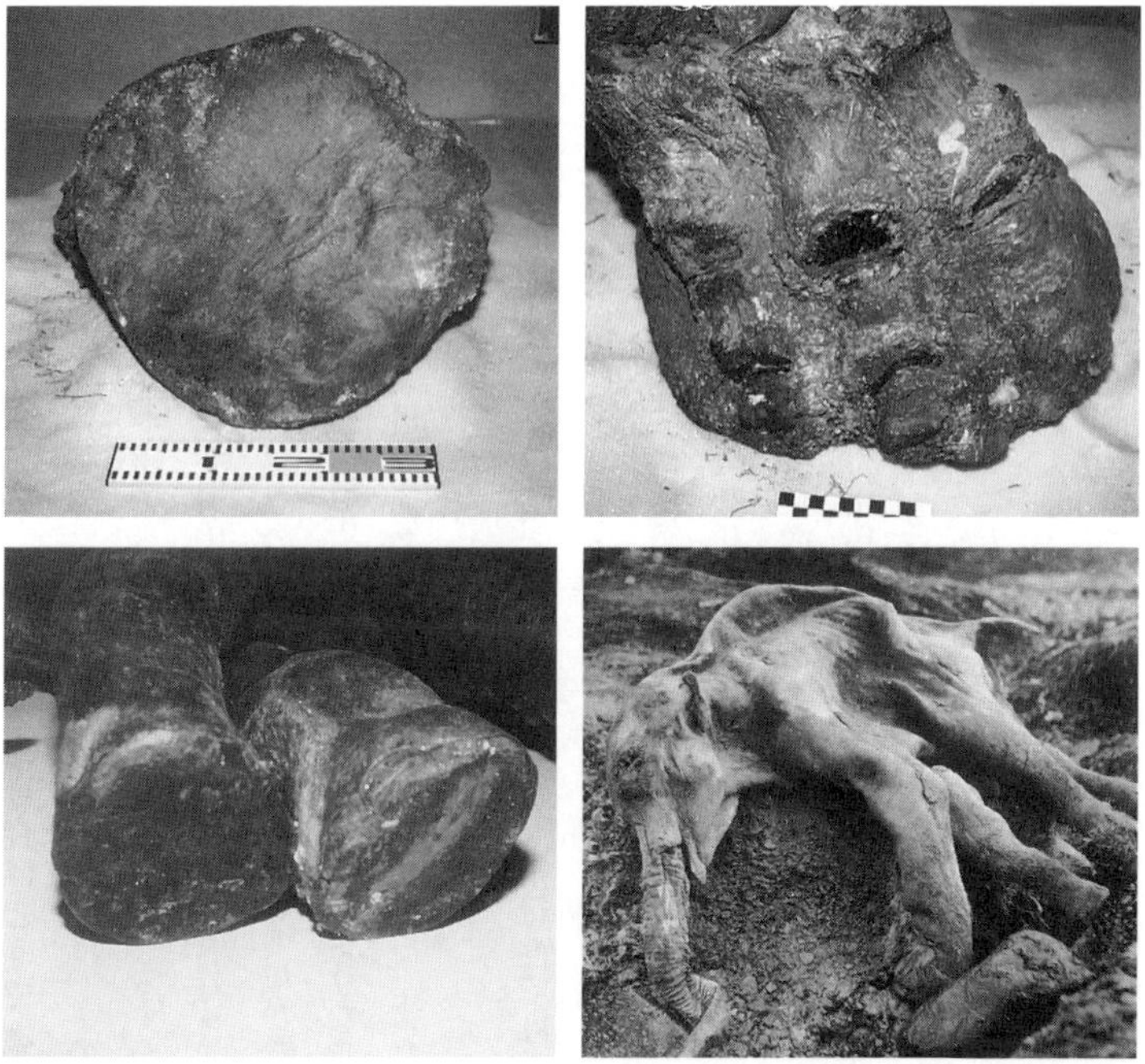

上はサンクトペテルブルグ動物研究所のマンモスの足部。下はディーマの全身（右）と両前足底面観（左）

授の志岐常正さんからいただいたものであり、左下の足部はそのディーマの両前足底である。

長鼻類の運動（ロコモーション）

長鼻類の足部の解剖学的なことに少し触れてみた。ではゾウはどのように移動するのだろうか。そしてその時、四肢や足部はどのように動くのだろうか。動物園などでアジアゾウが非常にゆっくりと移動した場合は、右後足から踏み出すとき、右後足は右前足跡の後部に着かず少し後方に離れて着地する。次いで右前足があがり前方へ出る。次に左後足があがり、左前足跡の後方に着地する。最後に左前足があがり前進する。狭い動物園でなく広い動物園やサファリパークの場合はどうであろうか。タイ、韓国などでみたアジアゾウのふつうの歩行では、下の図のように前後の足跡がほぼ重複するように歩く。これはビデオの映像を分割し図化したもので、1～10の順に六四頁の図とあわせてみてほしい。このようにアジアゾウの移動は片側の後足、前足が踏み出され、次にもう片側の後足、前足が踏み出される。このような歩き方を側対歩といい、キリン類やラクダ類も同じ動きをする。また前に書いたように足部の前半に五個の指が集中している。このような「つま先歩き」を指行性歩行と呼ぶが、ゾウは完全な指行性ではなく、踵も着けるので『半指行性』と言える（八九頁参照）。

またアジアゾウが走った場合のロコモーションと前後の足が着地する位置などは六五頁に図化して示す。

次に、一つの足部の動きに着目してみよう。次頁の図1～8をみてほしい。上段が前足で、下段が後足である。まず、つま先に重心が移り（前部・指部支持期）、主に中指である第三指の爪を深く印跡、足跡の前縁を掘るようにして（足跡が浅かったり、地面が硬いと削らないが）離脱期に入る。足部の前縁が少し足跡の後方に向かって足印底に擦れるようにして足部をあげることもある（離脱期）。

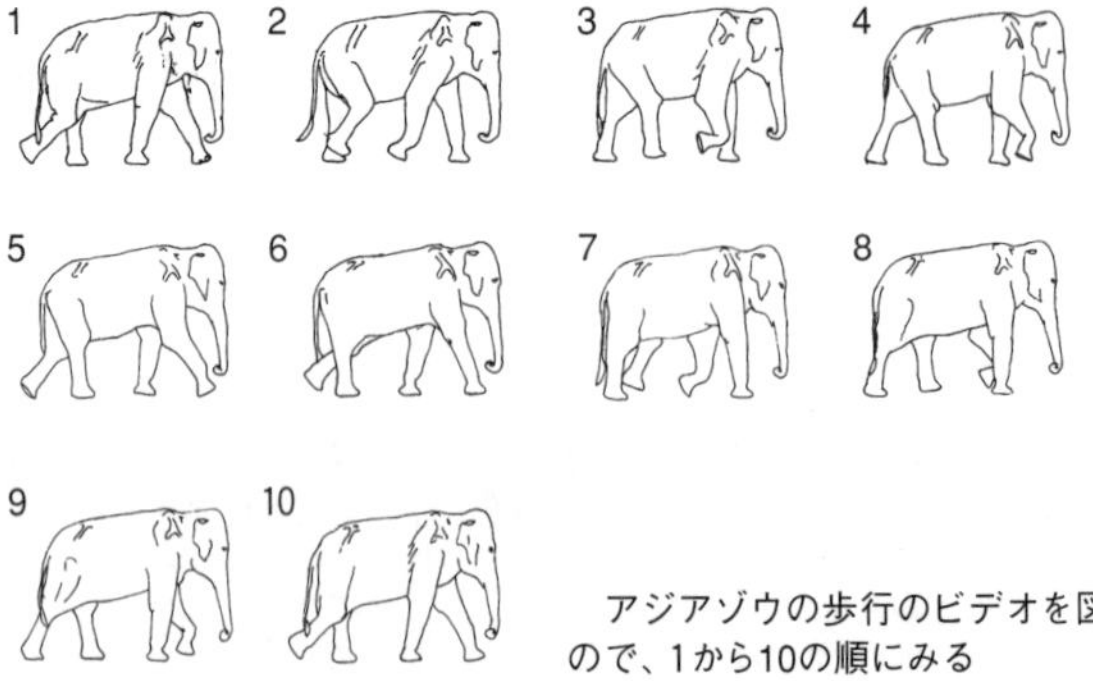

アジアゾウの歩行のビデオを図化したもので、1から10の順にみる

その時、足跡の底面に横シワができたり、深く印跡した場合は足跡の前壁を引っかけて壊すこともある（離脱痕）。地面から完全に離れて前進し足跡が残る。この時足底が後方からちらっとみえる。遊離期の最終段階ではつま先から着地するようにみえるが、その直前に前足、後足の関節が伸展して踵部から地面に着地する（踵部着地期）。そして重心が前方へ移動し足底の中部、前部が着き、足底部全体が地面に接する。この時期は一瞬だが、ゾウの体重が足底にかかり足部、特に後半部がややふくらむ（全足部支持期）。

ここまでお話してきたようにゾウの足部の形態と動きをみると、今まであまり注意して観察していなかったこともみていかないと足跡化石の研究を進められないことがわかると思う。では次にゾウの足跡の本論に移ろう。

長鼻類の足跡

ゾウ舎の広場では、よくみると砂の上にうっすらと前後の足跡が着いていることがある。前足跡は足底部の形態と一致してほぼ円形、後足跡はやや細長い楕円形である。国内の動物の足跡やあしがた図鑑でゾウの足跡が載せられたものがある。アフリカなどで発行され

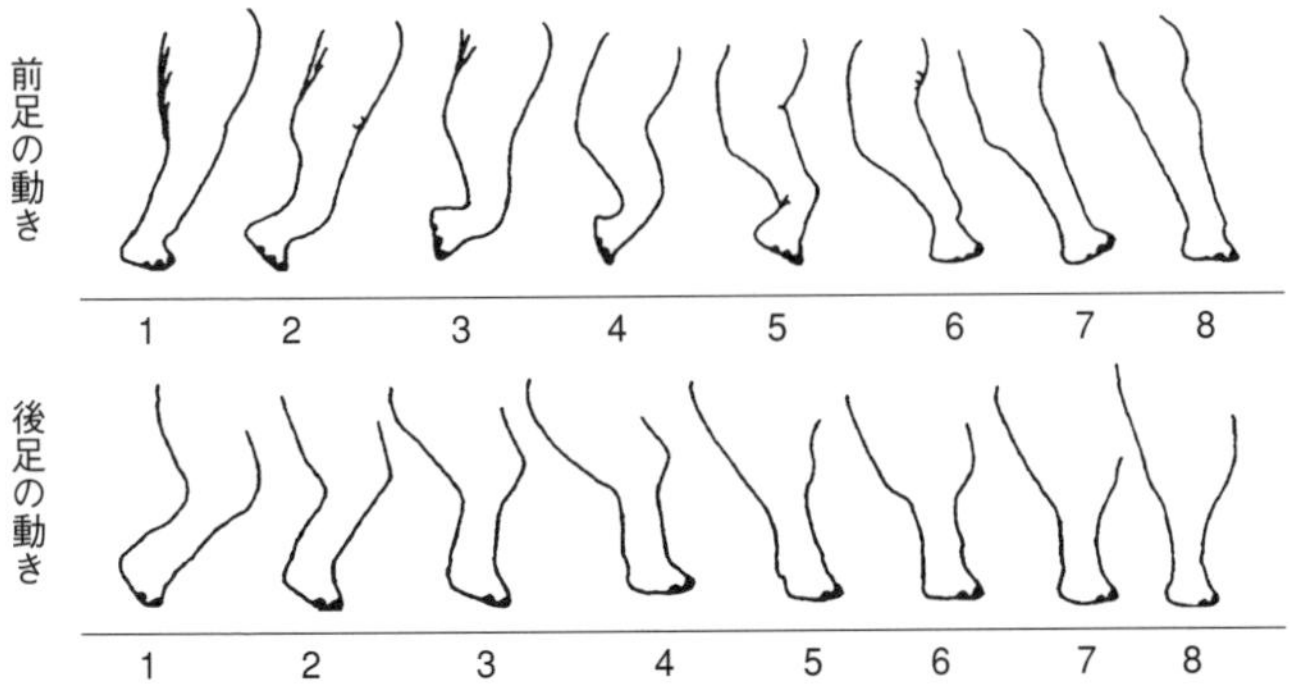

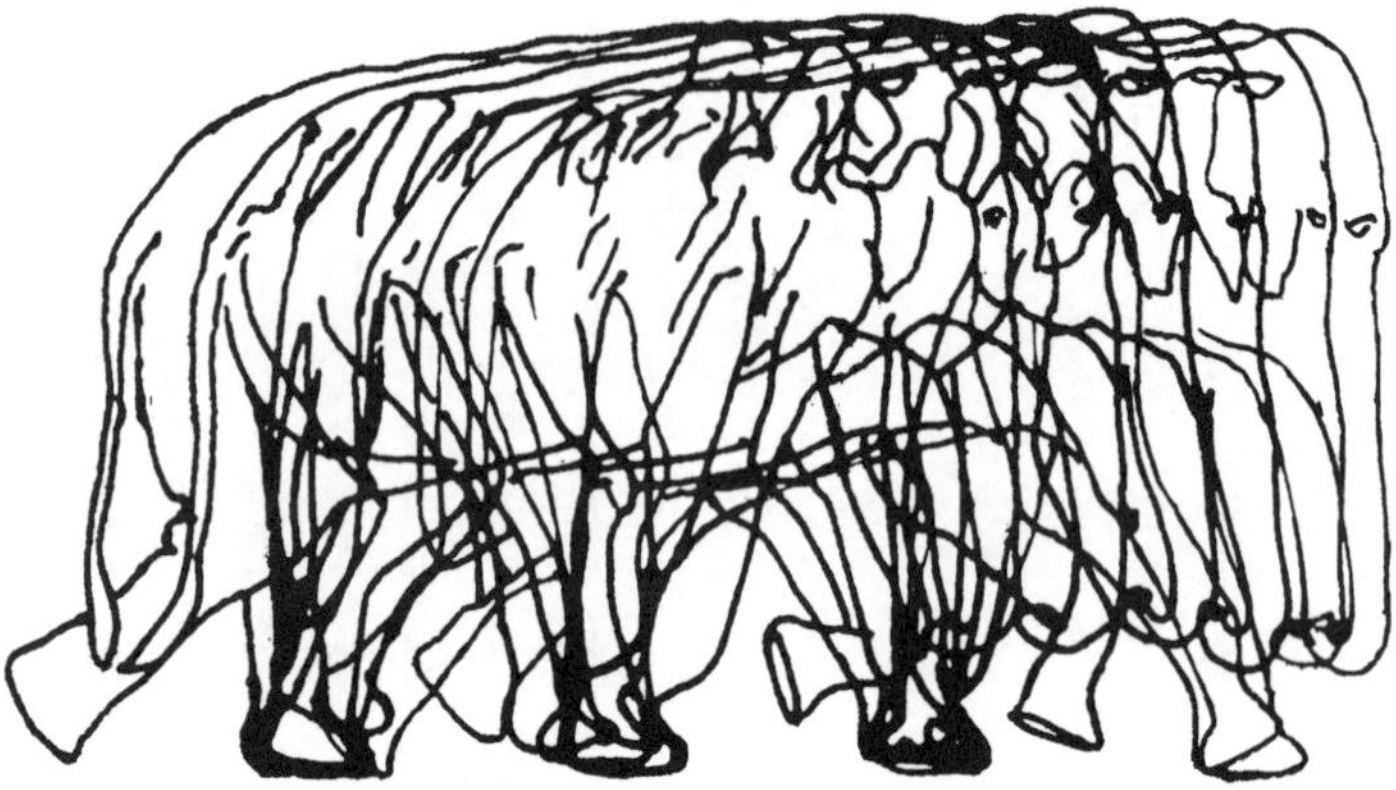

アジアゾウの歩行時のロコモーション

62頁のアジアゾウの歩行時の図、1〜10までを経時的に重ねてみると、この移動の場合、前後の足は完全に同じところへ着地していることがわかる

次頁の上の図は、アジアゾウの走行時の動きをビデオから図化したもので、1〜9の順にみると四肢の開く角度は歩行時より大きくなり、前後足の着地位置は重複せず、後足は前足跡よりだいぶ前方に着くことがわかる

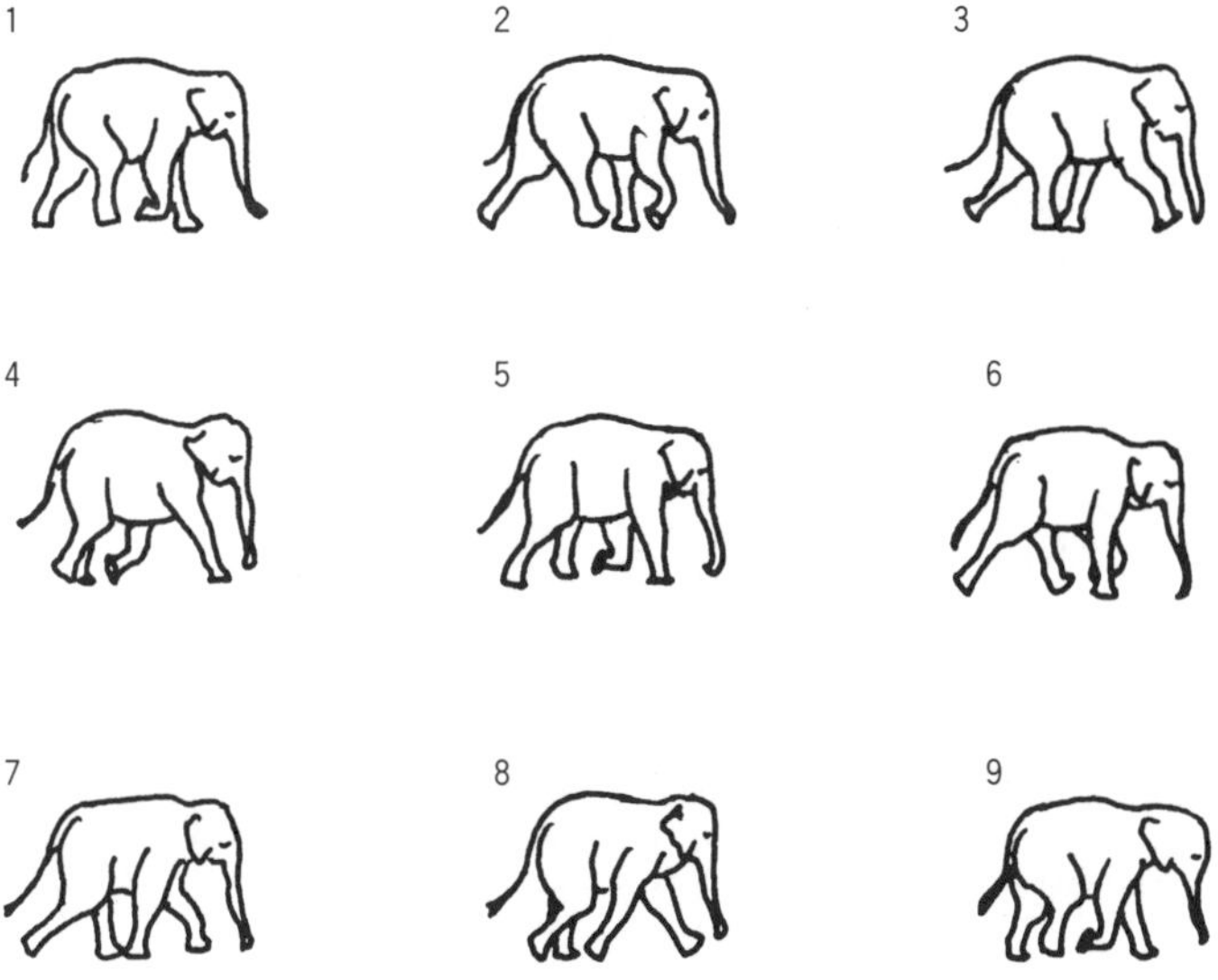

アジアゾウの走行時のロコモーション

下の図は、上の走行時の図を経時的に重ねたもので、この図からも前後の足跡は重複しないことがよくわかる

たフィールドガイドにもたいてい載っているが、どれをみても指印まで詳細な図は描かれていない。それはサファリ体験する人にはそこまで必要がないからであろう。今著者がたいへん重宝している標本は、兵庫県宝塚市の宝塚動植物園にて展示されているアジアゾウの右前後の足跡の樹脂型である。これはタイで観察した足跡と比較しても細部まで忠実で正確な型取り標本である。この足型はコーヒーブレイク（4）で紹介する。アフリカゾウとアジアゾウの足底や足跡の形態と動きは詳細にみるとどう違うか著者はいまだ知らないが、さほど大きな差はないであろう。

アジアゾウの足跡の着く位置は、国内やタイの動物園でみているとふつうの歩行の時は前足跡のすぐ

タイでみたアジアゾウの前足跡で、小さな足でも足跡は周囲へふくらみ大きくなることがわかる

タイでみたアジアゾウの前後が重複した足跡で、あとから着いた後足跡の方が明瞭である

後部に大半が重なるように後足跡が着くことが多い。ものすごくゆっくり歩く場合は、後足は前足の着地位置よりだいぶ後方に着く。そして、移動の速度が増していくと後足跡が前足跡を越えて着くようになる。すなわちオーバーラップからオーバーステップになっていく（一六三頁参照）。ここに二つの足跡を示す。前頁左上の写真は、軟らかい泥の上に着いた前足跡の単足印で深い。これを着けた足の大きさは足印底に明瞭で小さいが足印口は大きい。その理由は、体重を支持した時に足部が風船を上から押えたようにふくらむからである。著者はこれを「ふくらみ痕」と呼んでいる。浅い足跡では、このような足跡は残らない。前頁下の写真は、泥の上であるがやや硬くて浅い前後足による重複足印である。前足跡は、あとから着いた後足跡で一部しかみえず、後足跡の方が明瞭である。細かい砂の上に着いた足跡は、印跡直後であれば各部の印は明瞭だが崩れやすい。

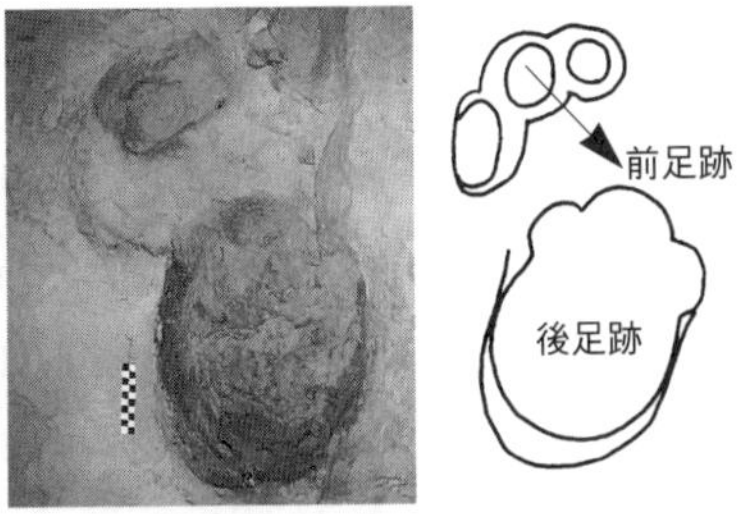

後足跡が前足跡の後部へ着く

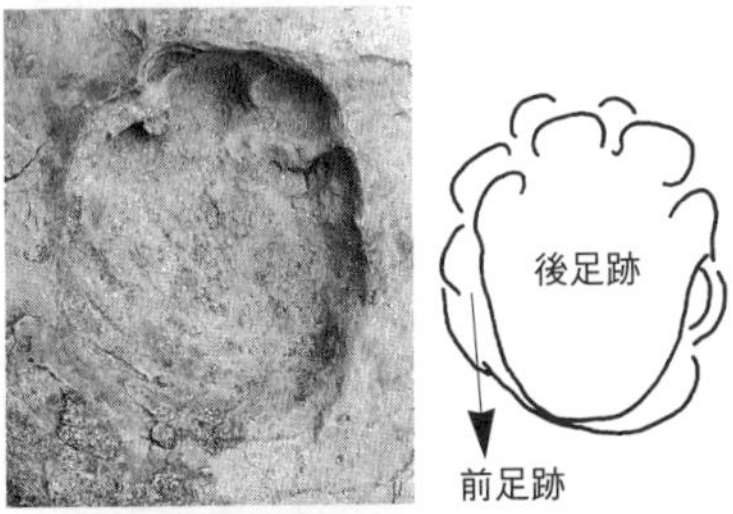

前足跡と後足跡はほぼ同じところに着く

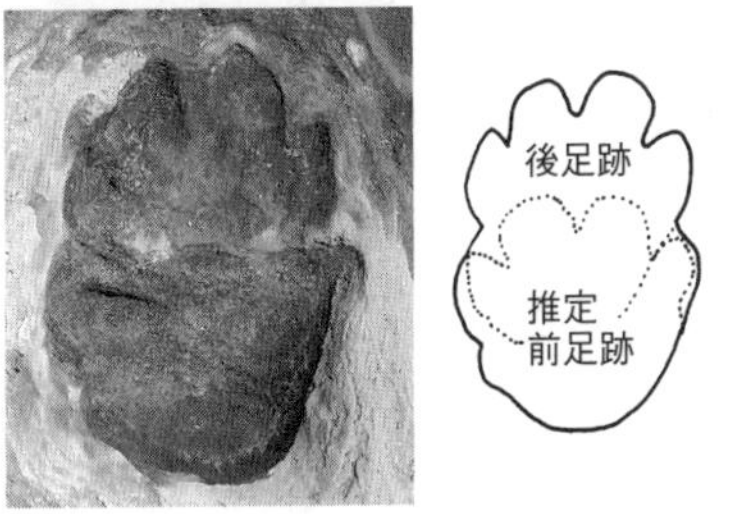

後足跡が前足跡の前部に着く

長鼻類の足跡化石

今まで観察してきた多くの産地からの長鼻類の足跡化石は、前後足跡の重複の

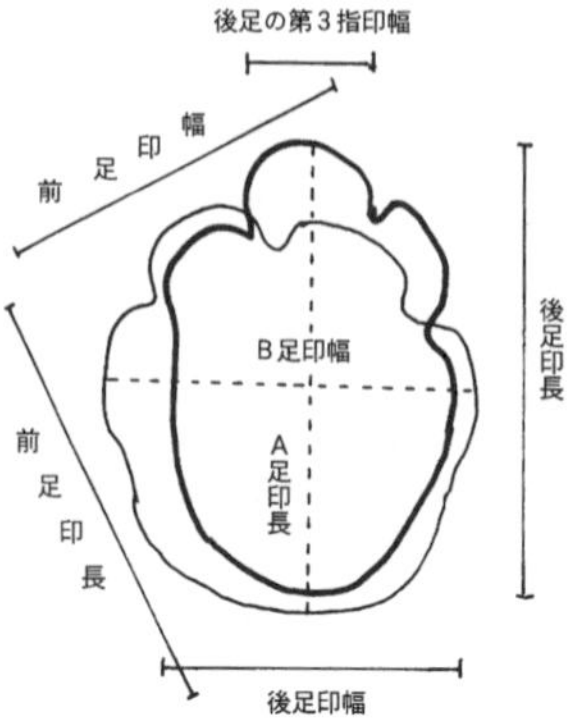

長鼻類の足跡の計測部位

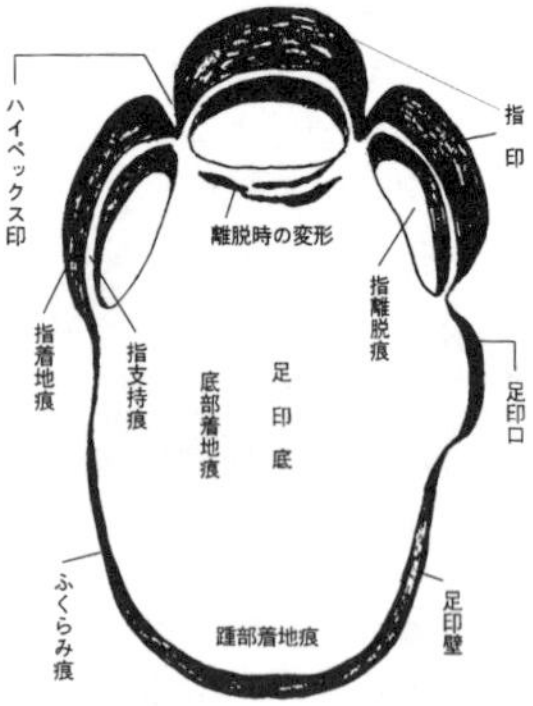

長鼻類の足跡の部位の名称など

程度はいろいろだが、著者は前頁の図のように三つのタイプに分けている。このような前後の足跡の着く位置のずれは、ゾウの種類などによる胴長の違いや移動の速度などによって変わってくる。また、印跡した地面の性質によっても足跡の形態に変化が起こる（六六、一六七頁参照）。したがって、長鼻類の足跡は一見して一個のへこみのようにみえても、よくみると単足印ではなくて前後の足跡が重なっている場合が多く注意を要する。大きなへこみでも前後それぞれの足跡の形態や大きさは、そのへこみの外縁（足印口）より小さいということになる。また、あとから着いた後足跡の方が前に書いたように明瞭である場合が多い。

次に足跡化石を記録する時に重要な計側の部位と名称を上に図示する。右の図が各部位の名称図である。一つの足跡を計測する前に、まずゆっくりとへこみを眺め、前後の足跡の重なりのようすを把握してからかかろう。左の図A、Bは前後の足跡の区別をせずに計測する長さと幅であるが、これは解析にはあまり役に立たない。前後の区別ができれば、それぞれの長さと幅を計測する方がよりよい。

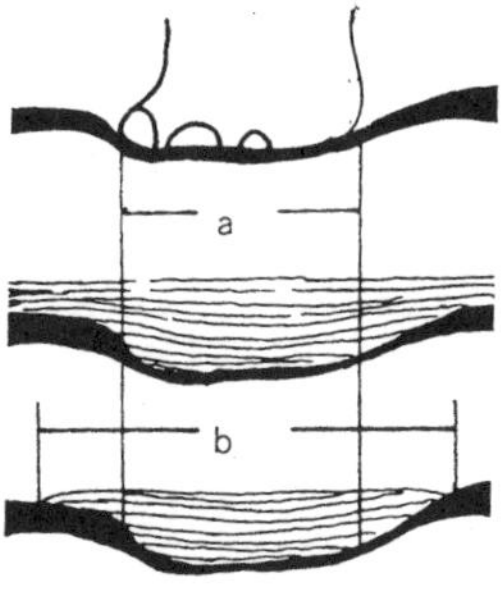

見かけで足跡の大きさを誤る場合の図

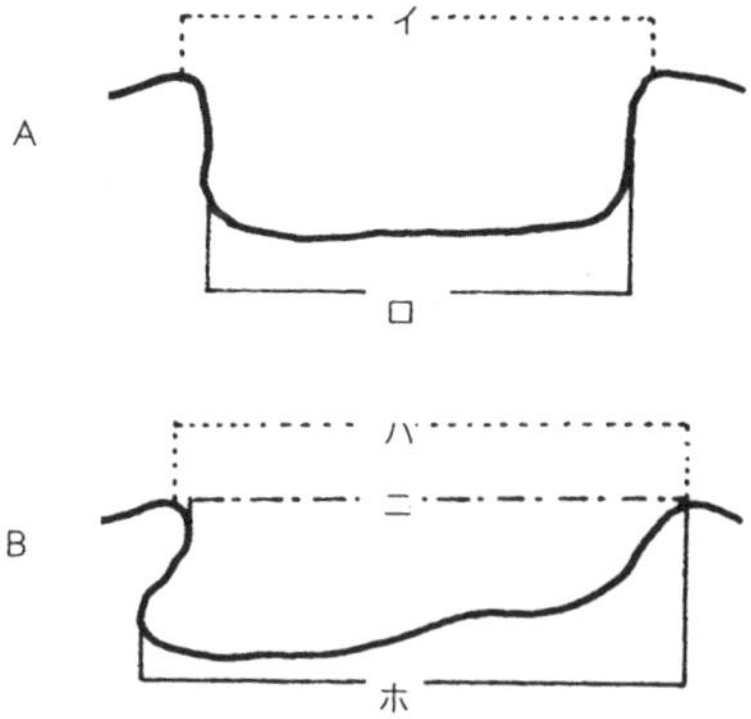

また、図のように足跡を平面的に描くと、その計測は簡単なように思えるが、足跡のへこみの形態はいろいろあり実際に立体的な足跡のどこからどこまでを測ればよいのだろうかと迷うことも多い。それについて単足印の例で考えてみる。まず上の図Aのような深い足跡の場合、足印壁はほぼ垂直で切り立ったようになっていて、その内径、すなわち足印長、足印幅は一見して明瞭である。この計測は、イではなくロで行うのがよい。しかし、動物が印跡して荷重がかかったときに地面（支持基体）が下方や側方へへこむが、その結果、足跡の周囲は隆起する。足跡を、動的に動物の一連の動きの結果で生じた現象としてとらえれば、支持基体の周縁への移動（圧縮）、変形も足跡と考えられないこともない。その場合はイが妥当となるかもしれない。また、足跡の前壁がオーバーハングして前方深部へめり込み、後部はゆるやかに傾斜してへこんでいる図Bのような場合、計測はハあるいはニではなく、ホとなる。しかし、図Bの場合、足跡の後縁をどこにするか決められない例もある。このような場合は足跡の正中断面のラミナから決められるかもしれないがたいへんな作業である。

またここで注意せねばならないのは、前頁左上の図に示したように、上位に堆積物が残っている場合、あるいは浸食され変形した足跡の場合、一見した足印長、足印幅bがすぐさま印跡動物の足部の大きさaを反映するものではないことである。われわれは産地で足跡をみると「これは大きいなア」「これは小さいなア」と、その場ですぐに決めてしまいがちだが注意せねばならない。いずれにしても足跡化石は、あくまでも『足跡の化石』であって、*『原足印《げんそくいん》—original footprint』ではないし、足跡化石から印跡動物の足部の大きさを決めるのはたいへんむずかしい。行跡の計測についてはあとで書くのでここでは触れない。

では、国内の産地例で、もう少し詳しく足跡化石を探ってみよう。

わが国で最初に発見された長鼻類の足跡化石は、三二～三三頁に書いたように新潟県三島郡越路町塚野山の渋海川河床からであった。松本彦七郎・森一・北日子良さんらは、これを着けた長鼻類はワカトクナガゾウであろうとしている。この一帯は一〇〇万年前の更新世前期、魚沼層群の上部層が分布していることからステゴドンゾウの仲間が着けた可能性が大きい。長岡市立長岡科学博物館には、当時の多くの切り取り標本が保管、展示されている。そのなかから一個の凸型の写真を示す。渋海川の河床は三二頁の

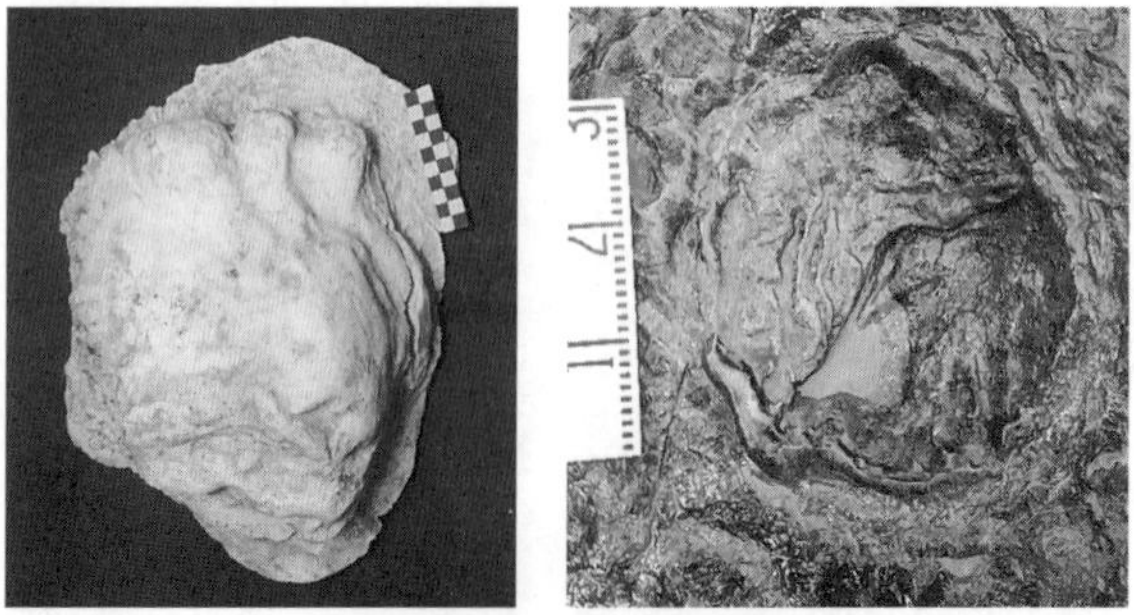

長岡市立科学博物館に保管されている長鼻類の凸型（左）と渋海川河床でみた長鼻類の足跡化石

＊　原足印とは、動物が着けた直後の足跡であり、時間が経ったり、化石になったものは、原足印ではない

写真のように地層の傾斜が急で、当時の調査は大変難航したとのこと。著者が訪れた時も滑らないように長靴に縄を巻いたり、わらぞうりを履いて観察させてもらった。下肢の筋肉がつってしまったことを今でも忘れない。前頁左下の長鼻類の足跡化石は、昭和四〇年（一九六〇）一一月の発見以前から露出していたらしく、足跡内に草木の根がタワシのようにはびこり、それを鉢植えの植物を抜くように取ったあとに石膏を流し込んだものである。博物館にはそのタワシ状の凸型（中村考三郎さんの書いたラベルには陽型とある）も乾燥させて保管されている。大変興味深い標本である。前頁右下の写真は、平成六年（一九九四）に観察させてもらった河床でみた長鼻類の足跡化石の一つである。これは浸食された浅い足跡で指印は不明瞭である。この河床は泥岩と細粒砂岩の互層で、一部には足跡内に細粒砂が残っているものもある。

一九九四年八月に観察した渋海川や岩手県花巻市の北上川河床の長鼻類の足跡化石は、現世?の流れによってすでに浸食されており、印跡面を確認して掘れなかった。したがって足跡の正確な大きさや形態などについては詳細に記録していない。

イギリス海岸でみた長鼻類の行跡（スケールは１ｍ）

北上川のイギリス海岸はふだんは水が豊富で滔々と流れ、すぐ上流の猿ケ石川などの支流から多くの砂利が流れ込むために足跡化石は破壊、浸食される。ここの足跡化石は凝灰質泥岩に印跡されていて、上位に火山灰が堆積するが、大部分はカメ穴状になったへこみとして無数にみられる。もう少し保存のよい足跡はやや深く印跡されたものに多く、足跡内に上流からの泥や砂が堆積し足印底部や足印壁が保護されているので指印が明瞭である。

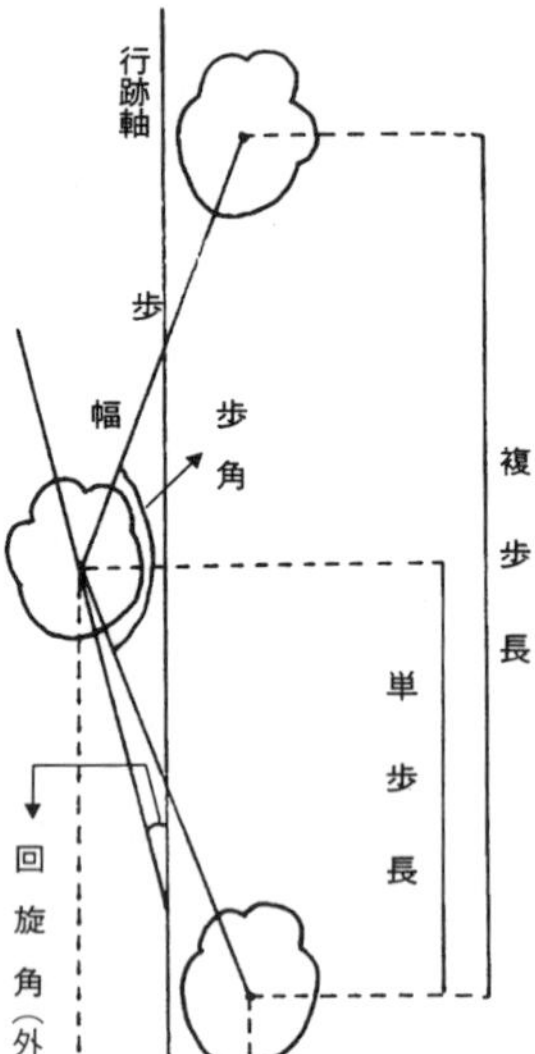

長鼻類の行跡の計測部位図。註：この図は、前後の完全重複足印で描いた

行跡については前頁の写真のようにイギリス海岸で一個体のものと特定できるものがあった。足跡そのものが浸食されても、一つひとつの足跡の位置は変化しないので歩幅などについては正確に計測できる。ここで行跡の計測部位について右に図をあげておく。なお、詳細は『ゾウの足跡化石調査法』（一九九四）の九〇～九一頁に描かれているので、それを参照してほしい。

三重県阿山郡大山田村平田の服部川河床には広く粘土層、シルト層と火山灰層が分布していて、数十年前から上野市の奥山茂美さんら多くのアマチュアや研究者が歩いている。特に奥山さんは、元上野高校で地学の教鞭をとっておられた。彼の探求心と数千点を越える採集標本は、三五〇万年前の大山田湖の生物相の研究に大きな貢献をもたらした。著者もずいぶん前から奥山さんとともに化石を求めて服部川を歩いた。しかし、長鼻類の足跡化石が確認されたのはごく最近のことである。ここからの長鼻類の足跡化石は、足印長が四〇センチ。足印幅が三五センチのものが多く、そのほとんどが前後足による重複足印である。右の写真の足跡は、後足印長は三六センチ、後足印幅は三一センチであると推定できる。

滋賀県甲賀郡の野洲川河床の長鼻類の足跡化石もそうであったが、釣り人たちが昔、足跡のへこみの水たまりに釣った魚を一時的にビクかわりに入れていたという。著者らも貝や魚の咽頭歯、ワニ類の歯の化石などに気をとられ、その大きなへこみが長鼻類のものであることなど考えもしなかった。また、この服部川河床の多くの足跡化石のなかでも興味深いのは、下左の写真のように足跡のへこみにイガタニシの化石が密集しているものがみられることである。これはまぎれもなく沼が干あがっていく過程で最後の水を求めてタニシがへこみに移動し、そこで命を絶ったのであろう。

平成六年(一九九四)秋、台風の増水で服部川河床の堆積物が流されて出てきたワニ類と長鼻類の足跡化石はすばらしい発見であった。亀井節夫さんから著者にもお声をかけていただき、大阪市立大学教授の熊井久雄さんが団長を務められる調査団に含めてもらうことができた。琵琶湖博物館の高橋啓一さんをはじめ、三重県、京都府、大阪府、愛知県、滋賀県などからそうそうたるメンバーが召集された。この調査地は広範囲で、下位のタニシの化石が多い硬い粘土層の上位に細粒砂とシルト層が約一メートルの

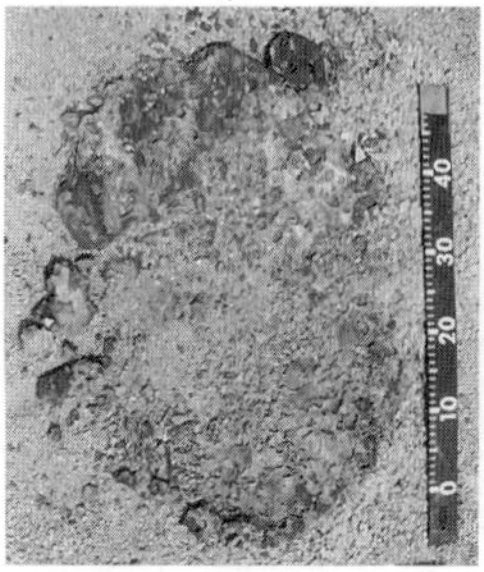
長鼻類の足跡化石のへこみにイガタニシが集まって死滅している

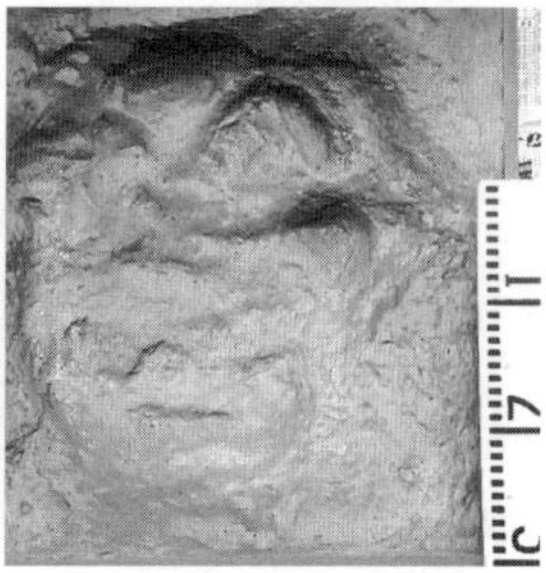
服部川河床からの長鼻類の足跡化石で、各部の印は明瞭である

厚さで堆積している。ワニ類や長鼻類の足跡化石は、この砂、シルト層の上下部の二層にみられた。それを上の層から第一面、第二面と名づけた。発掘は、まず上位層から第一面の寸前まで重機で削ることと上下流に地層の断面を観察する深い試掘溝（トレンチ）を掘ることからはじまった。そののちに手掘りで発掘可能な状況にするには、重機で印跡面ぎりぎりまで削っていかないと足跡化石の分布がわからない。第一面に長鼻類の足跡が点々とみえてきたあと足跡化石を発掘するわけだが、問題は長鼻類の足部がどの面まで踏み込んだかを決めないと、ただやみくもに掘ったのでは正確な足跡が出せない。そこで足跡を下右の写真のように二分割や四分割し、足跡内に印跡後に堆積したシルト層の底を確認してのちに足跡を掘るのである。こうして足跡の底面、言い方を変えれば上位層の最下位を決定してから足跡全体を発掘した。ここの長鼻類の足跡は、下の写真のように前後足による重複足印である。この重複したものの足印長は五〇～六〇センチであった。そして、この足跡を着けた長鼻類の行跡から計測した単歩長は一三五センチと長いものであった。そののち、この足跡を一個ずつビニ

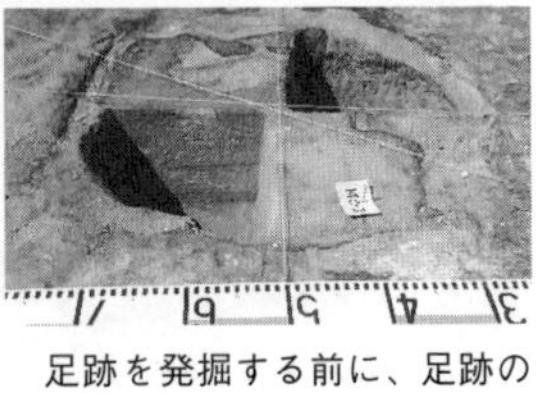

足跡を発掘する前に、足跡の境界を確認するためにとられた分割法

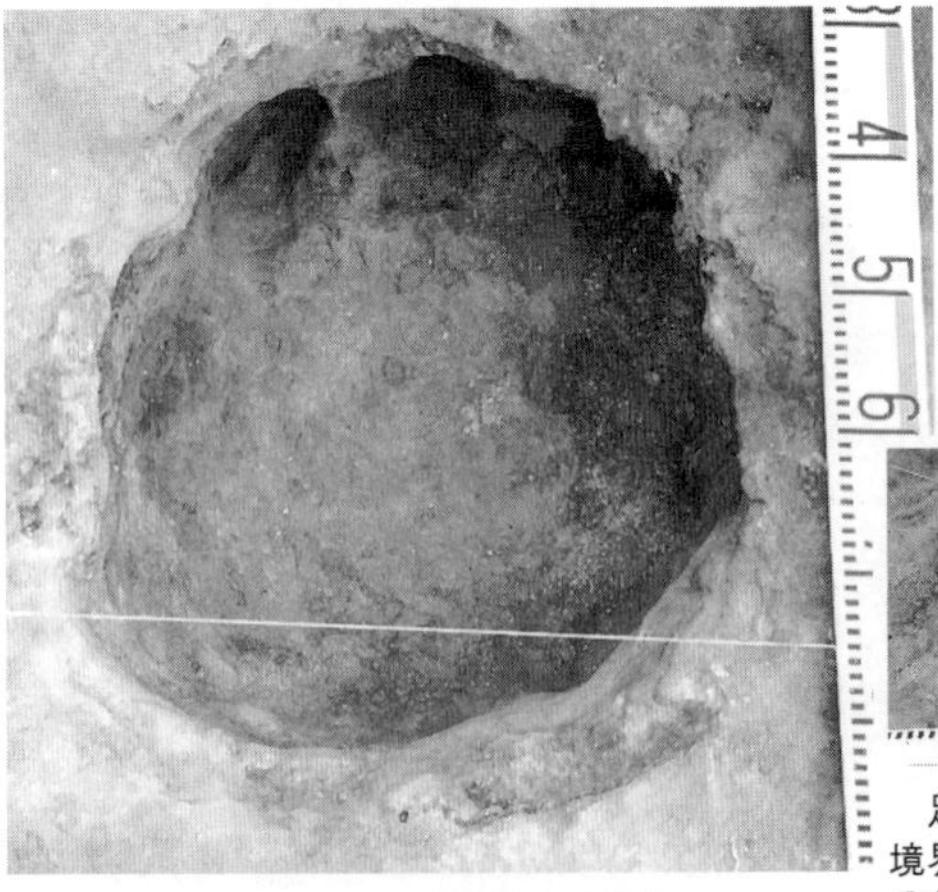

発掘が終了した長鼻類の足跡化石

ールシートへスケッチした。すべての記録が終わったあと、この第一面は削られて、ワニ類の足跡化石が多い第二面の発掘に進んだ。第二面については爬虫類の足跡化石のところで説明するとして、次に足跡化石発掘、調査の記録方法について少し触れておこう。

まず、保存が良好な足跡化石が多くあり発掘調査の決定がされた産地全体を測量することである。その時基準となる点を河床であれば流れで消失する心配がなく、あとで確認ができる建造物のどこかで決めておく。例えば堰とか護岸堤などがよい。その基準点から調査地と重点発掘地の範囲を図化する。等高線図があればなおよい。次に、前もって印跡層の層準がある程度わかっているが、もっと詳しく把握するために周辺に試掘溝（トレンチ）を掘る。これは大々的な発掘の場合は、重機などで掘れるが狭い範囲で重機が入れない、あるいは許可が得られず入れられないこともあり、その時は手掘りでするしかない。このトレンチの観察や周辺の上下位層の堆積状況から印跡面を決定し、いよいよ足跡を掘る。もちろんトレンチ壁面の地層の状況も詳しくスケッチしておく。

足跡化石の発掘で最も困難なのは、印跡面を決めても広い発掘範囲のどこでも同じ条件、例えば支持基体と上位の堆積物が同じ性質、厚さであるとは限らないし、過去に起こった浸食の程度や地面の傾斜、凹凸も異なる。一メートル横で掘っている人の印跡面の足跡と自分の掘っている印跡面の足跡と深さや地層の性質が異なることもある。この露天掘り方法は、足跡が周縁方向へ斜めに深く踏み込んだり滑ったりしている場合もあり慎重に掘っていかねばならない。とにかくみんなで意見を交わし、観察しながら掘っていくことである。

決めた区域のすべての足跡化石とへこみの発掘が終了したら、観察と記録をする。そのために一メートル間隔でグリッドを設定する。この時の糸は条件が許せば東西南北になるように張るとあとで理解しやすいし、縦横の糸の色を変えておくこともよい。記録は調査期間、季節にも左右されるが、一個ずつの近接写真とスケッチ、全景の写真撮影とスケッチなどを行う。写真撮影は曇っていて影がない方がよいし、全景は北側から南方を向いて撮影する方が人や樹木の影が邪魔しなくてよい。撮影方法にはいろいろあるが、調査区域の広さによって変わってくる。広大だと軽飛行機かヘリコプター、あるいはラジコンヘリ、バルーンなどにカメラを積載する。三重県大山田村平田の服部川河床の場合は、足場材でやぐらを組み、その上から撮影した。発掘面の手前の堤防が近かったのが幸いした。滋賀県日野町小井口の日野川河床の場合は、狭い河床だったのでラジコンヘリを飛ばせて撮影した。発掘面の水分が少なく乾燥させることができれば重要な部分はもちろん全区域をビニールシートに実物大でスケッチする。できなければ1／2の縮尺でグラフ用紙に分布の記録をする。この時の足跡の深さの記録であるが、足跡周縁の凹凸が激しい場合はどこを基点にして測るか問題である。もし後日、樹脂で型を取る場合は、あいまいな記録をしない方がよい。ビデオ撮影や作業の記録撮影は専属の係を決めて終始継続して記録する。すべての記録が滞りなく終了すれば、調査団以外の人々にも解放するが、発掘の最中にもいろんな人が見学に来る。その時は団内にスポークスマンがいればよいが、いなければ手の空

浅野川の産地で地元の人々に説明しているようす

いている者が懇切丁寧に対応する。研究者だけを優遇するのではなく、一般の人々にも足跡化石のおもしろさを味わってもらい、地元の自然遺産を大切にする気持ちを共有することを忘れてはならない。最後に原状に復帰して終了する。前頁下の写真は、滋賀県甲南町の浅野川河床にて地元の人々に現地説明会をしているところである。

どこの足跡化石も、三重県大山田村の服部川のように良好なものを確保できるかというとそうとは限らない。滋賀県甲賀郡甲南町野尻地先の浅野川河床の長鼻類の足跡化石は、地元の住民によって発見された。工事中の川底に点々と大きな丸い穴がみえたのである。松岡長一郎さんに発見の知らせが入り、著者にも連絡が来た。そして平成六年（一九九四）一〇月二〇日観察に行った。大半のへこみ内にはすでに上位の堆積物はなく下の写真のようにカメ穴状になっている。しかし、一部のへこみにはまだ内部に砂が埋積していた。そこで垂直断面を観察し、それをもとに足跡を掘ったが指印がみられないものが多い。少数だが一〜二個かすかに指印がみられるものがあることと断面で下位層に荷重による地層の変形が認められたので足跡化石と断定した。さっそく甲南町教育委員会と合同で調査を開始した。その結果、ここの足跡化石のほとんどが地質時代に粗粒砂が堆積する時にすでに強く浸食されてしまいカメ穴になっていたと考えた。そののち河川の改修工事が迫ってきたので全域の足跡化石の分布図と写真撮影、断面の剥ぎ取りをして記録を残した。こ

浅野川河床にて発見されたへこみは、調査の結果、長鼻類の足跡化石であることがわかった

のように簡単な記録にとどめなければならない産地もあるが、ここでは足跡化石の第一発見者が地元の住民であったことがたいへん意義あることなので紹介した。

次に長鼻類のような比較的大きな足跡化石のもう一つの産出の仕方というか発見のきっかけに断面があげられる。これについても触れておこう。断面には、足跡化石の垂直やそれに近い断面の場合と水平に近い断面の場合、やや斜めの場合などがある。まず垂直の断面からひも解いてみる。

これは四六頁の滋賀県蒲生郡竜王町の産地のように、工事で削られた崖や土砂採り場の崖にみられることが多い。この場合は、工事直後で新しい地層が出たばかりの場合と日時がたって崩れていることがある。いずれにしても工事中や完了後なので観察の許可は得られても、発掘をすることは難しい。写真撮影のみにとどめるか、樹脂で剥ぎ取りをすることが多い。大きな凹型の足跡化石を発掘する場合、二分割や四分割して足跡の底面を確認すると前に書いたが、河床でも時にはへこみの断面がみられる。このへこみが足跡であるか否かを決定するには、そのへこみの底を境にして上下位の地層の堆積状況を詳しく観察することである。上下位の地層の性質が

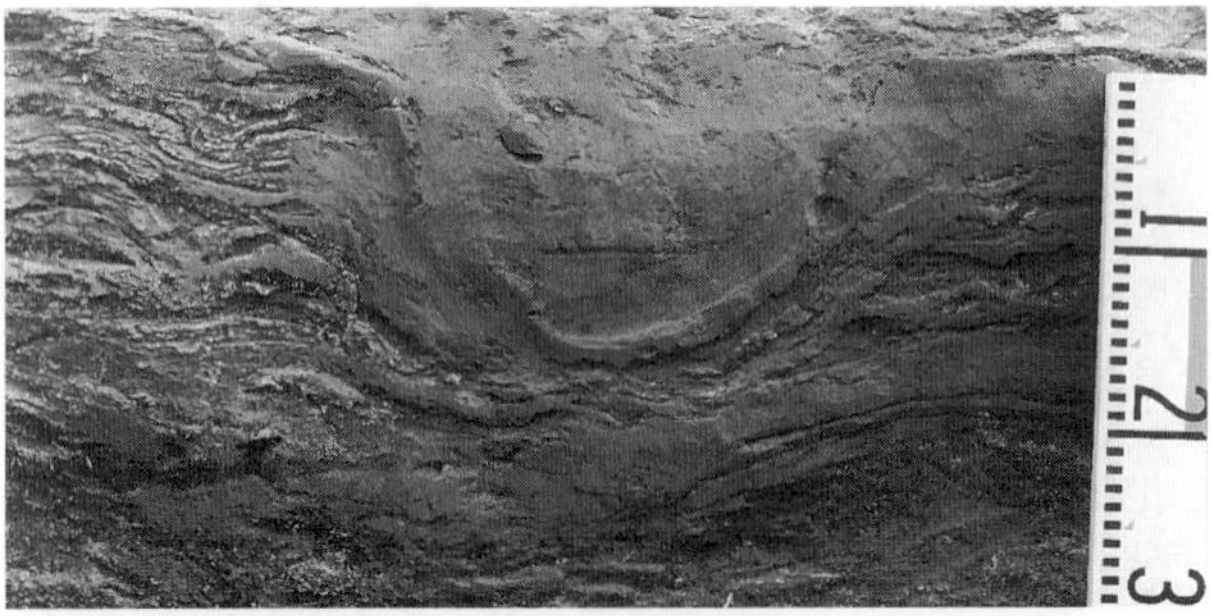

滋賀県水口町の野洲川河床でみられた大きなへこみの垂直断面で、下位の濃い灰色をした泥とシルトの互層がへこみの真下でつよく圧縮されていることやへこみのなかのシルト層はほぼ水平に堆積していることで足跡と分かる

非常によく似ている場合は境界面を決めるのがなかなかむずかしいが、少しでも性質がちがう、または不整合な面*があれば決定できる。

例えば崖の面に前頁の写真のようなへこみの断面があったとする。これがはたして動物が踏んで着けた足跡のへこみなのか、あるいはカメ穴のように浸食されてできたへこみなのか。『ゾウの足跡化石調査法』の六五頁に詳しく解説されているので、それを参照すればよいが簡単に触れておく。

まずへこみの下位の地層が下方や周辺に向かって変形しているか否か。もし荷重がかかったような、あるいは動物の足部の動きに対応したような、あるいは足部の各部位（指趾など）に一致する変形があるか。次にへこみの内部に堆積した砂や泥などのラミナに下位層と同じような変形がみられるか否か。それがみられなくて、へこみの底や縁の境界で不整合があれば足跡化石の可能性が高い（軟弱な支持基体の足跡で上位に堆積物が流れ込む時に浸食されていたり、崩れていたり、離脱時に足跡壁が破壊されているような場合は境界がわかりにくいこともある）。前頁の滋賀県水口町北内貴のへこみは細かい植物片を含んだ泥層と細砂層の互層で、半円形のへこみの下位層は明らかに下方へへこみ圧縮されているが、へこみ内に堆積しているわずかに泥を含む細砂層はへこみの内縁部から流れ込むように底に向かって斜めや平行に堆積している。そしてへこみの上部ではやや撹拌されたように堆積する。すなわち、これらへこみ内の堆積物には圧縮されたような変形がみられない。したがって、このへこみは足跡化石と断定できる。そして、その足跡の底面（境界面）は、厚さが〇・五～一・五センチの泥質シルト層の最上位であろう。しかし、厳密には上位にシルトが流れ込む時にある程度浸食されたか、あるいは、このような堆積環境の場合、相当に水分が多いやや帯水～半帯水域と考えられるので、印跡後に若干崩れた

＊ 不整合面とは、地層が堆積していく過程で連続せず、一時期堆積環境が変化し、その連続性がとぎれた時期の面をいう

可能性もあろう。いずれにしても条件が許せば、残存の足跡（へこみ）を、上位から水平に削って、その周囲（足印口）の形態を観察することも忘れてはならない。なぜなら、動物の印跡以外の、例えば石や材木が流されバウンドした時に着くバウンズキャストも考えられるからである。

右の写真は大津市雄琴の造成地にて地層と平行に削られた法面《のりめん》にみられた長鼻類の足跡化石の水平断面で、堅田丘陵の地質調査中に大津商業高校教諭の服部昇さんが撮影したものである。すでに工事が完了していて発掘できなかった。このへこみ群が足跡化石であるか否かは、周辺の同じ形のへこみの垂直

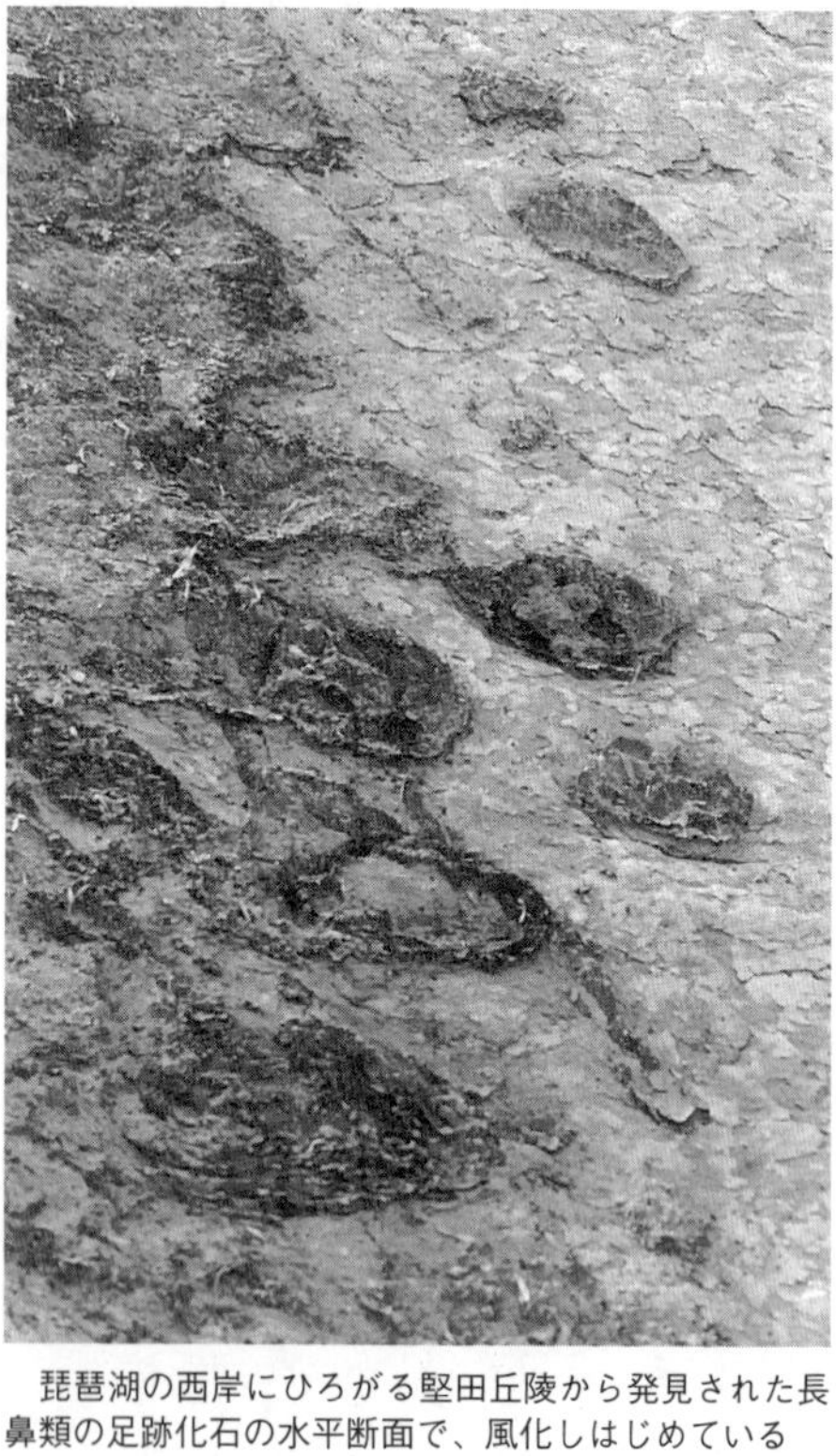

琵琶湖の西岸にひろがる堅田丘陵から発見された長鼻類の足跡化石の水平断面で、風化しはじめている（服部　昇さん撮影）

断面でラミナを観察、確認した。また大半のへこみでは指印などの細部は浸食されて明瞭でないが、いくつかにその痕跡がわずかに残っていた。このような産出状況の場合は、それぞれのへこみ周縁の形態、大きさの類似性、分布状況など表面的な観察のほかに垂直断面も観察することである。

ここまでは、足跡化石をただ「長鼻類の足跡化石」として話を進めてきた。では、これらの足跡化石は何というゾウが着けたのだろうか。ここからは長鼻類の種類と足跡化石について少し触れてみる。足跡化石の研究の目的は、前に書いたが、それを印跡した動物が何であるか。どのような動きをしたのか。どのような生活をしていたのか。何頭くらいいたのかなどを解明することにある。その目的を達成するために、より正確な標本を残さなければならないが、現段階ではたいへんむずかしいことが多い。言い換えれば保存ができるだけ良好な足跡化石から、その足跡が着けられた当時の原足印《げんそくいん》（original footprint）を復元し、それから動物の四肢、足部の解剖学、運動学的解析をするにはまだ相当な年月を要するであろうと考えている。したがって、ここでは現在わかっている印跡層の年代と、それと同じか近い層準から産出した体の化石から推定される印跡動物を単純に組合せての話にとどめたい。

中新世からの長鼻類の足跡化石

福井県立高志高校教諭の安野敏勝さんは、福井県越廼《こしの》村の越前海岸で地質調査中に海岸の硬い泥岩面に足跡化石を発見

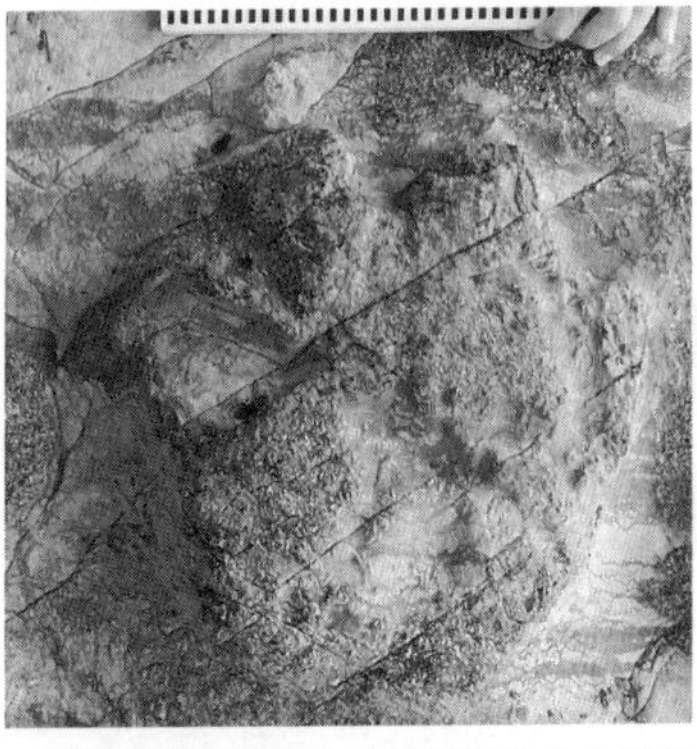
越前海岸の傾斜した地層にみられる長鼻類の足跡化石

した。そこでは偶蹄類の足跡化石も多いが、なかに大きな円形で周縁に指印がみられるものがある。時代は中新世で約一六五〇万年前とされている。国定公園内のために破壊できないので剥ぎ取りと写真撮影をした。著者は一九九八年夏から秋にかけてと二〇〇〇年九月の調査に参加した。印跡した長鼻類は年代から推定してステゴロフォドンの仲間かゴンフォテリウムと考えられるが、ここの足跡化石は地層が硬く傾斜も強いため、また風化が著しいので解析はむずかしい。詳細は目下検討中である。また長鼻類のほかにあとで書くが奇蹄類のサイ類の足跡化石もみられる。

シンシュウゾウ

ステゴドン類に属するシンシュウゾウの体の化石は、わが国では臼歯を主として宮城県から長崎県までの約四〇〇万年前から三〇〇万年前の鮮新世の地層から発見されている。また、このゾウの足跡化石は、七三〜七四頁の写真に示した古琵琶湖層群下部の上野累層、伊賀累層と大分県安心院町周辺からだけである。シンシュウゾウは大きいゾウであるが、すべてが七四頁に示した足跡化石の写真のように大型であったのではない。三重県阿山郡阿山町から滋賀県信楽町付近、三重県阿山郡大山田村の服部川河床、伊賀町周辺の柘植川河床、大分県の足跡化石を観察したかぎりでは、超大型のものは少ないようだ。しかし、次に紹介するアケボノゾウの足跡化石に比べれば大きい足跡化石が多いことは確かである。

大分県安心院町森からのシンシュウゾウの親子の足跡化石。スケールの長さは30cm

アケボノゾウ

わが国の後期鮮新〜前期更新世の地層からはステゴドン類のアケボノゾウの体の化石が発見されている。年代は約二五〇万年前から一〇〇万年前である。肩の高さは二メートル前後で、日本産のゾウ類の中では最も小型であるとされている。今のところ古琵琶湖層群をはじめ国内のほとんどの足跡化石は、この時代の地層から発見されていることから、その足跡化石もアケボノゾウによって着けられた可能性が大きい。下の図は古琵琶湖層群からの成獣、幼獣の足跡化石のスケッチである。

シガゾウ

シガゾウは、ゾウ科のマムサス属に含まれる。ゾウ科のなかでは最初に日本に現れた。その時代は前期更新世〜中期更新世で、年代は約一〇〇万年前から五〇万年前である。シガゾウの体格についての詳しいことはまだわかっていないが、臼歯や顎の化石からみて小型であろうと考えられている。このシガゾウの足跡化石は、八〇頁の水平断面の写真に示した大津市雄琴《おごと》付近のほかに同市真野《まの》町など古琵琶湖層群堅田累層から多く産出している。しかし、産地の地質は非常に軟弱でシルト層を主とする支持基体からなり保存はあまり良好でないことが多い。

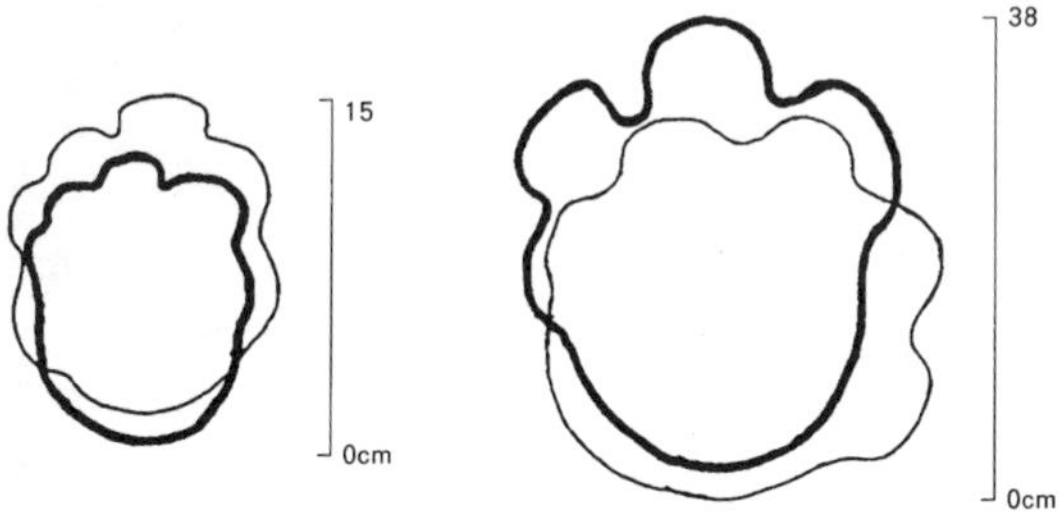

成獣のアケボノゾウの足跡化石（右）と幼獣の足跡化石（左）のスケッチ

トウヨウゾウ

アケボノゾウと同様ステゴドン類のゾウである。中国でも多く発見されているが、日本では中期更新世の約五〇万年前から四〇万年前の地層から発見される。古琵琶湖層群堅田累層の最上部の地層からも、このトウヨウゾウの体の化石が発見されている。これが知る人ぞ知る〝竜骨〟である。この竜骨についての詳しいことは、松岡長一郎さんが著した『近江の竜骨』を読んでもらえばよい。このトウヨウゾウの足跡化石は、右の写真のようなもので、竜骨が出た大津市伊香立南庄町のはずれ、竜ケ谷から発見されている。しかし、印跡層は軟弱なシルト層なので保存はよくない。

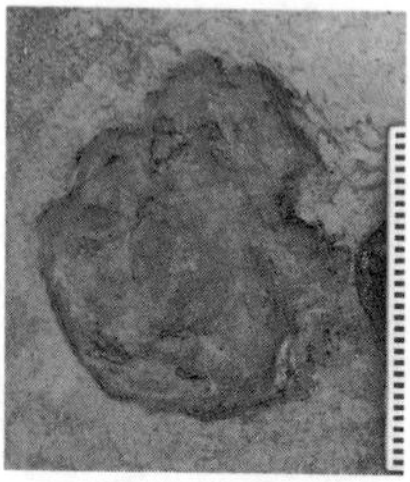

古琵琶湖層群堅田累層からのトウヨウゾウの足跡化石

ナウマンゾウ

ナウマンゾウは、ゾウ科のパラエオロクソドン属に含まれる。体の化石は後期更新世の地層から発見されていて、約三〇万年前から二万年前頃とされている。わが国のゾウ化石のなかでは最もたくさん産出する種類で、北海道から宮崎県まで約二〇〇箇所に及ぶ。肩の高さは約二～二・七メートルで、アジアゾウと同じ位かやや小型である。この長鼻類の足跡化石で最も有名なものは長野県野尻湖底である。この発掘と研究は、日本の足跡化石の研究に大いなる進歩をもたらした。野尻湖底産の良好な一つの足跡化石を次頁の上にあげる。この後足印長は約四〇センチである。また、次頁の下の写真は滋賀県立彦根東高校教諭の小早川隆さんからいただいた大阪市住吉区の山之内遺跡での説明会のようすである。山之内遺跡は、約一〇万年前の地層とされている。

滋賀県北部の芹《せり》川の河床は、このナウマンゾウの臼歯の化石が一〇数個も発見されている有名なところである。この河床から最近、偶蹄類の足跡化石がたくさんみつかった。しかし、まだナウマンゾウの足跡化石はみつかっていない。おそらく時間の問題であろう。もし発見されれば滋賀県周辺（一部三重県の伊賀地方を含む）はシンシュウゾウ、アケボノゾウ、シガゾウ、トウヨウゾウ、ナウマンゾウと五種類の長鼻類の足跡化石がそろうことになる。このようなすごい産地は世界でも類をみない。

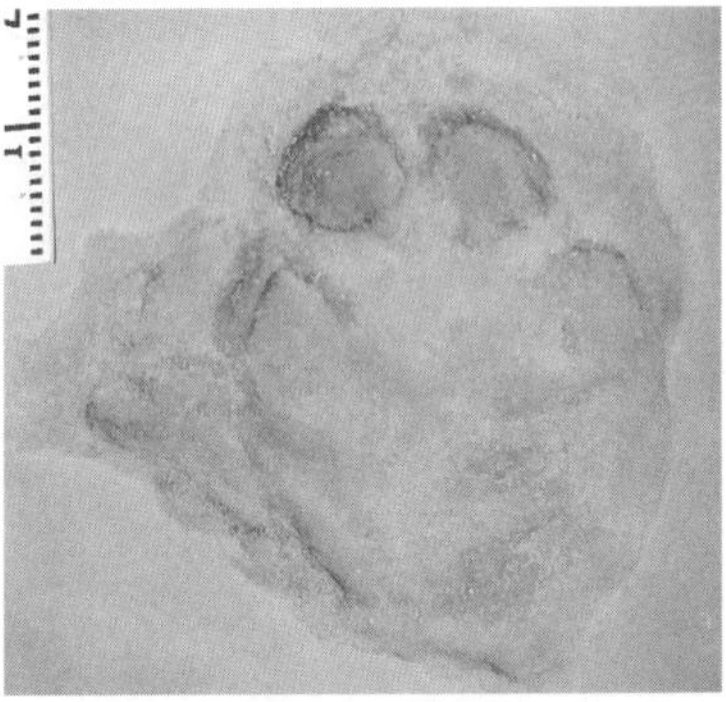

長野県野尻湖底からのナウマンゾウの足跡化石（野尻湖ナウマンゾウ博物館保管）

大阪市住吉区浅香の山之内遺跡での説明会のようす。左方のへこみが足跡化石（1991年11月、小早川隆さん撮影）

偶蹄類の足跡化石

偶蹄類の足部の形態

国内で偶蹄類の足跡化石の産出する頻度は、長鼻類に次いで多い。前にも書いたように、その足跡化石の形態は多様で変化に富む。著者は、偶蹄類の足跡化石ほど解析が難しいものはほかにないと思っている。しかし、著者のささやかな経験のようなものを交えて、これから紹介することを一つずつ積み重ねていけばある程度の回答が得られるかもしれない。

まず、解剖学的な話から始めるが、偶蹄類には長鼻類とちがって多くの仲間がいる。動物図鑑によるとイノシシ科、イノシシに近いペッカリー科、カバ科、ラクダ科、マメジカ科、シカ科、キリン科、プロングホーン科、ウシ科などがあり、このなかでいちばん種類が多いのはウシ科とシカ科である。全部で一八六種いる偶蹄類のうちウシ科が一二〇種、シカ科が三六種、そしてイノシシ科が九種である。草食を主とする雑食性で、中新世以降イネ科植物の進化とともに発展したといわれる。これらの偶蹄類は身近に生息しているものも多いし、動物園やサファリパークでもいくつかをみることもできる。しかし、

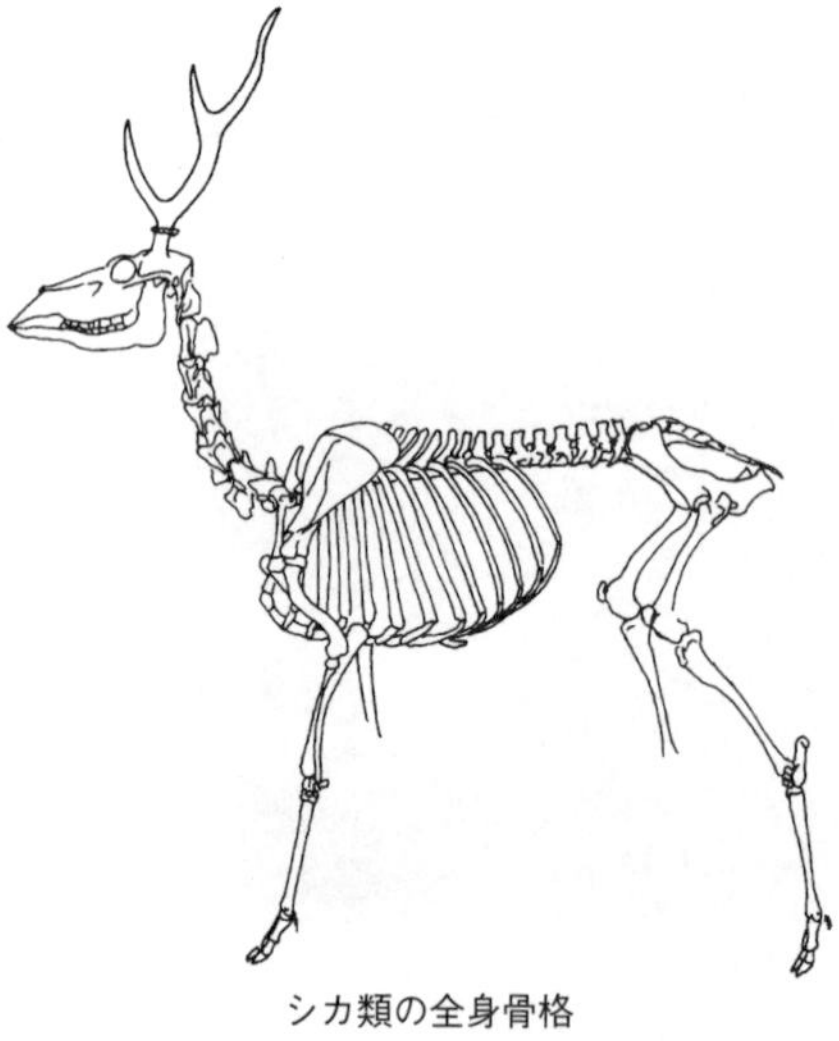

シカ類の全身骨格

その多くは全身をはじめとする四肢、足指（蹄）部の背面で、蹄底面は横たわっている時以外にはなかなかみられない。われわれにいちばんなじみの深いニホンジカ、イノシシ、シフゾウ、ウシ類などを例にあげて話を進めよう。

これらヒズメをもつ有蹄類の全身の骨格は、どの種類も基本的には大差なく前頁に示したような形態である。また全身の姿も角や顔つきに違いがあるもののそう変わらない。奈良公園にはたくさんのニホンジカが群れていて、すぐ近くで、特に四肢や足部、蹄などを観察することができる。足跡化石の研究にはやはり足、蹄部の形態や運動の観察が重要であることからそれらを重点的にみてみる。

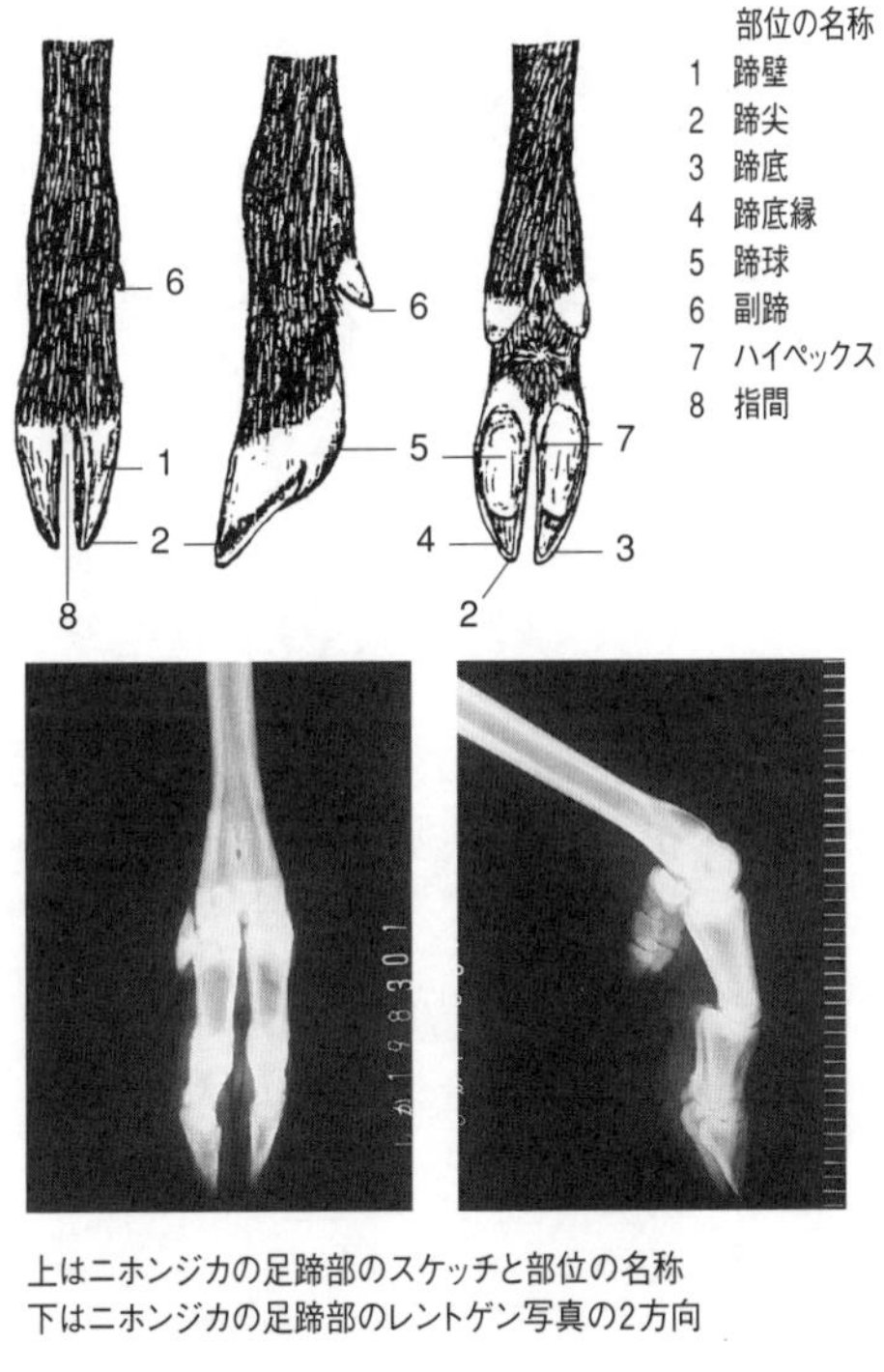

上はニホンジカの足蹄部のスケッチと部位の名称
下はニホンジカの足蹄部のレントゲン写真の2方向

偶蹄類の化石は、ほとんどが角、骨、歯などの体の化石である。右の図とその下のニホンジカのレントゲン写真に示したように、骨などは硬い組織のため化石となり残りやすいが、ヒズメは皮膚の一部であり残らない。このように靴を履いたような有蹄類で、その靴は形態的に単純で表面に模様もない。したがって足跡化石だけで印跡動物を決定をすることは、どろぼうが履いていた靴の大きさや裏の模様は残るが、大量に生産されている靴では犯人は決められないのと同じことである。ではその答えを出していくにはどうすればよいか。このことが、著者が重篤な足跡化石病に感染した原因でもある。

偶蹄類の運動（ロコモーション）

ニホンジカやイノシシなどの足跡は山道や山間部の水田でよくみかける。特に晩秋にチャンスが多い。動物園で飼育されているものと違って自然のままである。地面の性質も軟らかい、硬い、水分が多い、少ないなど変化に富んでいるのでいろいろな状況の足跡がみられる。その足跡をたどるとシカ、イノシシともにほぼ同じような移動の仕方をしている。アニマルトラックの書にも彼らの行跡がしばしば載せられてい

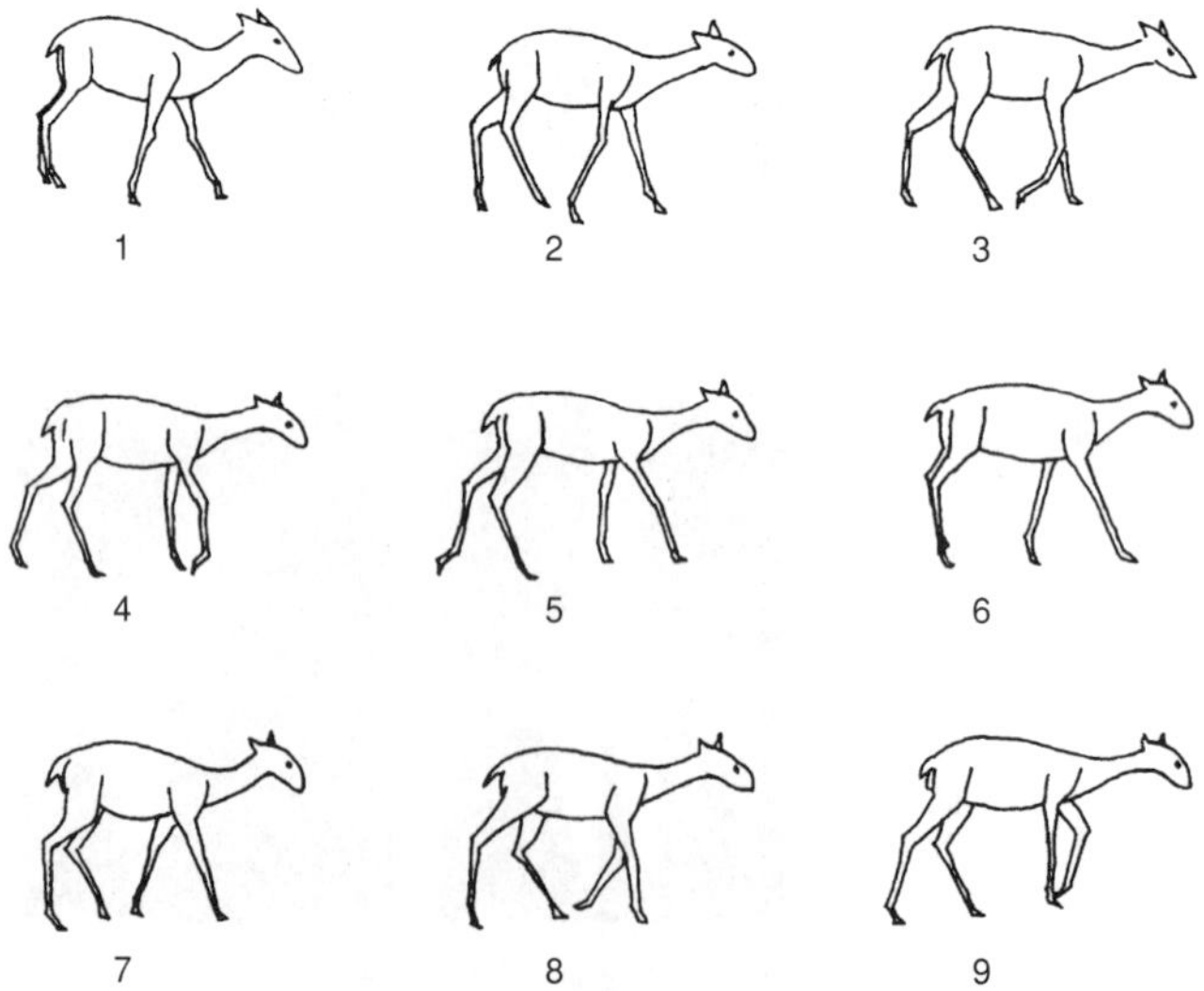

バンコクのデュシット動物園でみたホエジカの歩行

る。ニホンジカがふつうに歩いた時は前足跡のすぐ後方か、あるいはほぼ重なるように後足跡が着く。後足跡がやや側方へずれる場合もある。前頁のシカ科、ホエジカの歩行時の図からもそのことがよくわかる。そして、やや早足になると後足跡が前足跡と完全に重なりオーバーラップするか、徐々に前方へでて、オーバーステップする。偶蹄類の左右や前後の足部の大きさと形態はちょっとみても差がない。イノシシの足跡は後方の両側に副蹄印が明瞭に着くが、ニホンジカは足跡が深い場合以外はふつうは着かない。これは副蹄のでる位置の高さの違いや副蹄の長さの違いからである。下に蹄行性《ていこうせい》のシカ類などのほか、趾行性《しこうせい》、蹠行性《せきこうせい》の動物の足部を図示しておく。

偶蹄類の足跡

シカ科、イノシシ科やウシ科は蹄行性といってつま先のヒヅメを着けて移動する。種類の多い偶蹄類の足跡をよりたくさんみるには、山間部の水田や畑、動物園、牧場などが適していてその機会は多い。しかし、足跡化石の研究に応用できる足跡をとなると少し限定されるしむずかしい。というのは、南アフリカの動物のフィールドガイドなどには偶蹄類の足跡、特にウシ科が多いが、ずらっと載せられていてうんざりするくらいだ。今まで著者は、アフリカなどでこれらを観察した経験がない。どのような地面にどのように足

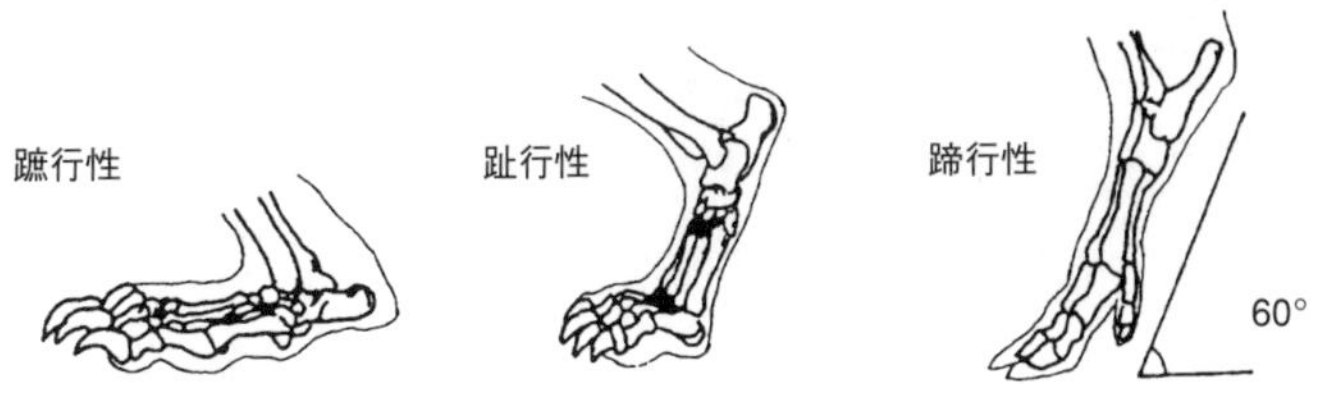

陸上動物が歩くとき、その足部の着き方には上のような3つがある。シカ類のように蹄行性の場合、指の軸と地面のなす角度がほぼ60度である

跡が着くのか。どうしてそんなに多くの印跡動物の区別ができるのか。それを詳しく観察したいものである。いずれにしても足跡は現場でその動物の動きとともに観察するのが最良である。

話を日常よく目にするニホンジカやイノシシの足跡に戻そう。八七頁の図で示したように前部に前方を向く二個の大きな先端が尖った主蹄と後ろの両外側に小さな副蹄をもつ彼らの足跡は、その着地、支持時の深さや指軸と地面との角度、開蹄の角度によって実に多彩な形態の足跡を着けることはすでに書いた。そこで、今、彼らの足跡を観察するに当たって、ほかの印跡動物でも同じだが、特に偶蹄類ではその着地、支持時の角度や地面の性質に着目してみよう。着地、支持時のようすを観察するにはただ上面観の写真だけでなく、できれば石膏などで型を取り、その深さや着地の角度を解析するとよい。ただ一つ問題は、水田などでは夜間に山から降りてきて印跡した偶蹄類の姿、すなわち主の大きさや移動の状況がわからない点である。これは動物園などで観察するしかない。まず、水田でみたニホンジカの足跡のいくつかを二頁にわたって写真で示し説明する。

一九八八年〜八九年に滋賀県の野洲川河床で行われた発掘調査のことはすでに書いたが、当初は観察、記録の方法さえわからず、とにかく偶蹄類の足跡化石を上面からみた足跡口の形態で区別するしかなかった。それは足印口の形態をV形、U形、H形、ハー

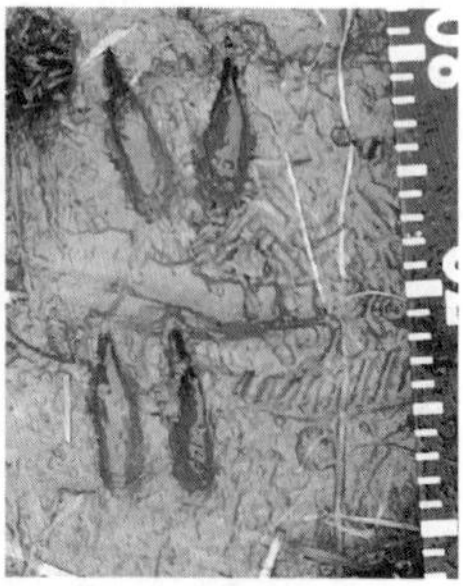
1

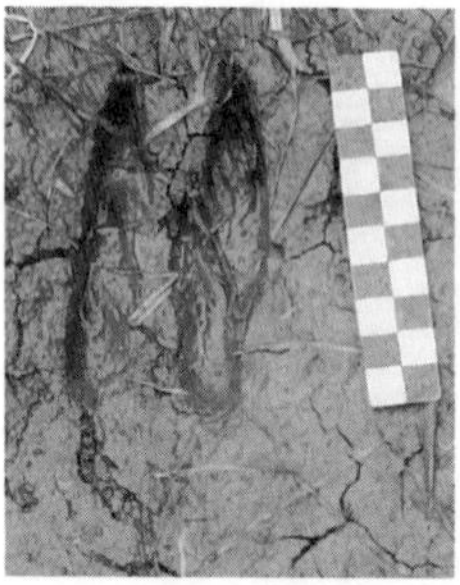
2

1〜5は、山間部の水田でみたニホンジカの足跡のいろいろ

ト形、ハ字形などに分類するものであったが、そののち、この野洲川の足跡化石では、この足印口の形態の差が種類とはあまり関係なく支持基体の性質と浸食の程度、印跡の仕方によるのであろうとわかってきた。写真1は一見すると同一の個体の前後の足跡のようにみえるが、よく観察するとそれぞれの足跡は前後足が完全に重複しているので別のニホンジカがこのように着けたものである。2は同一個体の前後足がややずれて重複したものである。3の写真は、足跡内に水がたまっているが足印口の形態はH形である。前後の足による重複足印で、後部に両方の副蹄印が明瞭にみられる。4はやはり水がたまっているが一見U形にみえる前後足による重複足印である。足印は深いのに副蹄印がみられないことからイノシシ類ではなくニホンジカである。5の足跡は左方に先に着いた前足跡の右方に後足跡が着き、前足跡の右後部をつぶしている。この水田にやって来るニホンジカ一種類なのにいろいろな形態の足跡がみられる。

イノシシの足跡は図示しないが水田では下中央の写真によく似た形態の足跡になる。そしてその後方両側には少し間隔をおいて鋭い副蹄印が印跡される。水田のニホンジカやイノシシなどの足

3

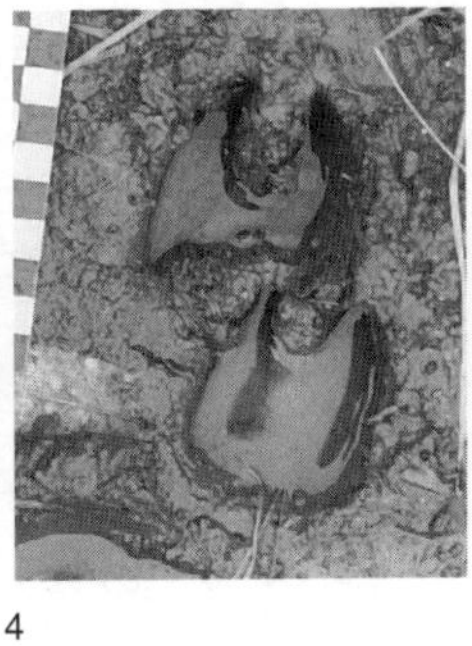
4

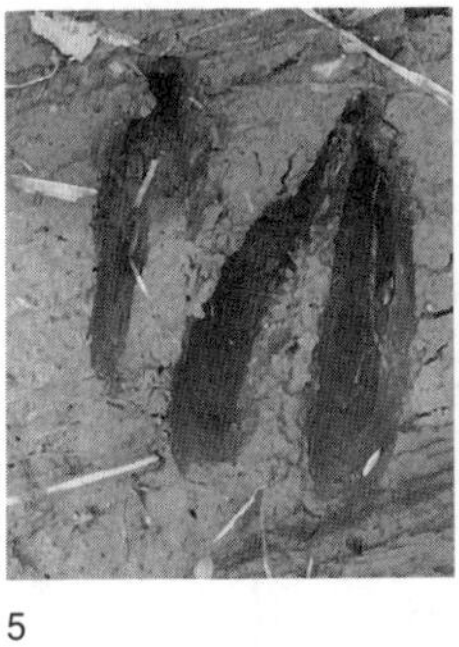
5

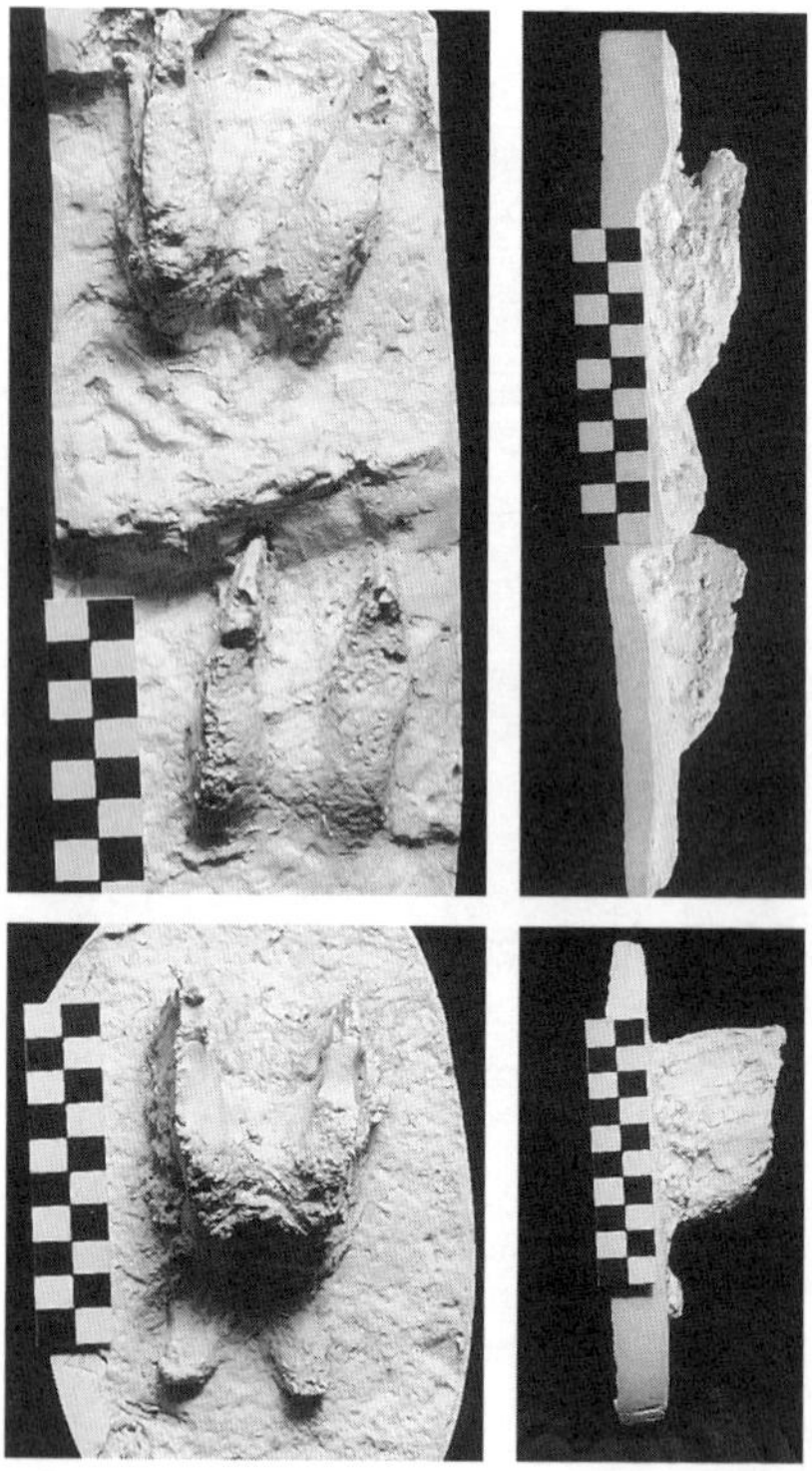

上下とも水田で採ったニホンジカの足跡の石膏型。左は凸面観、右は側面観

跡は水分が多くて軟らか過ぎることもあるが、足跡化石の研究にはまたとない資料となるのでぜひ石膏を流し込み型を取ろう。

上の写真は水田で取ったニホンジカの足跡の石膏型である。上が大型のニホンジカがやや硬い泥の上を歩いて着けた浅い場合のもの。下がやや軟らかい泥の上に深く印跡したものである。もっと深い足跡の上面観は軟らかい水田では変形が強く足印壁が崩れて底に落ち込み蹄尖印などがうまく型取りできないが、着地の角度などはわかるので、そっと水をスポイドで汲み出し石膏を入れるのもよい。ニホンジカは、ふつうの歩行時には、足・指の軸が地面に対して約六〇度で着地する（八九頁の図参照）。しかし、地面が軟弱な場合、傾斜している場合、移動の速度により角度は変わり、両主蹄の開く角度も変化する。その時足跡の足印口の形態も当然変化する。

このような現生種の偶蹄類の足跡（型）を計測する時の計測部位について次頁に示しておく。足跡化石の場合でも同じであるが、前後足による重複足印で、場合によっては当てはまらない場合もあろう。

その場合でもこれに準じればよい。

　次にシフゾウの足部と足跡についての話をしよう。シフゾウは、ゾウではなくシカ科に属する。ヒズメはウシに、頭はウマに、角はシカに、体つきはロバに似ているが、そのいずれの動物でもないことから「四不像」と書く。このシフゾウの主蹄はニホンジカに比べて大きくやや丸く蹄尖もあまり尖らない。副蹄はやや大きく、年老いたものはつま先で立つことが困難になるのか副蹄が地面に着くものがいる。

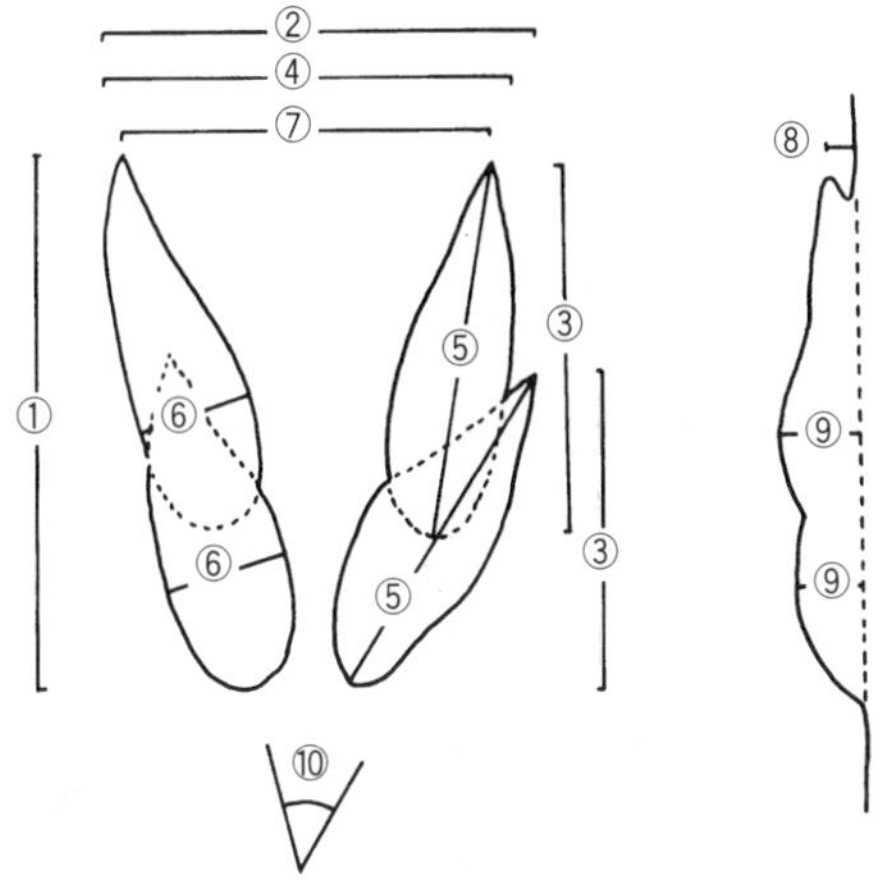

①足印全長：前後足の重複足印、単足印でスリップした場合など着地から離脱までの過程で印跡された足印の最先端から最後部までの長さ
②足印最大幅：上記の条件下での足印の最大幅
③足印長：単足印や重複足印の場合、主蹄印や副蹄印が確認できる場合、それの最先端から最後部までの長さ
④足印幅：上記の条件下での両主蹄印や副蹄印の外縁の最大幅
⑤主蹄印長：主蹄印が確認できる場合、その全長で、副蹄印長は別である
⑥主蹄印幅：上記条件下での主蹄印の最大幅で、蹄球部印であることが多い
⑦蹄尖間距離：両主蹄印の先端間の距離
⑧蹄尖印の深さ：蹄尖印の印跡地面からの深さ。註：進入の角度は、ここでは省略する。また足印口周辺が着地、離脱のために隆起した場合は、その分は除く
⑨蹄球印の深さ：蹄球部印の印跡地面からの深さ。註：上記と同じ
⑩指間角：両主蹄印が開蹄する場合、夫々の主蹄印長軸のなす角

シフゾウの蹄底面の図
（中国麋鹿から）

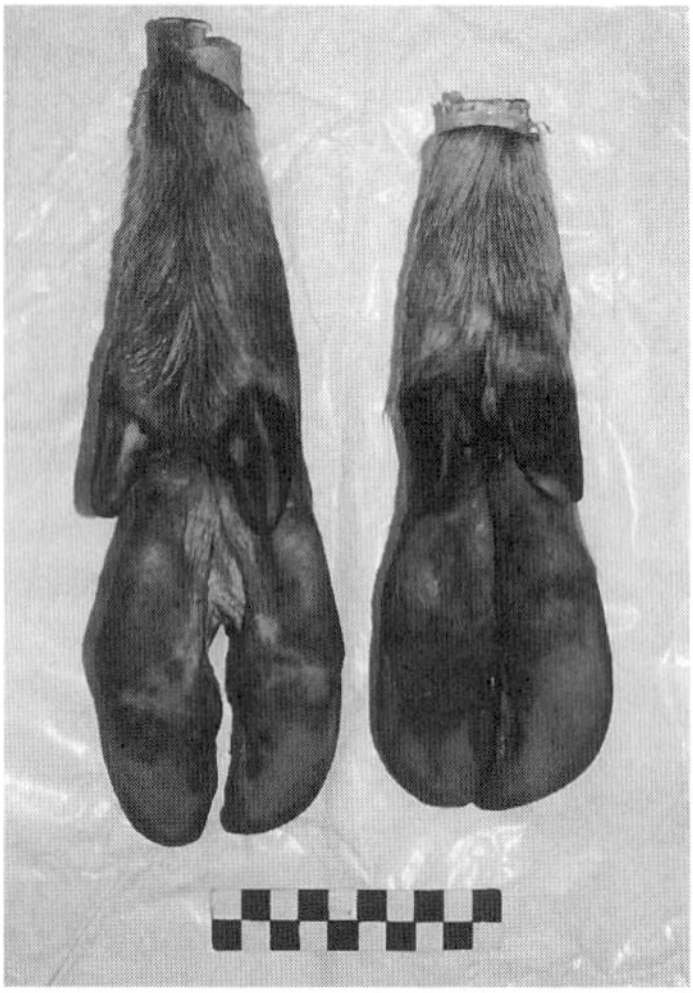

シフゾウの蹄底面観
（王子動物園保管）

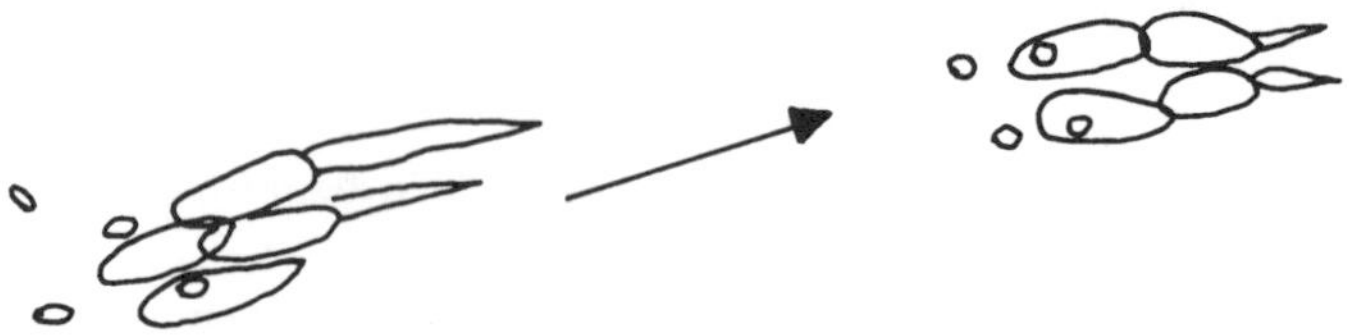

ややや細粒の砂上にみられるシフゾウの行跡（王子動物園）

この形態はトナカイの主蹄部とよく似るが蹄底の構造そのものはシカ類やウシ類と大きな差はない。ここでは神戸市立王子動物園の科学資料館にホルマリンに漬けで保管されている一七歳で死亡した体重一五〇キロのシフゾウのメスの足蹄部や『中国麋鹿』（曹ほか一九八八）からの図を示す。なお、足型などについては第4章で書くことにする。

偶蹄類の足跡化石

ここからは偶蹄類の足跡化石を産地別に紹介してみよう。しかし、ここでは発掘調査報告書や学術報告がされているものは簡単に触れ、今まであまり公開されたことがないものや調査に応用してもらえればと思う研究法などを著者の模索を含めて展開する。

岩手県花巻市の北上川流域、そこから南へ胆沢川、和賀川とその支流域、さらに隣県の宮城県北部には更新世の本畑層が分布している。イギリス海岸の偶蹄類は一七頁に写真をあげたが、胆沢川河床の発掘調査でも多くの偶蹄類の足跡化石が得られている。また、恐らく報告されていないと考えられるが、同じ地層が分布する宮城県栗原郡若柳町の北上川支流から発見された偶蹄類の足跡化石の石膏型が東北大学と京都大学に保管されている。京都大学の標本を右に示しておく。

宮城県栗原郡若柳町からの偶蹄類の足跡化石（京都大学保管）

新潟県三島郡越路町の渋海川河床から発見された偶蹄類の足跡化石は大部分が浸食されているが、保存の良好なものもいくつかあり、その形態は、以前報告されていたラクダ類よりもシカ類に近い?ものである。詳細は渋海川足跡化石団体研究会グループにより「新潟県三島郡越路町塚野山、魚沼層群の足跡化石と古環境」と題した報告書が一九九四年に越路町教育委員会から発刊されているので、それを参照してほしい。

野尻湖底の発掘で得られた偶蹄類の足跡化石は主蹄印がやや湾曲し先端が尖る。両主蹄印は向き合いV形をしている。ここからはオオツノジカの角や骨の化石が発掘されているので、この足跡を着けた偶蹄類は恐らくオオツノジカであろう。詳細は報告書をみてほしい。

金沢市内を流れる犀川《さいかわ》の河床には、更新世の大桑層《おんまそう》が分布している。この河床は大きなカメ穴がたくさんあることで有名なところである。この河床から偶蹄類と長鼻類の足跡化石が石川県白峰村の白山恐竜パーク白峰館長の松浦信臣さんによって発見された。長鼻類のものをまだ示していなかったので、松浦さんからいただいた写真を紹介する。右下の写真が長鼻類の足跡化石でアケボノ

金沢市犀川河床からの偶蹄類の足跡化石と長鼻類の足跡化石（右）
（松浦信臣さん撮影）

ゾウが着けたものかもしれない。その左が偶蹄類のものである。

福井県越廼《こしの》村の越前海岸は風光明眉で奇岩が波に洗われている。福井県の安野敏勝さんの案内で国道から注意して波打ち際まで降りると、右下の写真のように傾斜する黒い中新世（一六五〇万年前）の泥岩に密集した偶蹄類の足跡がみられた。

京都市左京区岡崎の京都市動物園内で一九八九年六月、園内の工事が行われ、地表面から約三メートル下位にある姶良火山灰（約二一・二万年前）の上位層に大型の偶蹄類の足跡化石が発見された。これを着けた印跡動物は、年代から考えてオオツノジカであろうと、当時の新聞は報じている。京都大学理学部の神谷英利さんから提供された写真を左下に示す。

大分県下毛郡耶馬渓町、玖珠《くす》郡玖珠町、宇佐郡安心院《あじむ》町一帯と大分市近郊の挾間《はさま》町の足跡化石産地を北林栄一さんに案内してもらい観察した。その報告は、『化石研究会会誌』三〇号（一九九七）と『琵琶湖博物館研究調査報告』一三号（二〇〇〇）に報告した。これらの産地は、長鼻類や偶蹄類の体の化石が北林さんによってたくさん発見されている。高橋啓一さんらが安心院町教委と共同でゾウ類やシカ類の体の骨を発掘調査した。足跡化石は保存がよ

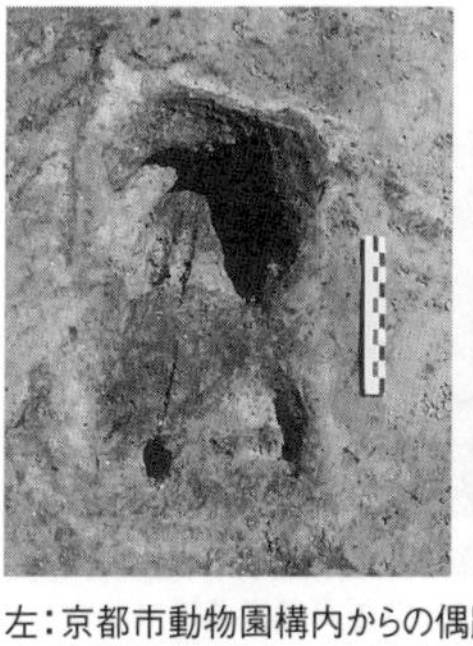

左：京都市動物園構内からの偶蹄類の足跡化石（神谷英利さん撮影）
右：福井県越廼村からの偶蹄類の足跡化石（同村哺乳類足跡化石調査団提供）

くなく、またつぎつぎと行われる工事と増水で消減の一途をたどっている。たいへん残念なことである。時代は後期鮮新世である。また、この地を調査した際に国東《くにさき》半島の沖に浮かぶ姫島の足跡化石産地も訪ねた。この産地は姫島の北側の断崖で干潮時しか近づけない。偶蹄類と長鼻類の足跡化石が密集しているたいへん興味深いところで、体の化石も産出している。ここでは右に姫島の足跡化石を写真で紹介する。

上の写真は、姫島で崖から落下した偶蹄類の足跡を含む母岩である。下の写真は、そのレ線写真である

　愛媛県上浮穴郡久万《くま》町には中新世の地層が分布している。著者は一九九五年一一月、この地で地質調査していた当時京都大学の成田耕一郎さんから連絡をもらい、彼の案内で足跡化石を観察した。産地は二箇所あり、特に同町上畑野川の有枝川河床のものは保存が良好でよい標本が得られた。河床は硬い砂岩と泥岩の互層からなり、偶蹄類の足跡化石が多いが、ほかにあとで書く大型の鳥類の足跡化石と印跡

動物の決定ができていない円形で三個の指印がありそうな足跡化石を発見することができた。ここでは偶蹄類の足跡化石の一つを説明する。硬い母岩に着いた足跡を二個持ち帰り、そのうちの一個を垂直に切断した。それは、偶蹄類の印跡の状況を観察するためである。

下の写真と図からは偶蹄類の足跡は一個で単足印のようにみえるがはたしてそうであろうか。足跡化石を含む母岩をいくつかに切断して、各部位の垂直断面を観察した。その結果、次頁の写真と図に示したように、二個の足跡の重複であることがわかった。図b′（bのスケッチ）の1と3あるいは4のへこみが二個の主蹄印で、2のへこみは最初に印跡された主蹄印の一つ、それが1の印跡で圧迫された。5のへこみが母岩の表面からは片方の主蹄印と思われたが、上位層の単なるへこみであった。

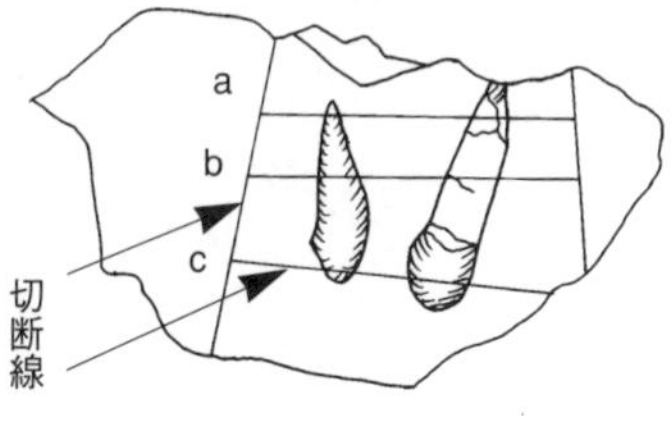

上は産地から持ち帰った偶蹄類の足跡を含む母岩。下はそのスケッチ

このように硬い岩に見られる足跡化石は、その足跡を発掘、クリーニングすることはできない。といって表面的な観察だけで偶蹄類の足跡の形態を語ることもできない。すべての足跡化石を切り取り、切断することも不可能である。実際に若い地層からなる産出地で足跡化石を発掘してみると、支持基体の性質が軟弱であったり、印跡面の上下位の地層の性質や堆積状況に大きな差がなく足印底の確認が困難であったり、

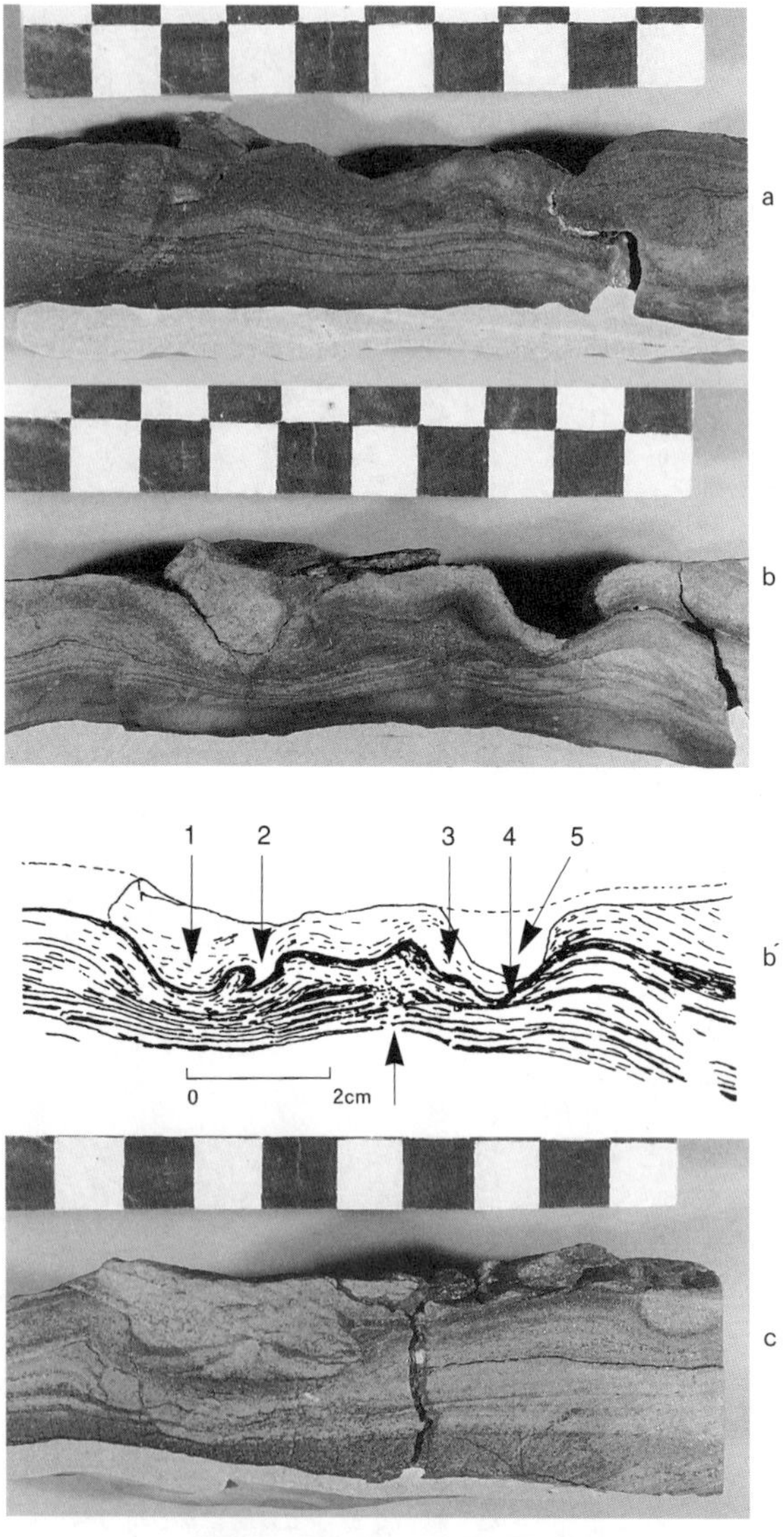

偶蹄類の足跡を含む母岩の切断面観

印跡がたいへん複雑で発掘が技術的に不可能な場合がある。硬い場合だけでなく、軟らかい場合でも良好な足跡化石が確保できるとは限らない。特に偶蹄類の足跡化石ではこのようなケースがしばしばある。そこで著者が思いついたのが〝非発掘足跡化石復元法〟である。まず、樹脂やシリコンゴムなど身近な材料で

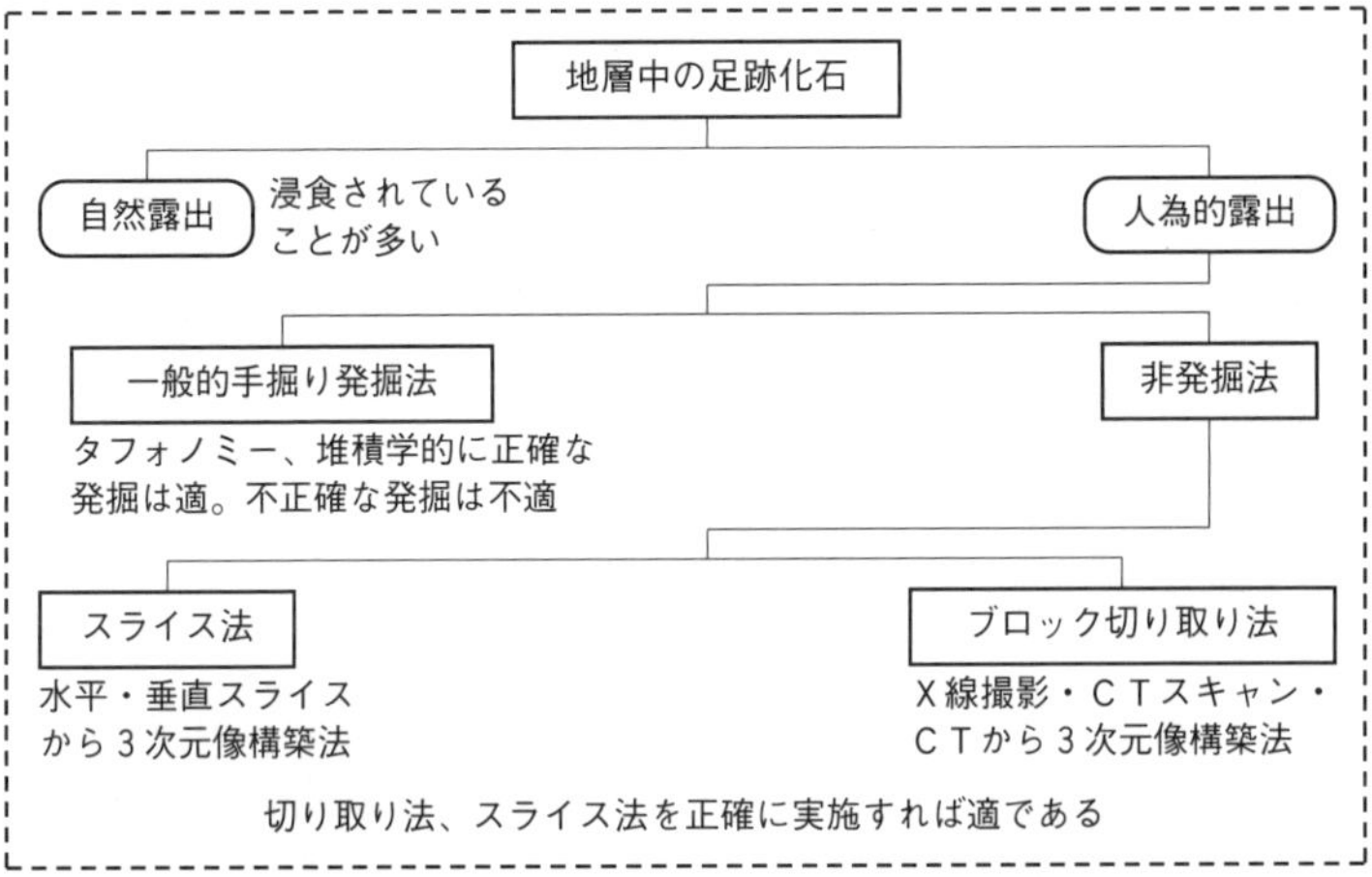

いくつかの実験を繰り返した。国内の偶蹄類の足跡化石産地を紹介している途中で少し横道にそれるが、滋賀県甲西町朝国の『野洲川河床足跡化石発掘調査報告』からの引用とそのあとの実験結果について少し説明する。

足跡化石の確保と足跡の復元

まず、足跡化石の確保の方法であるが、著者が古琵琶湖層群からの足跡化石の発掘調査、研究に当たって、今まで行ってきた方法は、国内の多くの研究者と同じように『ゾウの足跡化石調査法』の三三頁、「古琵琶湖層群産足跡化石とその調査・研究法」（岡村ほか一九九七）のような過程で実施している。しかし、これらの方法は、産出地の条件や研究者の調査方法、テクニックの良否など種々の条件によって差が生じることがある。例えば河床などで増水により露出した足跡化石の場合、その形態的変化が浸食によるものであれば、それが地質時代のものか、現在のものか。足跡内に上位層が埋積している場合は、印跡面が確認でき、その面まで誰もが正確に発掘することができるか。産出した足跡化石の発掘調査に各産地で差が生じることは避けな

1

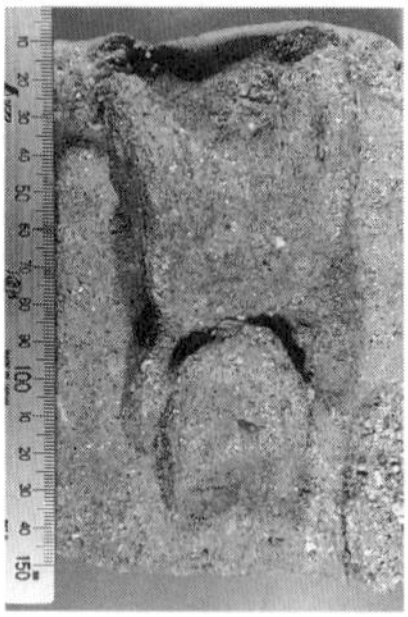

2

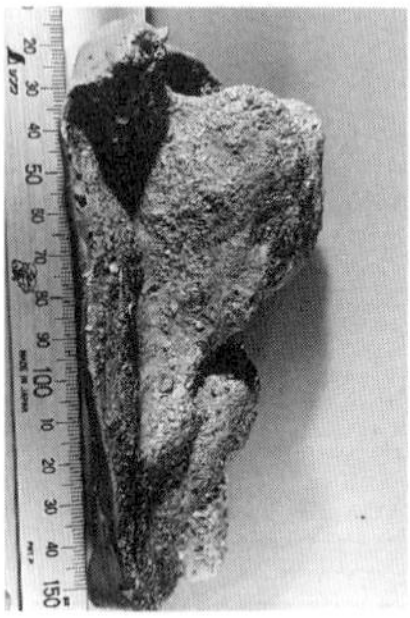

3

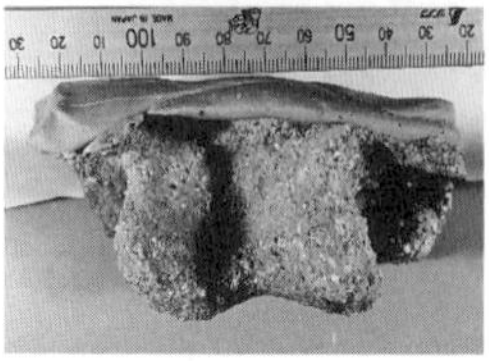

4

1……足跡の上面観（凹型）
2……凸型の底面観（凸面の側）
3……凸型の側面観
4……凸型の前面観

ければならない。著者は、動物が移動して着けた直後の足跡そのものを、前にも書いたが「原足印……original footprint」と呼び、化石になった足跡「化石の原足印……original footprint of fossil」と区別している。すなわち、どんな条件下、どんな形態の足跡化石でも研究の対象とするには、ありのままの足跡化石として確保することが望ましい。間違った判断や手技で発掘したり、破損してはいけないということである。前頁上に足跡化石の確保の方法と手順、資料としての適・不適について示した。

正確な手掘り発掘方法

印跡面、足印底や足印壁の決定をより確かなものにするために、水平、垂直断面のラミナの状況を現場と剥ぎ取りから観察して確定あるいは推定する。その上で手掘り可能なもののみ発掘する。そののち発掘した凹型足跡化石に樹脂を入れ、その凸型から印跡の状況、印跡動物の足部の形態、行動様式を解析したり推定する。この方法は浅い足跡は現場において上面観などから簡単に、その足跡の形態や移動様式を把握することができるが、深く複雑な足跡の場合は困難である。そこで手掘した足跡化石標本から採取した凸型を多方向から観察してみよう。

足跡の凹型と樹脂の凸型から足部の形態と動きを考えてみる。前頁上の写真1の足跡の足印口の形態は一見してH形で、前後部に五個の蹄印がみられる。前方の二個は大きく先端はややV形に両外側へ広がり斜め前深部に進入している。中間やや後部の右外側には短く細い蹄印があり浅い。後部には逆U形の蹄印がみられる。中間部の短い蹄印は凸型の側面からみると、前方の大きな蹄印は両主蹄印で、これと連続しており同じ側の足の一方の副蹄印であることがわかる。また後部の逆U形の蹄印は深さ、大きさと上記印とは連続しないことから他側足の副蹄印とわかる。したがって前足跡は副蹄印のみが残り、前部は、前方へ着地した後足跡によって踏まれたと考えられる。また足跡全体が水平に着地せずやや右方下がりの斜めに印跡されている。これは左右足の差とも考えられるが、右方の主蹄印の先端が離脱の時に支持基体を一部破損していること、着地の角度が約三〇度であることなどからカーブしながら走り印跡したと解析できる。

◆手掘り発掘が困難な場合の方法

ブロックのレントゲン写真撮影法、CTスキャンと三次元構築法

発掘が不可能あるいは困難な場合は、例えば偶蹄類の足跡は小型で細い蹄をもっているものが多い。その足跡の開蹄や進入の角度もいろいろであり、深さもいろいろである。同じ箇所にいくつも印跡しているもの、ある地層の堆積が進行している間にも印跡され何段にも着けられている場合、すなわち立体的に複雑な場合などである。そこで一〇六～一〇九頁に示した図の二次元画像上面観・側面観の写真の

ようにX線撮影してみた。まず足跡を含め適当な大きさで切り取ったブロックのレントゲン写真撮影法（2D法）で1～2方向を撮影し、その画像をみた。これはブロックの厚さがX線を透過する範囲内でなければならない。密度の高い粘土では実験で厚さが一〇センチ以下でないと鮮明な画像が簿られない。特に医療用のX線装置の場合は厚さ五センチくらいがよいことが、著者が一九八一年に行った実験で確認できているので、足跡の深さがそれ以内であることが望ましい。産地からのブロックでの撮影例については九八頁の大分県姫島産のX線写真を示したので、詳細は次の実験のなかで詳しく説明する。

実験は一〇六～一〇九頁に示したように、①シリコンゴム面に着けた偶蹄類の足跡にエポキシ樹脂を流し込んだ場合。②砂を含まない均一な粘土面に足蹄部を前後に位置を少しずらせて二度印跡し、上位に粗粒砂を流し込んだ場合。③粗粒砂を含む粘土面に着けて、上位に粗粒砂を流し込んだ場合。④粘土層の上位の薄い粗粒砂の層に印跡し、その上位に粘土を堆積した場合。⑤粗粒砂層の上位の薄い粘土層に印跡し、その上位に粗粒砂を流し込んだ場合の五つの条件である。

最近のCT装置には、ただスライスした足跡を含むブロックの断面の写真（コンピュータトモグラフィー）だけが得られるのではなく、その多くの連続した断面（スライス面）から立体像（3D画像）を構築することが可能である。モデルのブロックはすべて一ミリの間隔でスキャンした。その結果得られた画像の明瞭さと印跡した偶蹄類の足部の大きさなどを判定した結果は、図の右方の欄に示したように、非発掘法として応用できる場合とできない場合があることがわかった。すなわち、最も明瞭な画像は粘土とやや粗粒の砂を組合せた場合であり、このほかの条件ではどうかについては、例えば支持基体と上位の堆積物の性質の相違、印跡の立体的な複雑さなどを変えて今も実験を繰り返している。しかし、レントゲン線の透過、吸収の問題、乱反射の問題、上下位層の物理的組成によるCT値（CT値とは水の吸収係数を〇とした時、ほかの臓器などのX線吸収係数を相対値としてあらわしたもので、例えば脂肪などはマイナス一〇〇、骨など硬く緻密なものは一〇〇〇である。したがって砂層と砂層の組合せなどの場合では成功しないのである）の問題、立体的に非常に複雑に印跡した足跡の場合などまだまだ問題は多い。この欠点（X線の特性、立体化に際してのコンピュータ上の読み取りなど）をほかの手法で補うにはどうすればよいか。たいへん面倒な作業であるが、次のような方法を試みた。

いろいろな組合せをしたブロックを奥の部屋のＣＴ装置でスキャンして、その断面から足跡を立体的に構築する（滋賀県甲西町生田病院）

CTスキャン画像の ひとつ	CT−3次元 画像	説　　　明	判定
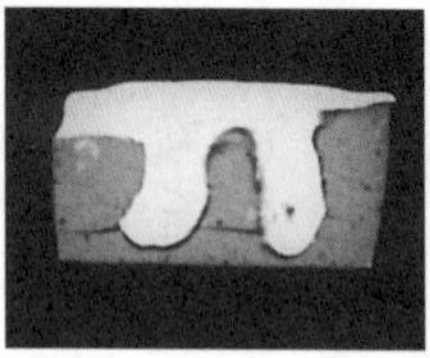	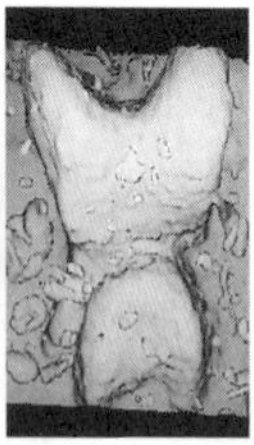	シリコンゴムの上面に着けた足跡にエポキシ樹脂を流し込んだ場合：両者のＣＴ値に大きな差がある。 ２Ｄ、３Ｄともに明瞭な画像か得られる。 印跡動物の足跡の形態をよく反映する。	◎
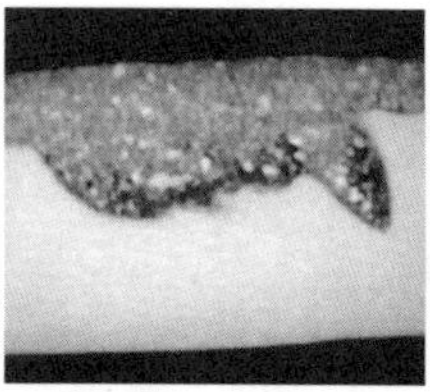	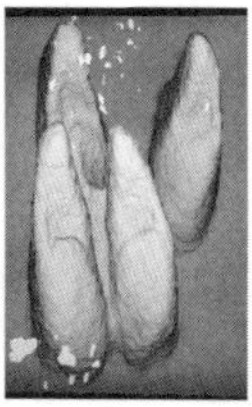	均一な粘土の上面に着けた足跡に粗粒砂を埋積した場合：両者のＣＴ値に大きな差がある。 ２Ｄ画像は上位の粗粒砂が邪魔するためにやや不明瞭となるが、３Ｄでは明瞭な画像が得られる。	◎
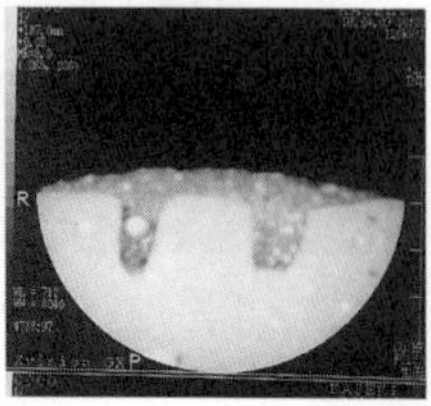	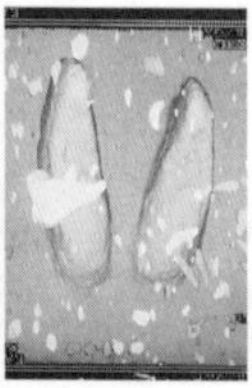	粗粒砂を含む粘土の上面に着けた足跡に粗粒砂を埋積した場合：両者のCT値に大きな差がある。 2D画像では粗粒砂が邪魔するためにやや不明瞭となるが、3Dでは明瞭な画像が得られる。 ただ印跡層内の砂も立体化されるために画像が見にくい。 印跡動物の足跡の形態はほぼ反映される。	◎

	実験素材の組合せ（矢印は印跡面）	2次元画像 上面観	2次元画像 側面観
①	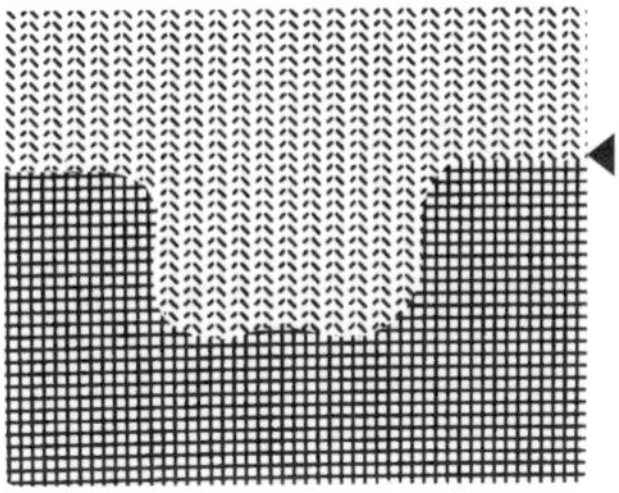	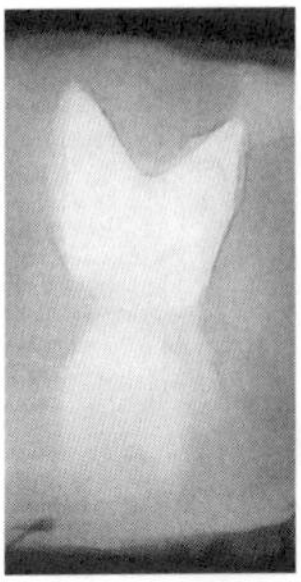	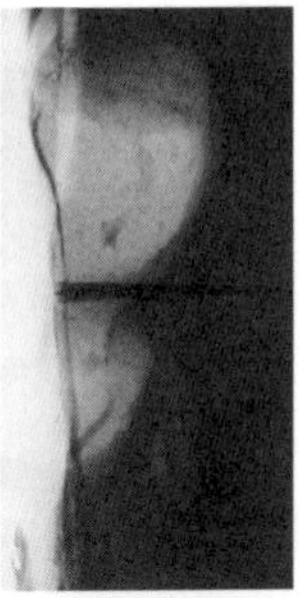
②	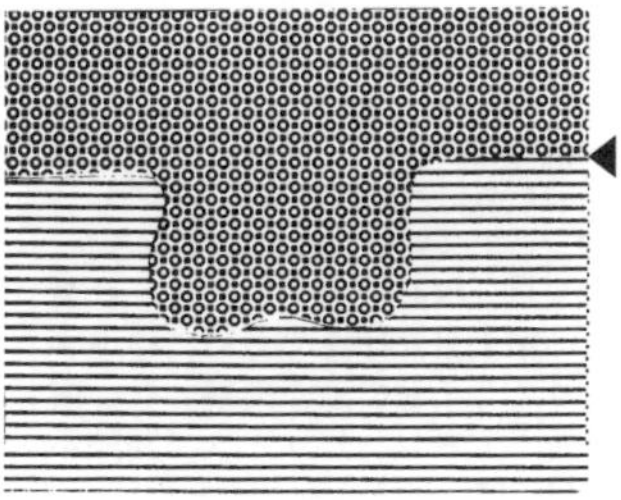	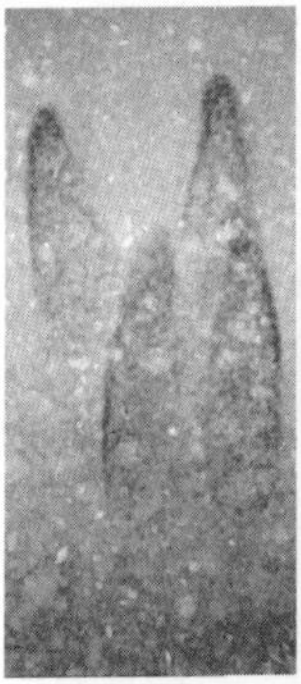	
③	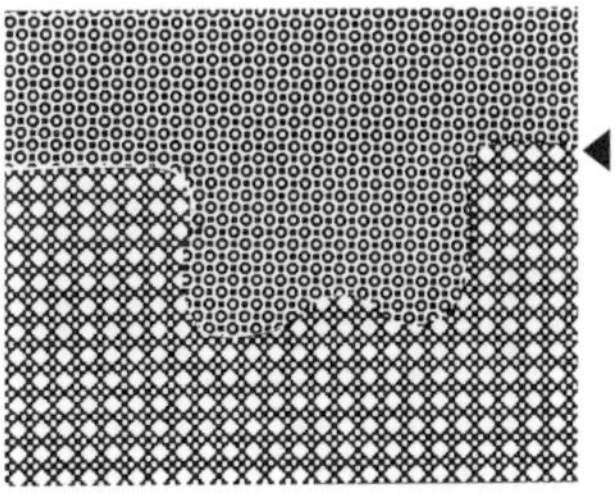	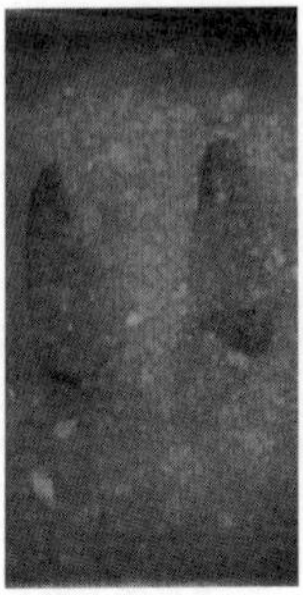	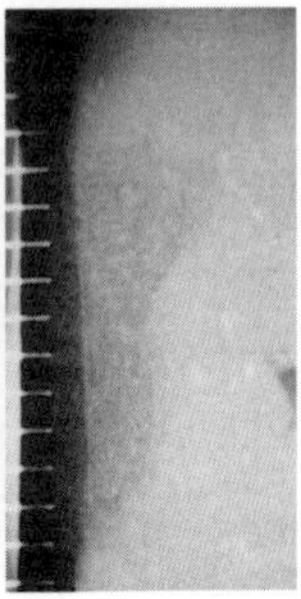

CTスキャン画像の ひとつ	CT－3次元 画像	説　　明	判定
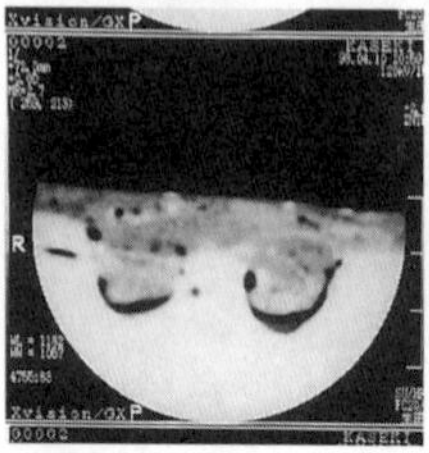	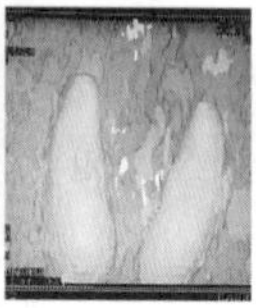	粘土の上位に薄い粗粒砂の層をつくり、その上に粘土を埋積した場合：２Ｄ画像は砂が邪魔せず明瞭であるが、３Ｄでは印跡時に薄い砂の層が破壊されるために、足跡は下位の粘土層に着いたような形態となる。 印跡動物の足跡の形態よりやや拡張し、細部の印は不明瞭となる。	○
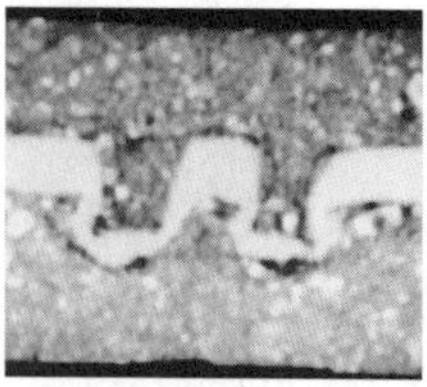	３Ｄ画像が 得られない	粘土の上位に薄い粗粒砂の層をつくり、その上に粘土を埋積した場合：２Ｄ画像は砂層が厚いために不明瞭となる。 ＣＴスキャンは可能であるが、３Ｄは構築できない。それは薄い粘土層が印跡のために破壊されてＣＴ値の差が連続しない箇所ができコンピュータで判読不可の面ができるからである。 この場合はＣＴ画像からパソコンで３Ｄ画像を構築するしかない。	× ○

①②③④⑤は、103頁に書いたように偶蹄類の足跡化石の発掘が困難な場合の非発掘法として、さまざまな層の組合せで、その２Ｄ法、ＣＴ－３Ｄ法が応用できるか否かを実験した結果である。

得られた画像の状況は、説明の欄に記したように、◎：ブロック内の足跡が明瞭に把握できる。○：全体像は明瞭であるが、細部の立体化が不十分で、足部がやや拡大する。×：ＣＴスキャンは可能であるが、それから同装置に装備されたコンピュータでは３Ｄ画像が構築できない。

	実験素材の組合せ （矢印は印跡面）	2 次元画像 上面観	2 次元画像 側面観
④	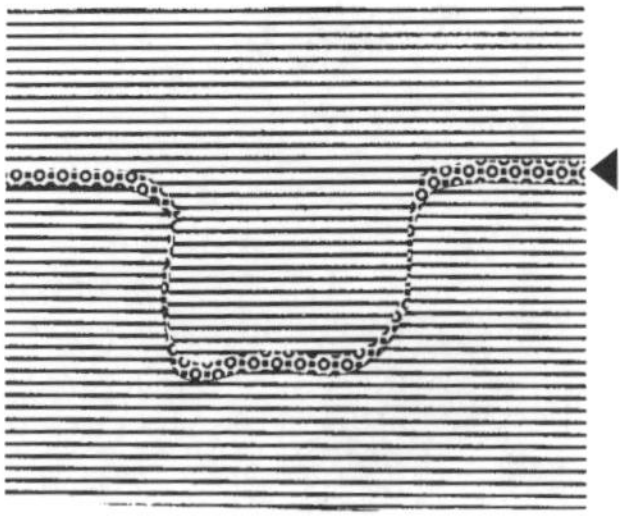		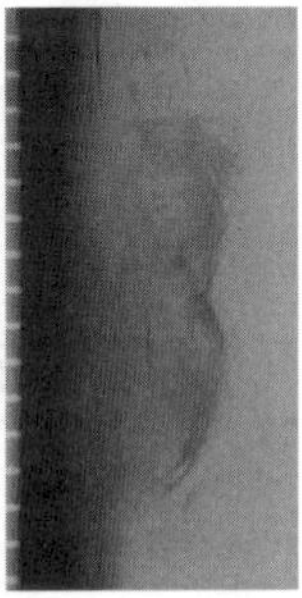
⑤	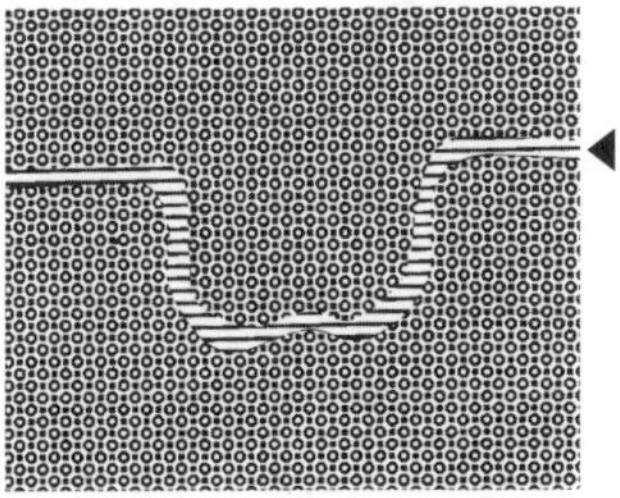		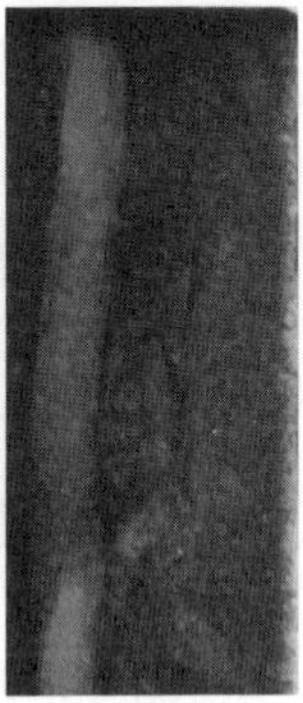

0 cm
　上位のＤ層の粗粒砂を削っていくとＥ層の印跡面がでる。それを少し削り各足印の輪郭が分かる深度を０cmとする。

2 cm
　深度１cmは、０cmと極似するので省略し、２cmに進む。
　粗粒砂が堆積した足跡が密集する。支持基体の砂も多い。

3 cm
　中央部の浅い足跡は消える。ほかの足跡の輪郭が明瞭になってくる。
　支持基体の砂は、やや少なくなる。

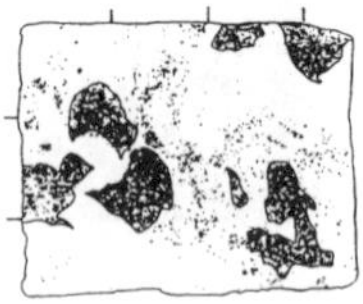

4 cm
　明瞭に足印と分かるものは、左側の2〜3個である。
　支持基体の砂は、再びやや多くなる。

5 cm
　左側に２個の足跡、右下部に１個の足印が見られる。左上部の足印は消えていく。支持基体の砂は益々多くなる。

6 cm
　左中央部の1個は消える。両側に各1個の足印が見られるのみとなる。
　支持基体の砂は多い。

7 cm
　左側の足印は明瞭になってくるが、右下部の足印は、太く短くなる。
　支持基体の砂は、相変わらず多い。

8 cm
　左側の足印は、明瞭で徐々に中央部下方へ向かって移動する。右側の足印は、蹄尖部印がなくなり、鈍化し短くなる。支持基体の砂はやや少なくなるが、範囲は広い。

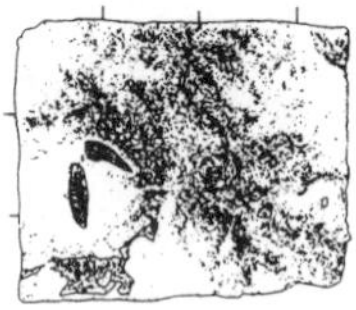

9 cm
　左側の足印は、このあと深度10cmで短くなり、10.5cmで消える。右側に見られた足印はこの深度で消える。
　支持基体の砂は、相変わらず多く広範囲に分布する。

　産地から持ち帰った厚さが10cmのブロックを1cm間隔で水平に削って出てきた足跡化石を図化したものである

◆多断層面からの三次元（3D）構築法

　切り取リブロックの水平スライス法の断面像からパーソナルコンピュータで立体的に構築する方法である。切り取ったブロックを等深度間隔で連続して水平の断面を作り、その面の足跡の状況を図化することからはじめる。これは滋賀県甲賀郡甲西町朝国の野洲川河床の印跡層を用いて行った。なお、この水平スライス法はブロックを切り出してこなくても現地で正確に行えば立体化は可能である。前頁の図は産地から切り出したブロックを一センチ間隔で水平に削っていった時の各断面の足跡化石の消長である。これをコンピュータで立体像に構築すると、まだ試験段階であるが、下の図のように立体的に復元できる。

　このように足跡化石を発掘せずに復元、立体化する実験をしてきた。しかし、これら2D法、CT―3D法、水平スライス―3D法を調査地のすべての足跡化石について実施することは不可能である。こ

前頁の9枚の断面図から構築したブロック内の足跡の立体像

の実験は今も進行中であるが、この書では紙面の都合もあり、これ以上は省略する。読者諸氏は、どこまで「化石の原足印」に近づけるかという一つの試みであると理解してほしい。何度も書いたが、足跡化石とは単なるへこみではなく、そこに隠された問題点、タフォノミー的なこと、例えば堆積学的なこと、力学的なこと、現世の浸食のこと、発掘時の人為的・機械的な技法などのほか、印跡動物の種類によってや移動様式によっていろいろな足跡化石があり、産地によってよく似ているようで少しずつ違うのである。

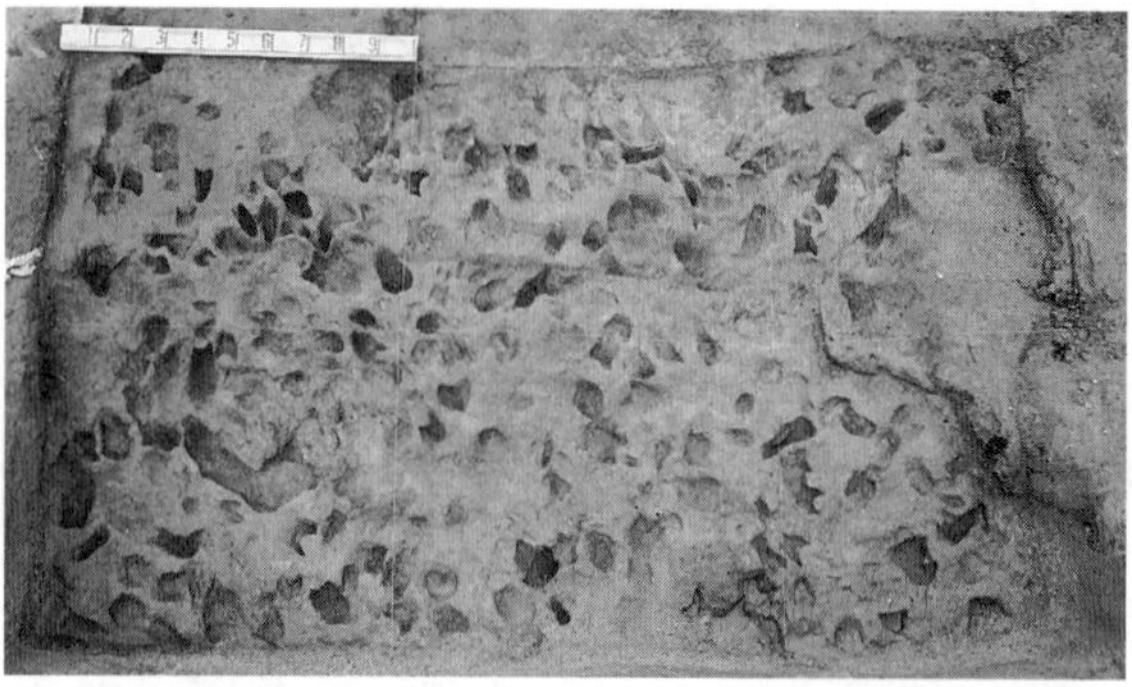

滋賀県甲西町朝国の野洲川河床で発掘した偶蹄類の足跡化石の密集

愛媛県久万町産の偶蹄類の足跡化石を切断したことからはじまった立体化実験の話はこのくらいにしておき、話を再び各地の偶蹄類の足跡化石に戻そう。

滋賀県甲賀郡甲西町朝国の野洲川河床からは多くの偶蹄類の足跡化石が密集して産出した。ここの地層は砂、粘土、炭質粘土・シルトの互層からなり、浸食されにくい炭質粘土・シルト層が残されて階段状地形になっている。ここの地層はほぼ水平で、その炭質粘土・シルト層面には偶蹄類の足跡化石が密集している。また、足跡化石のへこみは周辺の垂直な崖の断面でも確認できる。垂直断面の足跡をみると偶蹄類が炭質の粘土・シルト層上に印跡して足跡の周囲が顕著に盛り上がったり複数の足跡が入り組んでいる。また、この支持基体は、粗粒～細粒の砂を多く含むものから少ないものまでいろいろであり、当初から砂が多く含まれている印跡層を発掘するのは至難の技であると容易に想像できる。このような産状の時は前に紹介した連続水平スライス法から立体的に足跡化石の形態を復元する方法も一つの手段かも知れない。前頁の写真は、ある比較的均一で厚い炭質粘土層面に印跡され、上位に砂が埋積した偶蹄類の足跡化石である。これの発掘は容易であった。

滋賀県水口町の野洲川河床で発掘した偶蹄類の行跡

次に滋賀県甲賀郡水口町の野洲川河床からの偶蹄類の足跡化石を紹介する。ここの調査は平成八年（一九九六）七月から、九年、一〇年度と継続して水口町教育委員会、「みなくち子どもの森自然館」開設準備室、琵琶湖博物館と共同で行ってきた。そして調査は今も続いている。調査地は同町宇田、北内貴を中心に野洲川河床の上下流約二キロの範囲に及ぶ。そこは甲西町吉永や甲西町朝国の産出地のように森林と氾濫河川、規模の小さい一時的な沼であったであろう古環境とは異なり、粗粒の砂、礫や化石林がなく、ほとんどがシルト、粘土層からなり、樹枝片も小型で、密集した葉の化石が多い。漣痕が非常に多いことなどから大きな河川、流路から距離をおいた比較的広範囲で静かな沼が存在した可能性が大きい。長鼻類や偶蹄類、ワニ類

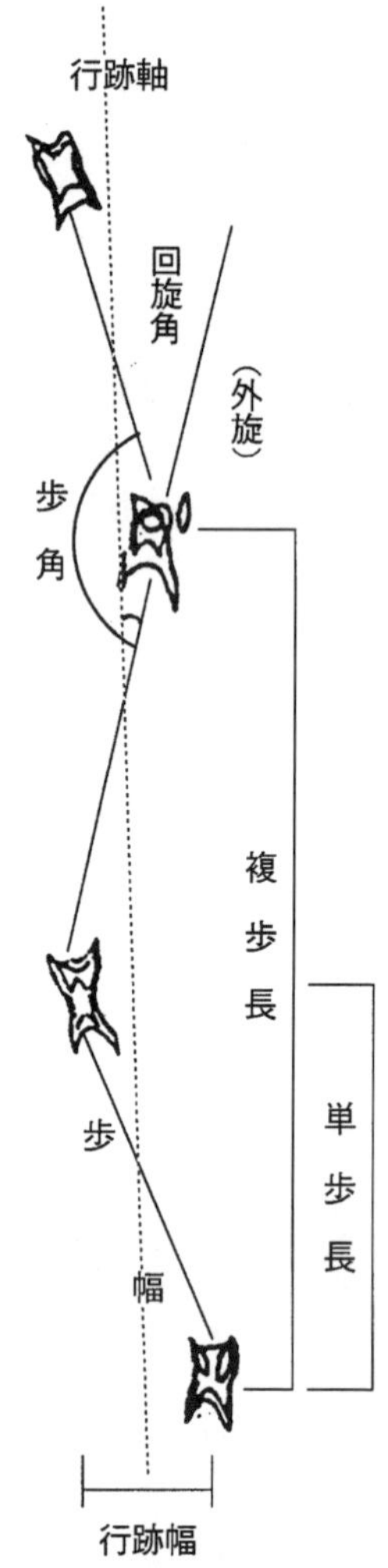

偶蹄類の行跡の計測部位。
註：この図は、前後の重複足印で描いた

（ワニ類の足跡化石についてはあとで書く）は、そんな静かな湖沼地で生活していて足跡を残したのであろう。

前頁の上に示した偶蹄類の行跡はシルト質粘土層面に着いていて明瞭である。この標本は、展示用に型を取った。範囲は畳三帖分くらいである。この行跡から恐らく九頭の偶蹄類が同じ方向へ移動したと考えられる。

ここで偶蹄類の行跡の計測部位を右に示しておく。なお、図に使用した足跡化石は、四個ともに前後足による重複足印であり、深く前方へ斜めに着地している。恐らく早い速度で移動した時に着けた足跡と考えられるので、同じ大きさの個体でもゆっくりした移動速度の場合とは、それぞれの計測値は変わってくる。

長崎県北松浦郡小佐々町楠泊や周辺の海岸、佐賀県北西部には中新世の野島層群が分布する。ここからの足跡化石については、一九九八年一月三一日、京都大学理学部にて開催された日本古生物学会において姜忠男さんほかによって「北西部九州の第三系佐世保、野島層群に見られる脊椎動物足跡化石群について」と題して報告された。著者は、今までこの地からの大型動物足跡化石については、これらの報告と武雄市在住の河野隆重さんの報告がすべてであると思っていたが、一九九八年、大分県の北林栄一さんから送ってもらった文献をみて驚いた。それは昭和三三年三月発行の沢田秀穂『日本炭田図Ⅱ、北松炭田地質図説明書』(地質調査所)のなかに、すでに右上に示したようなスケッチとともに簡単な解説がされている。四〇年前に偶蹄類の足跡化石が長崎県小佐々町で発見されていたのである。写真は不鮮明なため省略する。

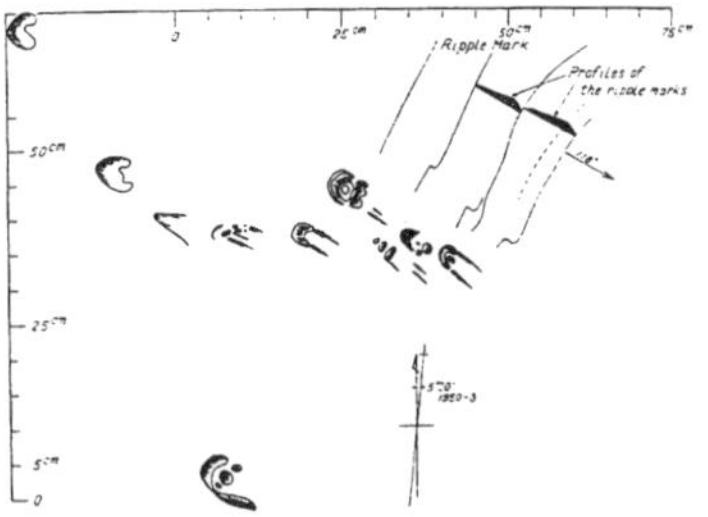

昭和33年に報告されていた偶蹄類足跡化石のスケッチ(沢田秀穂:1958)

大津市苗鹿からの偶蹄類の足跡化石

琵琶湖の西方、滋賀県大津市苗鹿《のうか》付近には、古琵琶湖層群堅田累層中の約八七万年前（藤本　一九九七）の砂、シルト層が互層で分布している。産地の地層は地殻変動のため約五五度で傾斜している。そのシルト層面に多くの偶蹄類の足跡化石が若干の長鼻類の足跡化石とともに発見された。工事中のために大きな破壊、発掘は不可能であったので、ここでは写真を前頁下にあげておく。

滋賀県神崎郡永源寺町山上の愛知川河床からの足跡化石は、四四頁で書いたように長鼻類のものが一四五〇個と多かったが、偶蹄類の足跡化石は少なく三五個を確認したにすぎない。詳しい報告は、琵琶湖博物館開設準備室研究調査報告一号をみてもらえばよいので、ここでは簡単に紹介しておく。

ここの長鼻類の足跡化石は炭質シルト層に密集しているが、現在の流れによる浸食でカメ穴状になったものが多かった。一方偶蹄類の足跡化石は、その産出は少ないがシルト層に印跡されたもので、流れのゆるい箇所のものは保存がやや良好である。しかし、産出した範囲が狭く、行跡などを確定できるものはなかった。主蹄印長は平均五センチである。

このほかにも国内の偶蹄類の足跡化石産地はいくつかある。最近では、一九九九年の秋に東京都昭島市を流れる多摩川の河床から偶蹄類と長鼻類の足跡化石が発見されている（産地の写真は二四三頁に載せる）。しかし、著者が調査に関わっていない産地や未発表のもの、また詳しい報告書が出されている産地については省略した。また、ここでは偶蹄類の足跡化石を総括的に紹介し、それを着けた印跡動物の種名については言及しない。

奇蹄類の足跡化石

岐阜県美濃加茂市の木曽川河床からたいへん珍しい奇蹄類のサイの足跡化石が岐阜県博物館の鹿野勘次さんによって発見された。ここの地層は中新世、瑞浪層群で、約一九〇〇万年前である。鹿野さんらが執筆し、岐阜新聞・岐阜放送から発行された『アース　ウオッチング　イン　岐阜』から簡単に紹介する。「平成五年（一九九三）三月、今渡ダム下流の河床から日本最古の哺乳類の足跡化石が発見されたと各ニュースが報じた。この足跡化石は、礫岩層の中に挟まれた砂岩層の表面に残されたもので、これらの地層は瑞浪層群・中村累層に属し、河川が湖に流れ込む河口部のようなところに堆積したものと考えられている。足跡の長径は二三センチほどで、三本指の形が残されているものがあることから、この動物は奇蹄類の仲間で、その大きさや形態からサイの可能性が高いと考えられている。足跡の数は一五個以上あり、そのうちのいくつかは連続歩行をしたように配列している。」

今はこれらの足跡化石は切り取られて、岐阜県立岐阜県博物館に展示されている。また、今渡ダム上流の美濃加茂市下米田ではサイ類の下あごの骨の化石がみつかっており、平牧動物群（サイ、ゾウ、ウマ、バク、シカ、リス、ネズミ、昆虫、ビーバーなど）の当時の生活のようすを知るうえで貴重な資料である。今のところ国内で奇蹄類の足跡化石はサイ類しか発見されていないので、これについて話を進める。

サイ類の足部の形態

サイ類はウマ類やバク類などと同じく指の数が奇数で、現生ではインドサイ、シロサイ、クロサイ、ジャワサイ、スマトラサイなどがいる。これらのサイ類は、体重が一〜二トン、頭胴長二〜四・五メートル。草食で湿地やサバンナに生息する。足指部は太い三本の指からなり骨格も三本である。その足部と足底の形態を左に示した。上の写真は、滋賀県甲賀郡信楽町にある滋賀サファリ博物館の剥製標本を撮影したものであり、下の図はスマトラサイの足底面の図である。

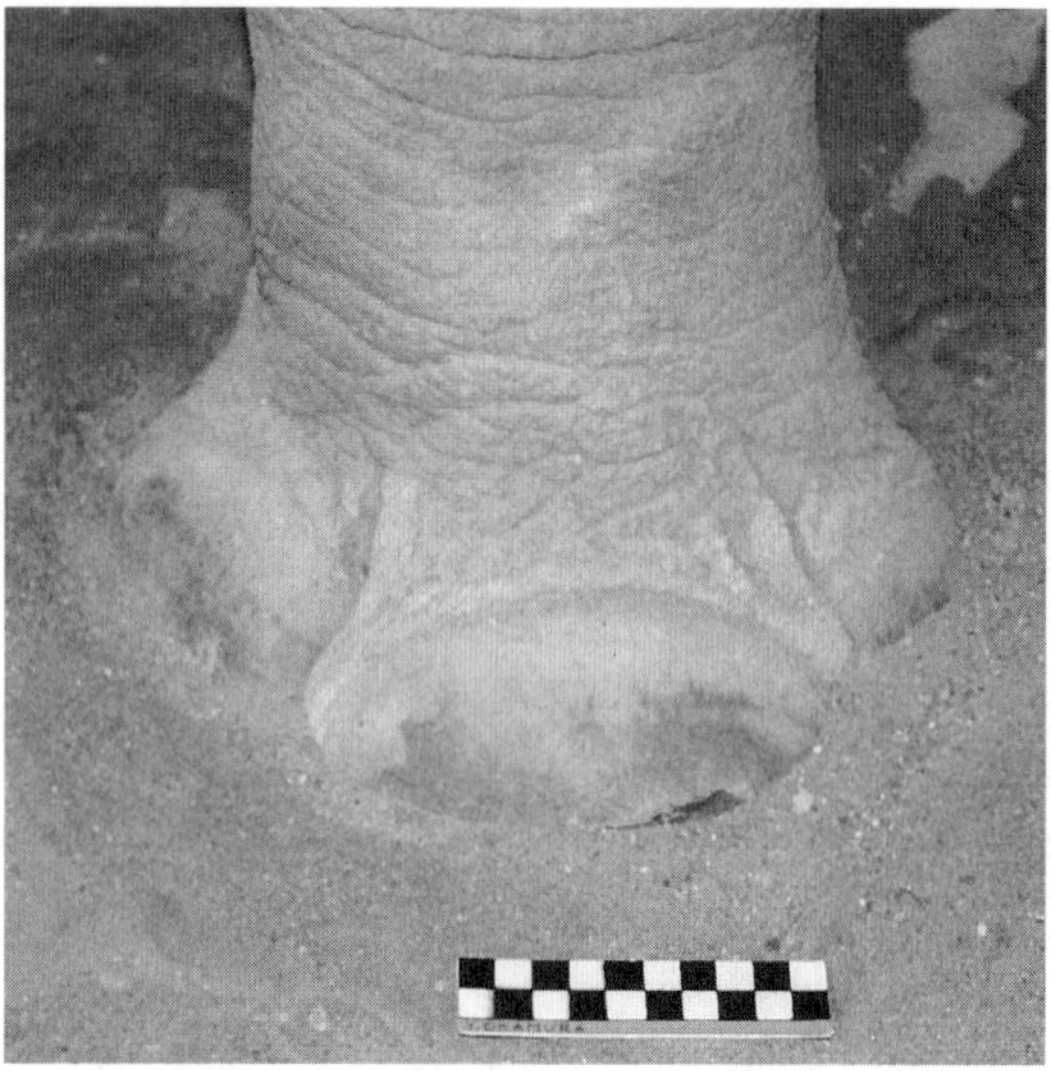

シロサイの右前足背面観（滋賀サファリ博物館保管）

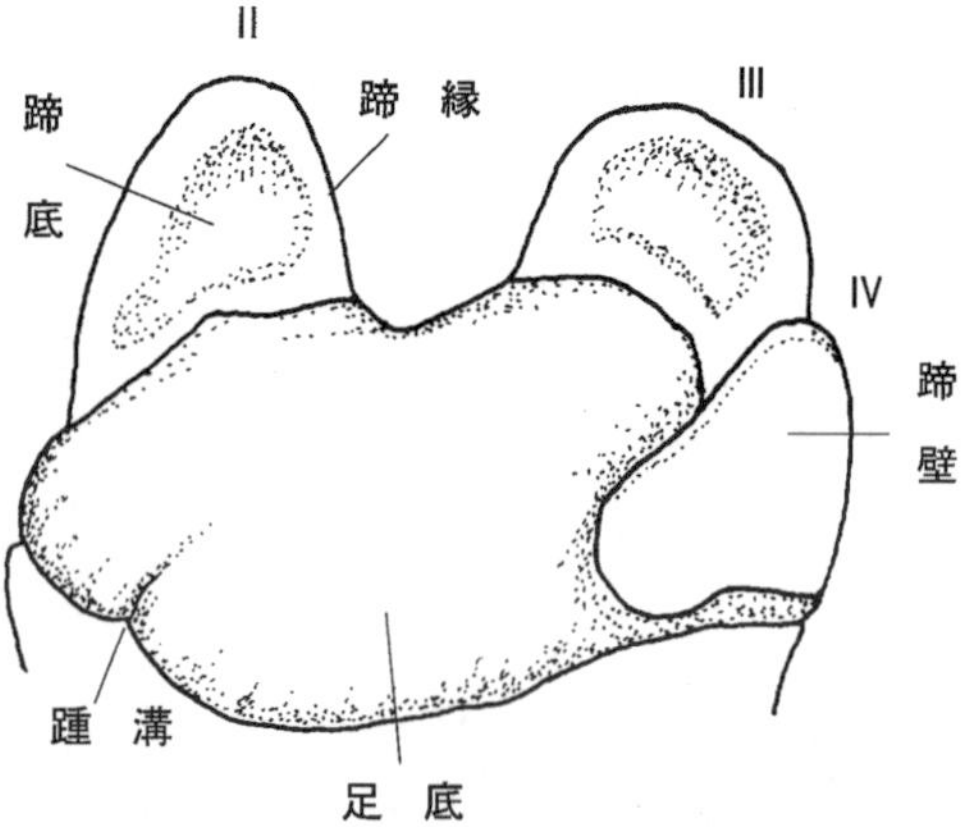

スマトラサイの足底面のスケッチ
（Nico J. van Strien 1986の図を改描）

サイ類の運動（ロコモーション）

サイ類の仲間は、一見すると動きが鈍そうである。動物園などでもいつもおとなしくしているようにみえる。ところが野生のサイ類は、驚いたり怒ったりした時にはかなりのスピードで走り、最高時速は四〇～五〇キロも出せるらしい。重く大きな体のわりには急に曲がったり止まったりもできる。また気性も荒く、特に繁殖期には飼育担当者も緊張するとのことである。サイ類の歩行は側対歩で、長鼻類などの大型四肢動物と似た歩き方をする。下に示したビデオからの図は神戸市立王子動物園にいるシロサイの歩行である。左上から右へとみてほしい。まず左上から、左後足が着地する少し前に左前足が踵から離脱し始める。左前足が地面から離れ前方へ着地する。その時右後足が踵から離脱する。このサイ類のように胴長短足の四肢動物が歩行する時は、前足の着地位置より後方へ後足が着く。

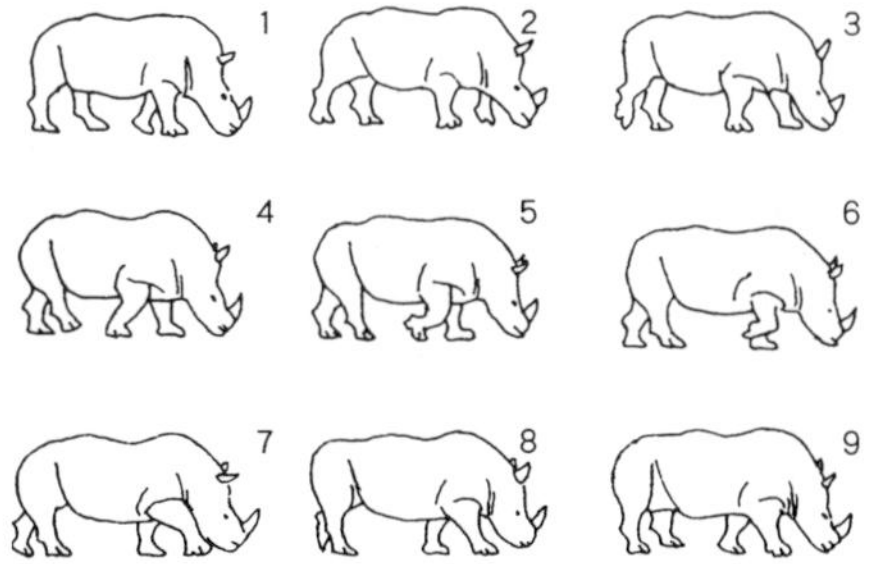

シロサイの歩行時のロコモーション（王子動物園）

サイ類の足跡

ではサイ類の足跡をみてみよう。今野生のサイ類は減少の一途をたどっているが、アフリカなどでは簡単にみられ、国内の動物園でも観察できる。王子動物園には大きなシロサイが二頭飼育されていて、砂の上に着いた足跡が柵の外からでもみられる。次頁にタイのミンブリにあるサファリワールドでみた

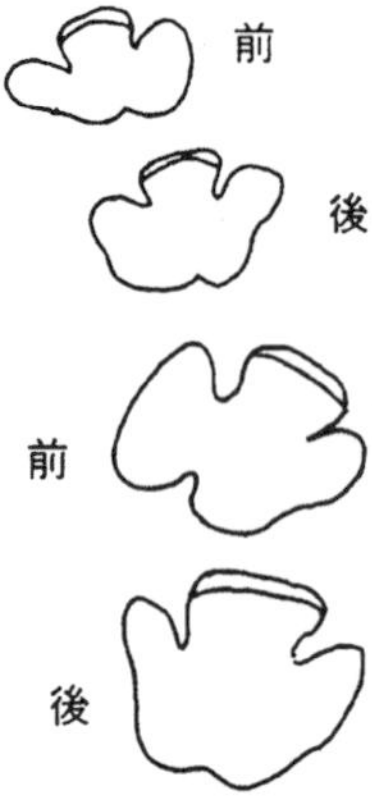

タイのミンブリでみたシロサイの足跡。下図はそのスケッチ

足跡を示す。しかし車外へは出られないのでスケールを置くことはできなかった。この四個の足跡は、大きなサイの一頭が歩いた時に着けたもので、前後の足跡は前頁に書いたように重複していない。その一個の足印長は約二五センチである。

サイ類の足跡化石

鹿野勘次さんが平成五年（一九九三）三月、岐阜県美濃加茂市の木曽川河床から発見した一五個のサイ類の足跡化石のうちの一個を次頁上に写真で示す。これは発見者の鹿野さんからいただいた写真である。足印口の形態はほぼ円形だが前方へ突出する一個の太い指印と前両外側方へ向く二個の指印の計三個がみられる。これは明らかに長鼻類の足跡化石とは形態が異なる。

国内で二番目のサイ類の足跡化石は、福井県越廼村から二〇〇〇年九月の調査で発見された。この足跡化石の写真を次頁下に示す。国内で、そのほかの奇蹄類であるウマ類やバク類などの大型動物の足跡化石が発見されたという報告は二〇〇〇年一二月現在ない。

わが国で初のサイ類の足跡化石（鹿野勘次さん撮影）

福井県越廼村から発見されたサイ類の足跡化石（越廼村足跡化石調査団）

コーヒーブレイク（3）

ドクターオカムラは迷産婦人科医？

タイの首都、バンコクから車で南へ約1時間、サムット　プラカーンには世界一を誇るワニ園がある。飼っているシャムワニの数はなんと6万匹とのこと。噛まれたらひとたまりもないどでかい奴から赤ちゃんワニまで、もうウジャウジャと気持ちが悪いくらいだ。

飼育池は1～3歳、4～5歳と年齢別に分けられていて、60歳を越える老ワニも多い。はじめて入ると異様な匂いが鼻をつく。でも不思議なものでしばらくするとそれも慣れてくる。ワニたちは少しでも日光に当たろうと仲間の背中の上へ上へよじのぼって日向ぼっこをしている。

ここにはシャムワニの飼育池のほかに動物園もあるし、エレファントショウもやっている。動物園にはいろいろな動物がいるが、やはり爬虫類の大蛇やマレーオオトカゲがおもしろい。大きな蛇を首に巻いて記念撮影もできる。あまりの重さに首が痛くなった。でもすべすべした肌ざわりだ。

何度目かに訪れた時、売店の横の小屋で机の上にワニの卵がたくさん箱に入れてあるのが目に入った。チンパンジーに似たかわいい？おねえちゃんに聞くと、この卵はもう間もなく生まれるので、お客が殻を割って出すところをポラロイドで撮影してあげようと言う。もちろん200バーツ払うのだけど。私もさっそく挑戦した。卵はにわとりのものよりはるかに大きい。どう割れば一番よいかもわからないが、とにかく上から３分の１くらいのところで横に亀裂を入れて割ってみた。お見事！、長径が８cmの卵から長さが25cmの子ワニを無事お産させることができた。さすがに私は迷産婦人科医である。子ワニはへその緒を切ってすぐに暴れだす元気な子であった。

卵の写真は右がニワトリで、左がシャムワニのものである

爬虫類の足跡化石

ワニ類の足部の形態

現生種のワニ類はアリゲータ科とクロコダイル科に分けられる。アリゲータ科にはミシシッピーワニ、ヨウスコウワニ、カイマン類などが属する。またクロコダイル科にはイリエワニ、ヌマワニ、ナイルワニ、シャムワニ、ガビアル、ガビアルモドキが入る。この二科の区別は、吻部の長さが短くスコップ形をしたものがアリゲータ科に属するワニで、長いものがクロコダイル科のワニであるとよくいわれているが、それだけでなく、口を閉じた時下顎の第四番目の歯がアリゲータ科では隠れるが、クロコダイル科ではみえる。腹面の皮膚に温度を感じる小さい孔のセンサーがアリゲータ科には無いなども典型的な違いである。これらのことはともかく、両者の足部の解剖学的な話からはじめよう。

そもそもアリゲータ科のワニ類は、いつも水や水生植物が豊富な沼地に生息し、水中に身を隠して小型の哺乳類や魚、水鳥などを捕食する。彼らは餌を求めて陸地を走り回ることはない。クロコダイル科のワニ類は、同じように沼沢地に棲むが、性格は凶暴で魚、鳥、カメなどのほかに、水辺に近づく大型の哺乳類を食し、時には家畜や人まで襲うことがある。水場が干あがると別の沼を求めて長い距離を移動することもある（例外として吻の長いガビアルは、主に魚を捕食する）。このような生態のためか両者の足部の形態や運動は少しちがっている。伊豆の熱川温泉にある熱川バナナワニ園は、多くの種類のワニ類を温泉のお湯で飼育していることで世界的にも有名である。そこで飼育課長の山本恒幸さんにお願いし観察をさせてもらった。

アリゲータ科のワニ類の足部

ここでアリゲータ科のワニ類の全身と左前後足部の骨格を写真で示す。この標本は、神戸市立王子動物園の資料館に保管されているミシシッピーワニで、全長は約二メートルある。次いで前後足の形態をみてみよう。次頁上に左前足の手掌面観の写真を示した。その下の写真はミシシッピーワニの右後足の足底面（足の裏）観である。これらの写真から、このワニ類の前足には指が五本あり、一部に水カキをもつことがわかるし、全体の形態は人の手に似ている。後足には指が四本あり三指間に水カキが発達する。足底面は広くベタ足状で踵は丸くて後ろへ尖らない。わかりやすいように次頁下にそのスケッチを示す。これらの写真とスケッチは、全長が二一〇センチのミシシッピーワニのもので熱川バナナワニ園で撮影したものである。触れてみると皮膚は思ったより軟らかくしなやかで、ごつごつした感じはなかった。皮膚の下には指骨が細く触れる。爪は鋭いものから先がすりへったものまで、同じ個体でもいろいろである。皮下の筋肉は少なく、手掌や足底に肉球はない。

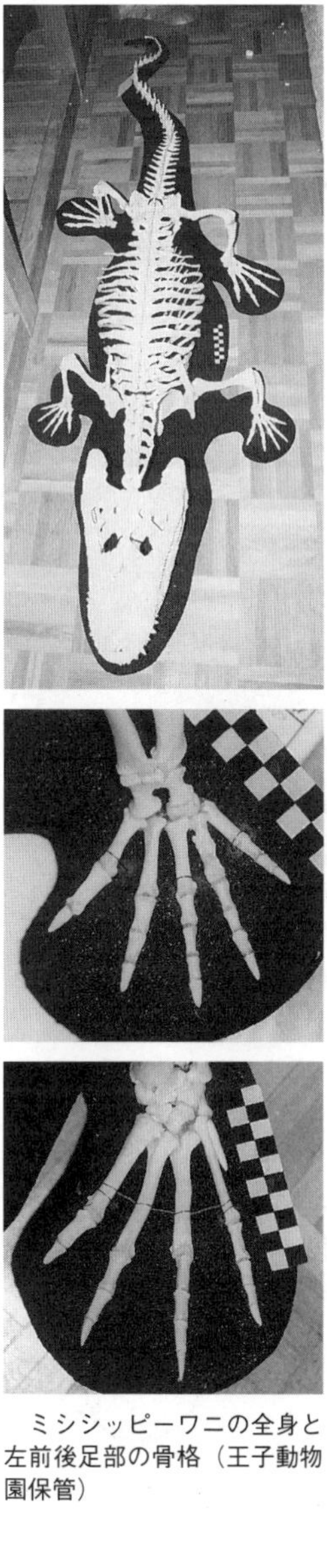

ミシシッピーワニの全身と左前後足部の骨格（王子動物園保管）

クロコダイル科のワニ類の足部

ナイルワニでみてみよう。まず、右前足の手掌面観の写真を次頁上に示す。ミシシッピーワニの手掌は人の手の形に似ていると書いたが、ナイルワニのそれは少し違い一見ややいびつな感じがする。それは、ふつうの移動の時に掌の後半部が地面に着かないからそうみえるのである。これについての詳しいことはあとで説明する。次にナイルワニの右後足の足底面観の写真を次頁の中段に示す。アリゲータ科に比べ両面ともに何となく精かんな感じがするのは著者だけだろうか。そして、決定的な違いは、足底

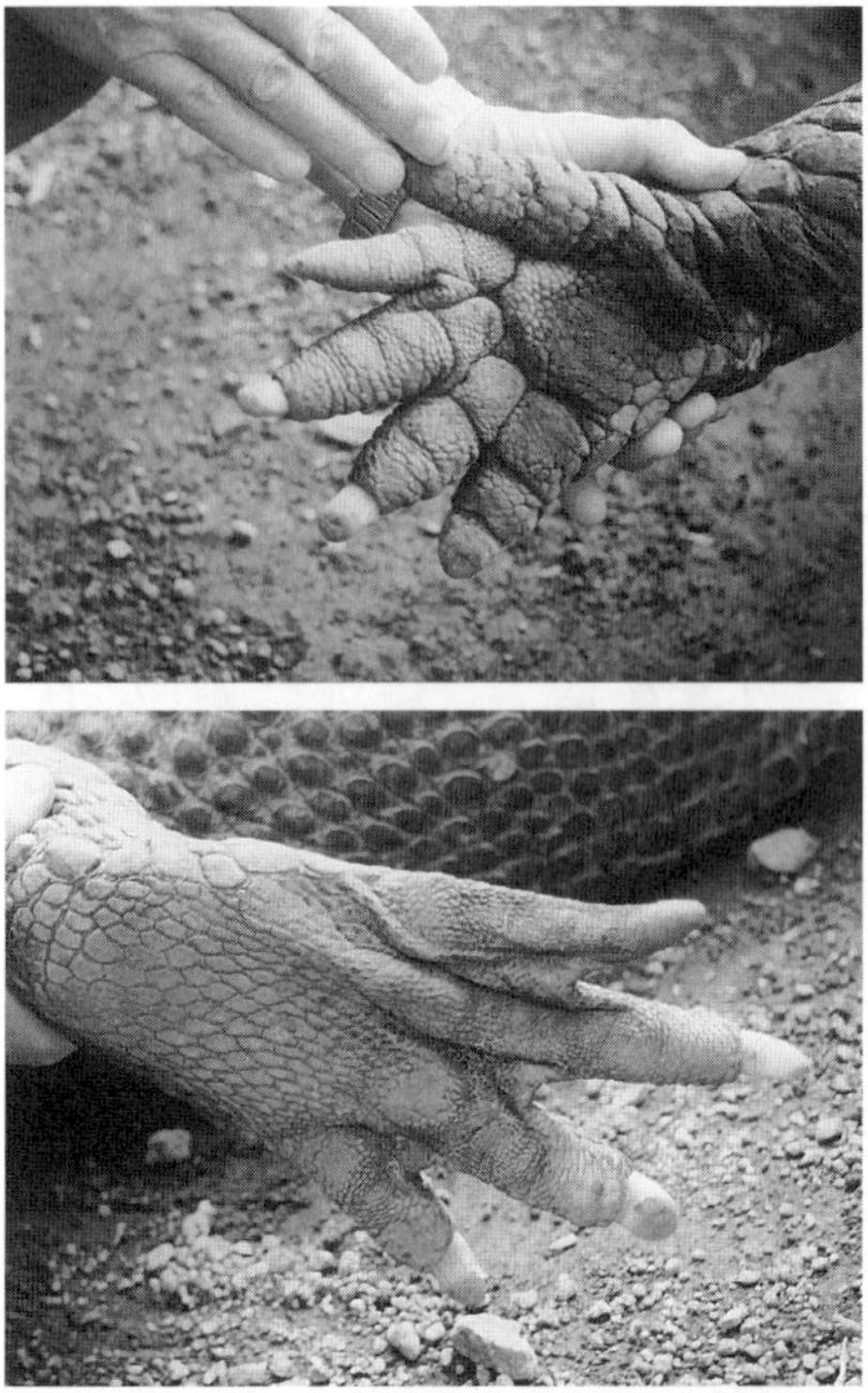

ミシシッピーワニの手掌面観（上）と足底面観（下）

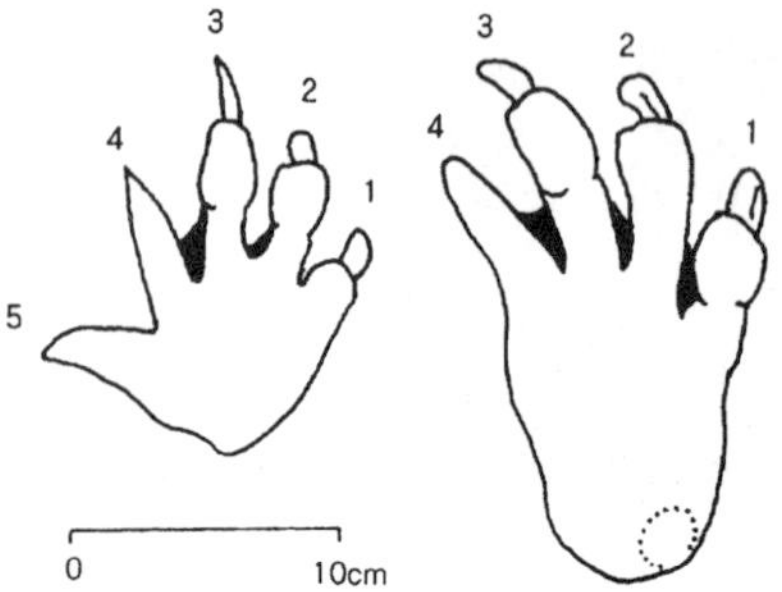

ミシシッピーワニの手掌（左）と足底面のスケッチ

部の形態にある。写真は少し斜めから撮影したのでわかりにくいが、足の裏の面積が狭く踵はやや尖る。ミシシッピーワニのようにベタ足状ではなく、後足の裏はナイルワニの方が人の足の裏に似る。このことがわかりやすいように写真と同じ個体で全長が約一八〇センチのナイルワニの前後足底面のスケッチを右下に示した。図中の影の部分は、ふつうの移動の時には地面に着かない部分である。したがって歩行時、前足は前半部が、後足は第一指側、言い換えれば内側部が主に地面に着く。走った場合は内側、前半部だけが接地する。ほかの部分は、いわば「土踏まず」ということになる。またこれらのワニ類の前後足の形態は、幼獣でも変わりないことも加えておこう。なお、このナイルワニの写真も熱川バナナワニ園で撮影したものである。

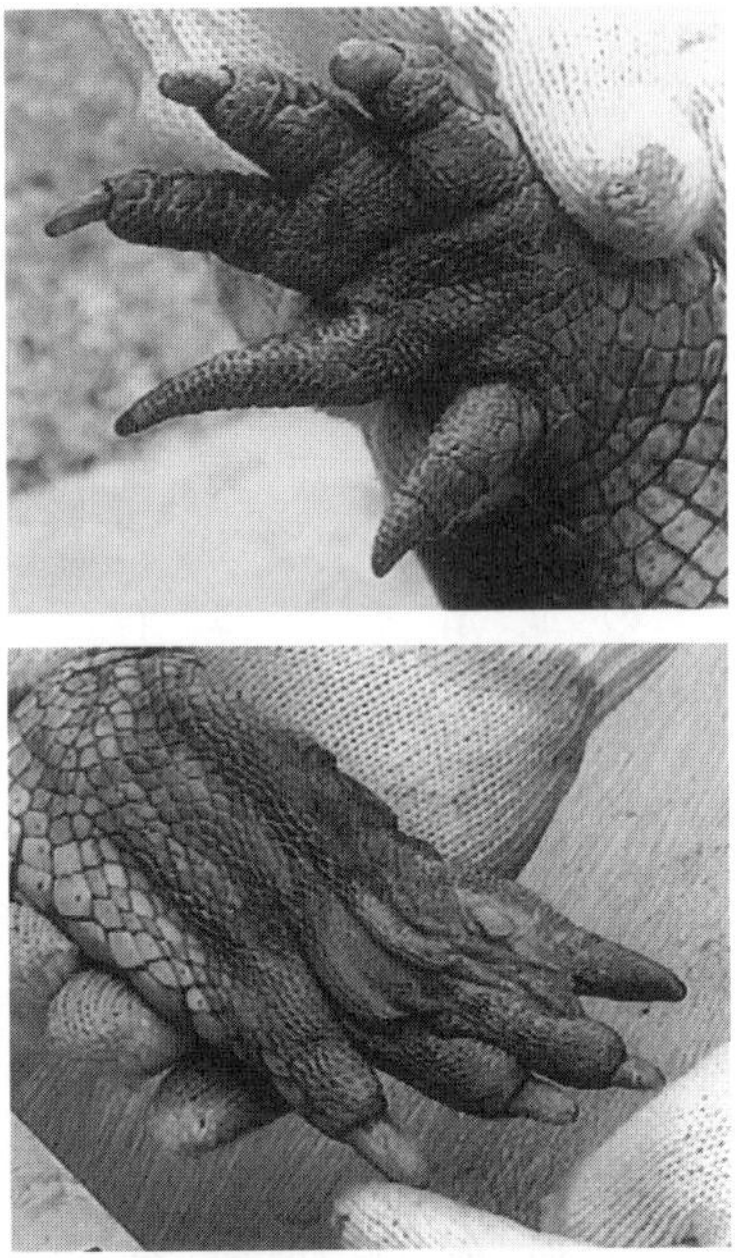

ナイルワニの手掌面観（上）と足底面観（下）（2種類のワニの写真は熱川バナナワニ園）

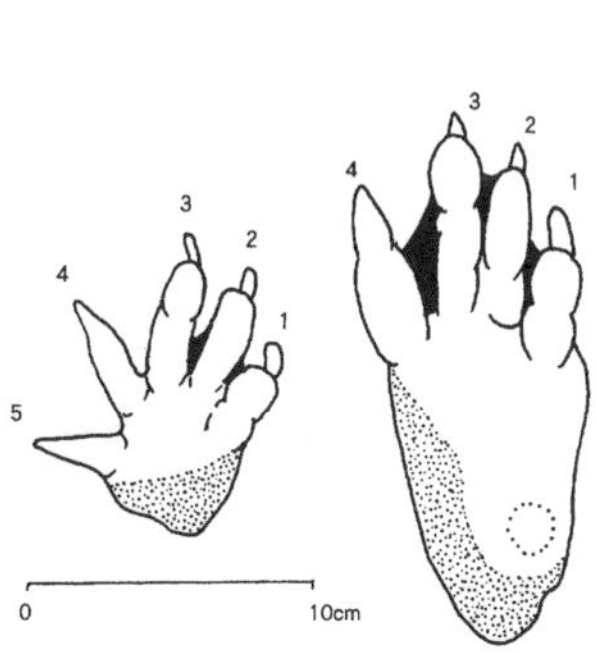

ナイルワニの手掌（左）と足底面のスケッチ

ワニ類の運動（ロコモーション）

ワニ類は、いつどこでみてもあまり動かない。死んだようにただじっとしている。しかし、目だけはいつもこちらをみている感じだ。そんなワニの移動をみるにはよほど大きな池や広場があるファームでないとだめだ。その点、熱川バナナワニ園やタイ、バンコク市近郊にあるサンプラーンやサムットブラカーンのワニ園は観察に適している。でもワニが動くまでビデオを構えてじっと耐えなければならないこともある。下と次頁上の図はサムットプラカーンワニ園でみたクロコダイル科のシャムワニの歩行をビデオから図化したものである。ゆっくり歩行した場合の後足の着く位置は、前足の着地位置より後方に着く。熱川バナナワニ園のアリゲータ科クチヒロカイマンの池は広く日向ぼっこをしている集団を山本さんらがちょっと脅かしてくれた。その瞬間をビデオで撮影した。ほんの一瞬の出来事だった。それを図化したものを次頁下に示す。タイのワニ園では鶏肉ガラを投げてシャムワニを動かした。ワニ類は移動の時やや側方へ出る前後足で躯幹を支え、胸や腹部は地面に着かない。尾だけが地面を擦る。このような胴体と四肢の関係をワニ類などでは側方型といい、ゾウ類やシカ類などは下方型と呼び区別する。

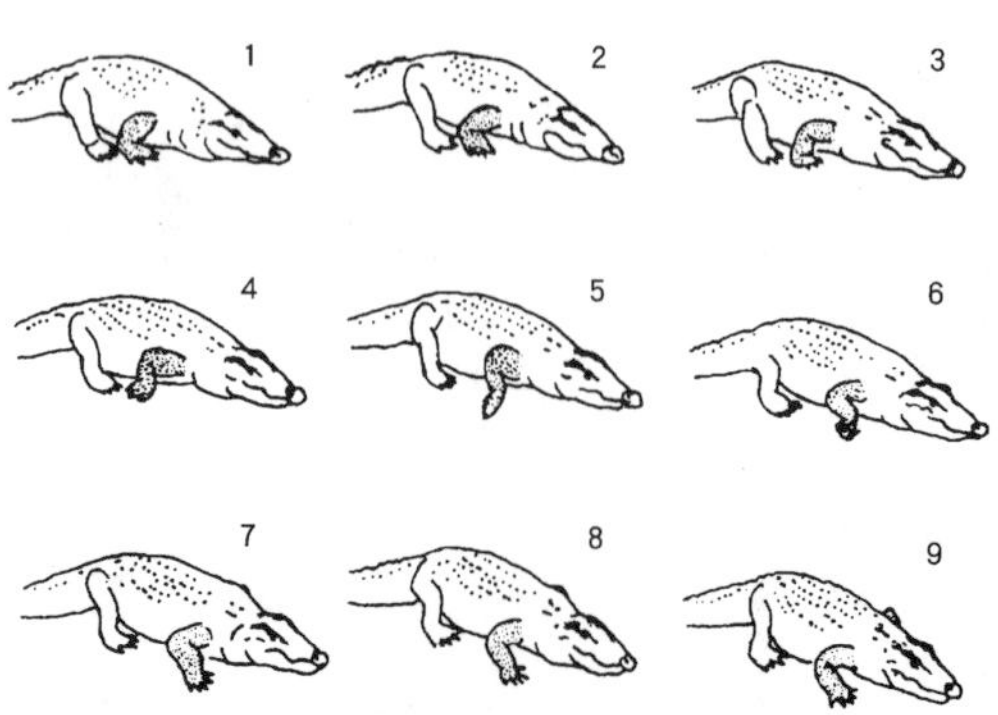

シャムワニが移動する時の前足の動き（タイ）

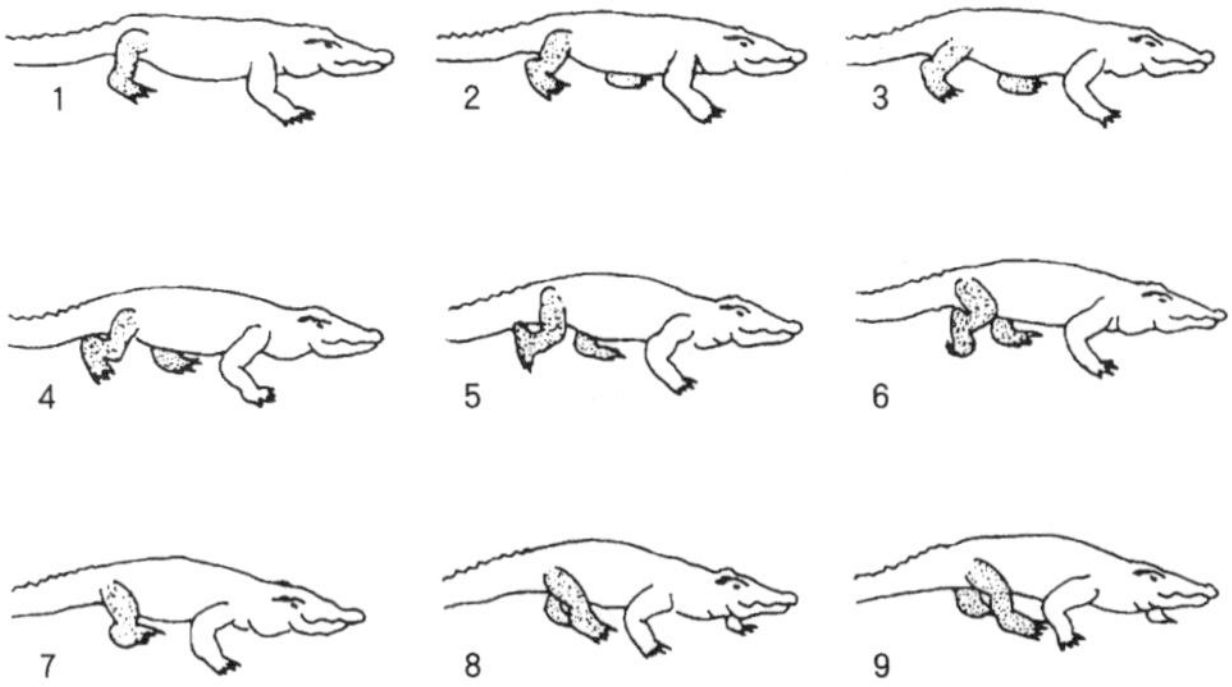

シャムワニが移動する時の後足の動き（タイ）

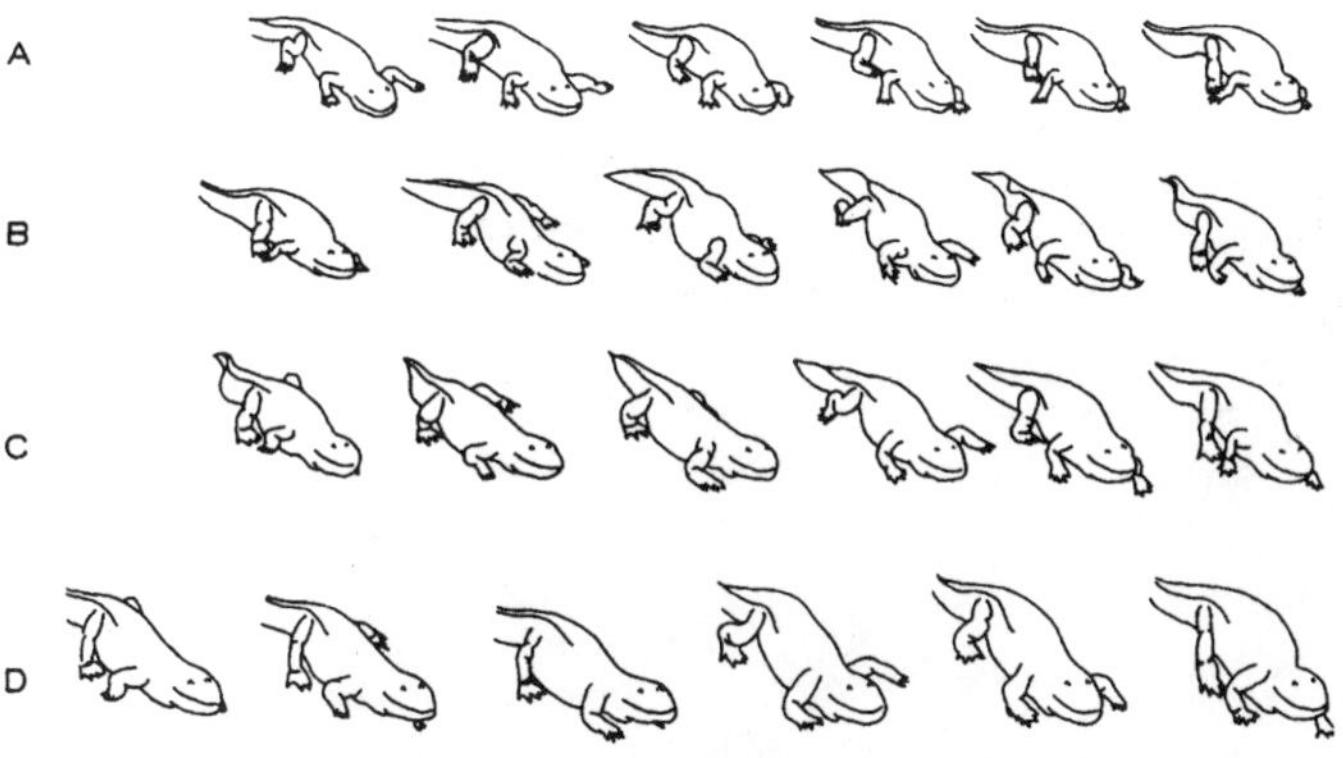

クチヒロカイマンがダッシュして飛び出し、その後ゆっくりになり止まるまでの四肢の動きと前後足が着地する位置をA～D期に分けて図化したもので、ダッシュ時には前後の足がくっつくぐらい近づくが、ゆっくりになると後足は前足の着地位置より後方へ着地する（熱川バナナワニ園）

ワニ類の足跡

アフリカやオーストラリアのフィールドガイドブックにはワニ類の足跡の写真が載せられている。しかし、砂の上で不明瞭であったり、軟らかい泥の上の踏んだもので深くて足印底がみえず少し参考にしにくい。野生のワニ類の足跡を見るために近づくのは危険である。別府の鬼山地獄で砂の上に着いた足

粗粒砂上に着いたワニ類の足跡で、下に示した軟泥上のものよりはるかに不明瞭になる(別府、鬼山地獄)

タイ、サムットプラカーンワニ園でみた軟泥上に着いたシャムワニの足跡で、前後の足跡の区別が明瞭である

跡がみられたので前頁上に示す。砂の上のものは粗粒であると細部はわかりにくいが、写真をよくみると第四指側が内方へへこむ右後足跡と、その左前方に小さな右前足跡が着いている。前頁下の写真はタイ、サムットプラカーンワニ園でみた軟らかい泥の上に着いたシャムワニの足跡群である。前足跡と後足跡の区別ができるが、たくさん着いていて一頭の行跡などははっきりしない。そこで左に一頭の行跡が明瞭なものを写真で示す。これはシャムワニがやや軟らかい薄い泥の上を歩行した時のものである。わかりやすいように下にスケッチでその縮小図をつけた。

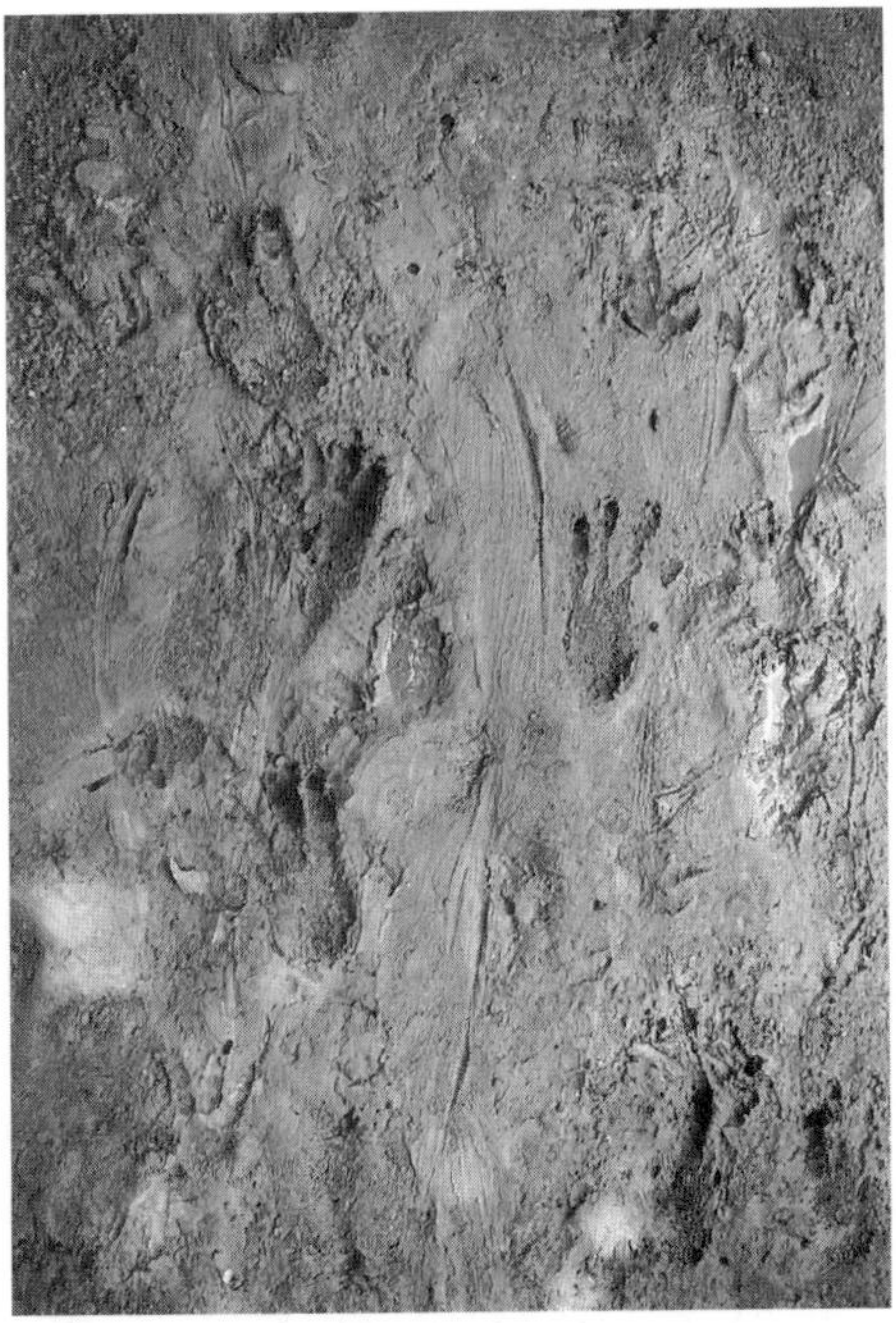

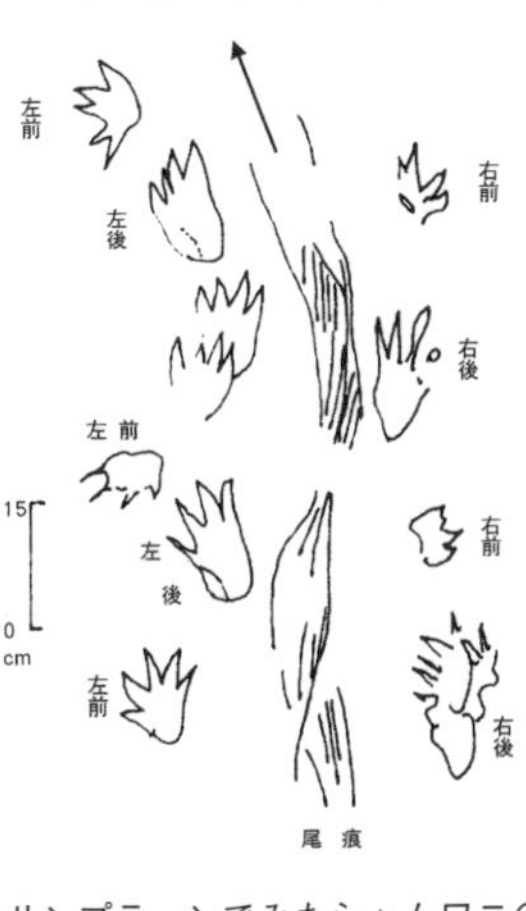

タイ、サンプラーンでみたシャムワニの行跡

ワニ類の足跡化石

国内のワニ類の足跡化石産地は少なく、今までに数箇所しか確認していない。一九八九年、長崎県松浦市御厨町の海岸で、当時卒論のために地質調査をしていた鹿児島大学の加藤敬史さんが発見したのが最初である。この付近一帯は、今も多くの人が調査をしている。野島層群が分布していて、時代は中新世と考えられている。しかし、足跡化石の詳細な報告はいまだされていない。あとで書くが北九州市立自然史博物館の岡崎美彦さんから提供された型取り標本などをはじめ、いくつかの標本でみるとワニ類によって着けられた足跡化石であることには間違いない。その次のワニ類の足跡化石は、三重県阿山郡大山田村平田の服部川河床から、一九九四年秋に発見されたものである。これから紹介する。

三重県大山田村での発掘のようすで、手前にワニ類の足跡がみえる

七四頁で書いたように三重県阿山郡大山田村平田の服部川河床の第一面で大型のシンシュウゾウと考えられる足跡化石を発掘したのち、その面を取り除き第二面のワニ類の足跡化石の発掘に進んだ。第二面は凹凸が激しく、また軟弱なシルト層のために発掘は困難をきわめたが、明瞭なワニの足跡化石が徐々に姿をあらわしてきた。上の写真は一九九四年一〇月二七日、慎重にワニの足跡化石の細部まで確認しながら発掘しているとこ

ろで、手前には指印の明瞭な足跡がみえている。上の写真は密集部の一部分で、著者が三重県立博物館のご厚意で作製した樹脂製の型（レプリカ）である。これらの足跡化石の発掘調査報告は調査団によって一九九六年三月、三重県立博物館から発刊された。それによると、印跡したワニ類はクロコダイル科のガビアルモドキ（トミストーマ　シュレゲリ）に近く、全長は約二メートルであるとされている。

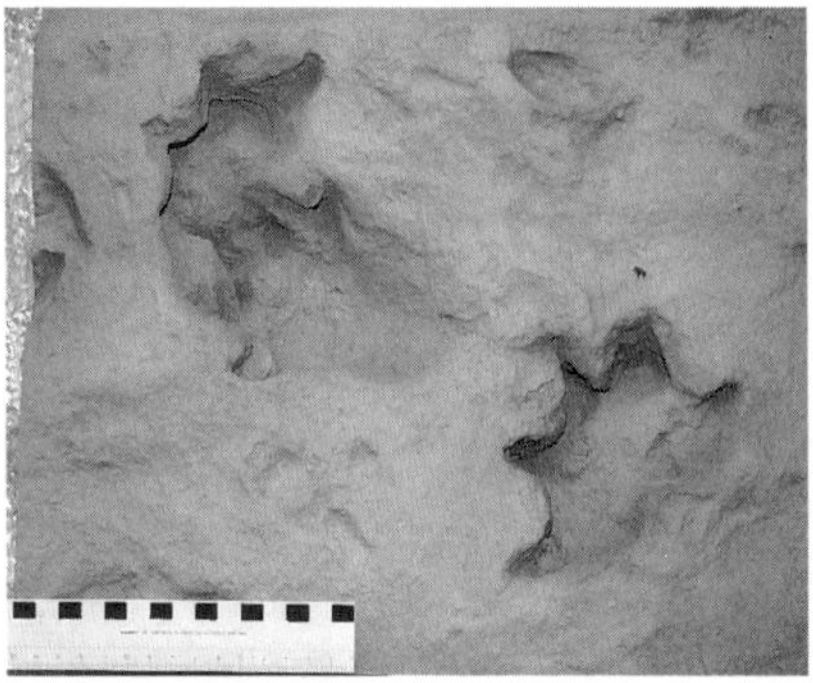

ガビアルモドキと考えられる足跡化石のレプリカ

すでに約五〇年前から地元の住民の間では知られていたが、追求されずそのままになっていたワニ類の足跡化石が、能登半島の北西部、輪島市に近い石川県鳳至《ふげし》郡門前町浦上の山中で目覚めた。一九九八年四月から行われた門前町教育委員会が主体となる調査に、著者は高橋啓一さんとともに参加した。そこで調査し、確保した足跡化石について説明する。産地は、同町浦上にある深い竹州谷の上流で、砂岩、泥岩、礫岩からなる中新世、上部縄又層が分布する。

調査した範囲は、次頁上の写真のように三〜四メートル×一四メートルで傾斜がきつい。中下流に大きなモクセイ科トネリコ属の珪化木の株が二個みられ、足跡化石はこの珪化木の周辺や上下流に五〇個を確認した。それら五〇個の足跡化石はすべて上流に向かっている。ここではそのうちで保存が良好な足跡化石の二個を説明する。詳しいことは門前町教育委員会から発行された調査報告（一九九九）を参

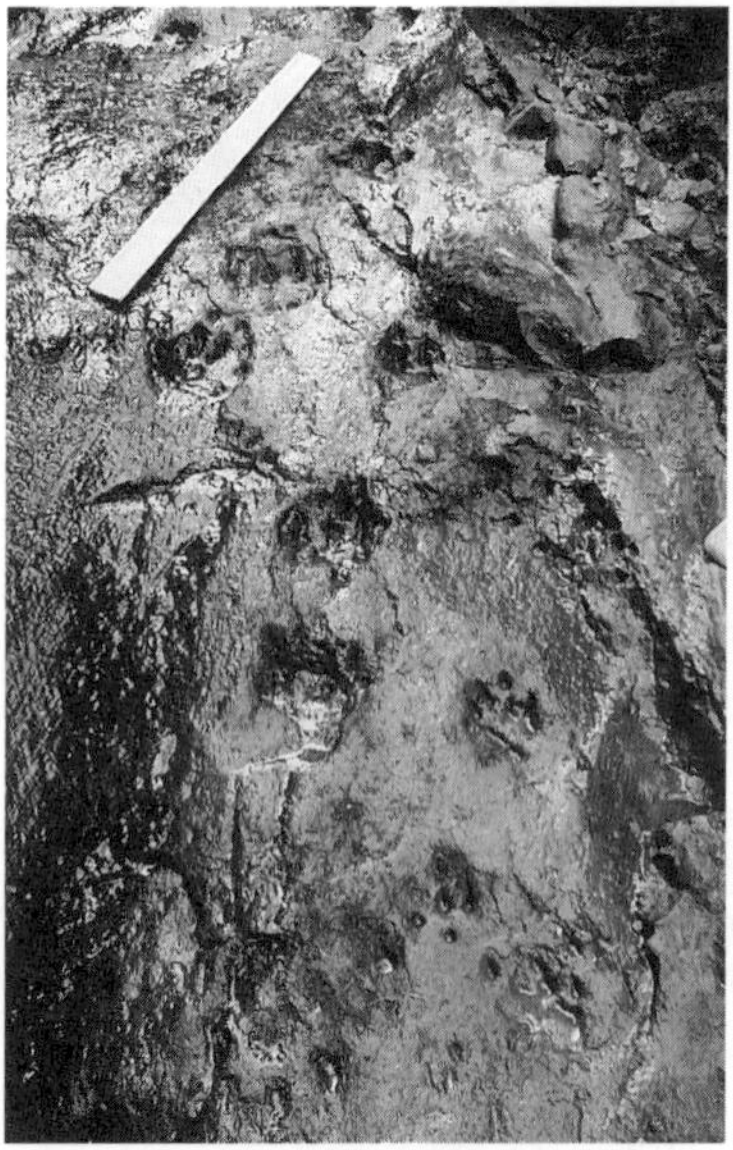

上は門前町浦上、竹州谷の産地の全景。
左はその産地の中流部で、そこには明瞭なワニ類の足跡化石が密集する

註：ここにあげた門前町産の写真は、同上調査団の調査で得られた資料である

照してほしい。
まず下の写真に示した標本であるが、これの足印長二〇・四センチ、足印幅は一六センチ。八～九個の小さなへこみを含むササノハ形の指爪印がみられ、最後部の一個のほかは前半部の周縁に弧状に外方に向かって並んでいる。深さは一番深いところで五・六センチである。この足跡の樹脂型をよく観察すると、その印跡の仕方から左下の図のように右前後足による重複足印であろうと考えられる。推定した後足跡の形態については、これで正しいだろうが、前足跡については定かでない。

次に、次頁の上に示した二つ目の標本であるが、これも保存が良好で指爪印や足底印などの配置、形態が前の標本とよく似ている。足印長は一八センチ。足印幅は一二・七センチである。これの樹脂型をよく観察すると、その印跡の仕方から右前後足による重複足印であり、後足跡の推定した形態はスケッチのようになる。

ここでワニ類の足跡化石の計測について少し触れておこう。ワニ類の足跡化石の計測は、前の足跡の項で書いたように、浅い場合では容易であるが、深い場合、特に指爪先の印が複雑に

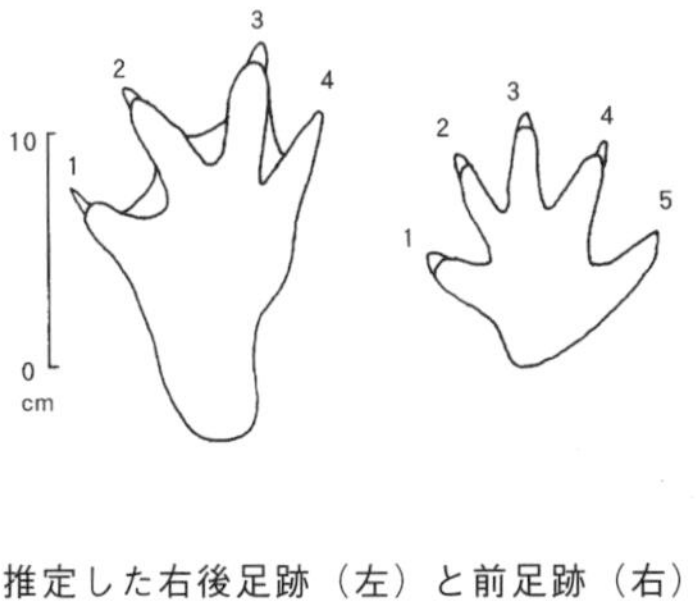

推定した右後足跡（左）と前足跡（右）のスケッチ

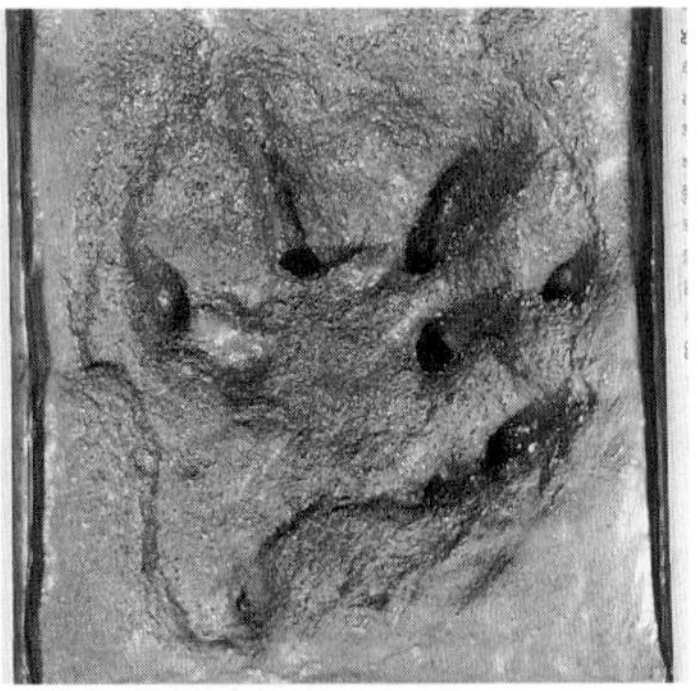
保存が良好な足跡化石の一つ

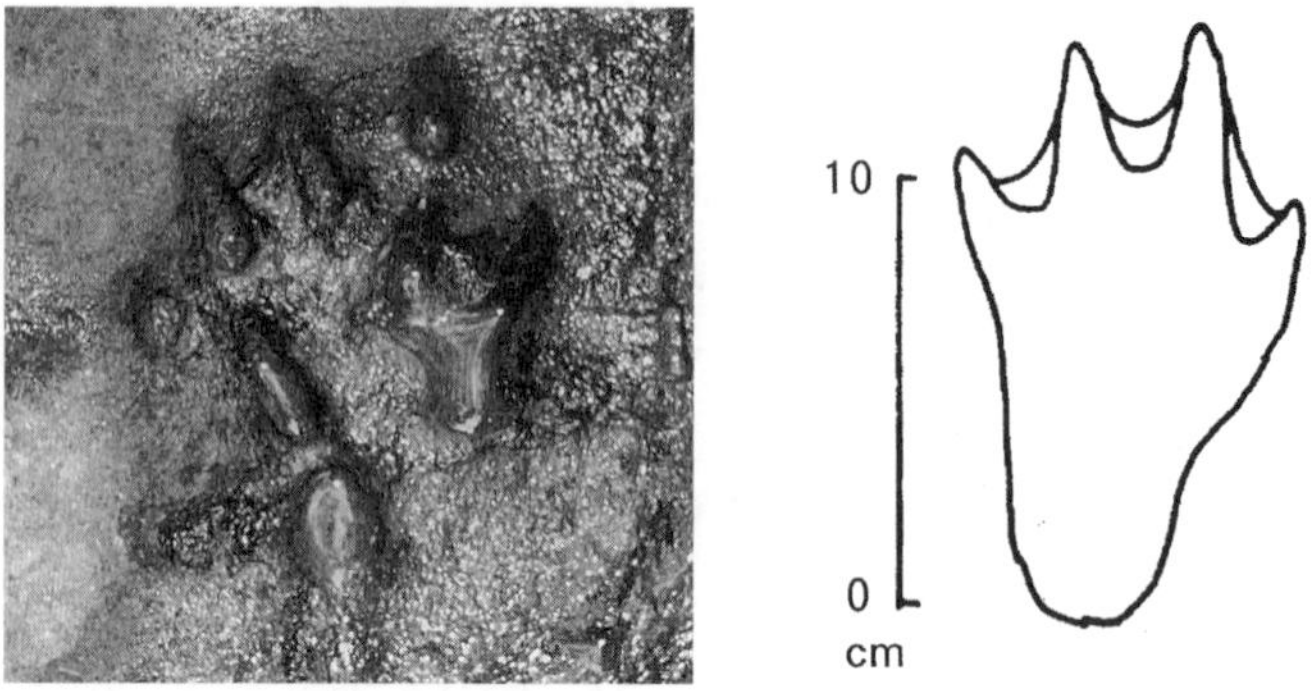

推定した後足跡の形態（右）と保存が良好な足跡化石の一つ（左）

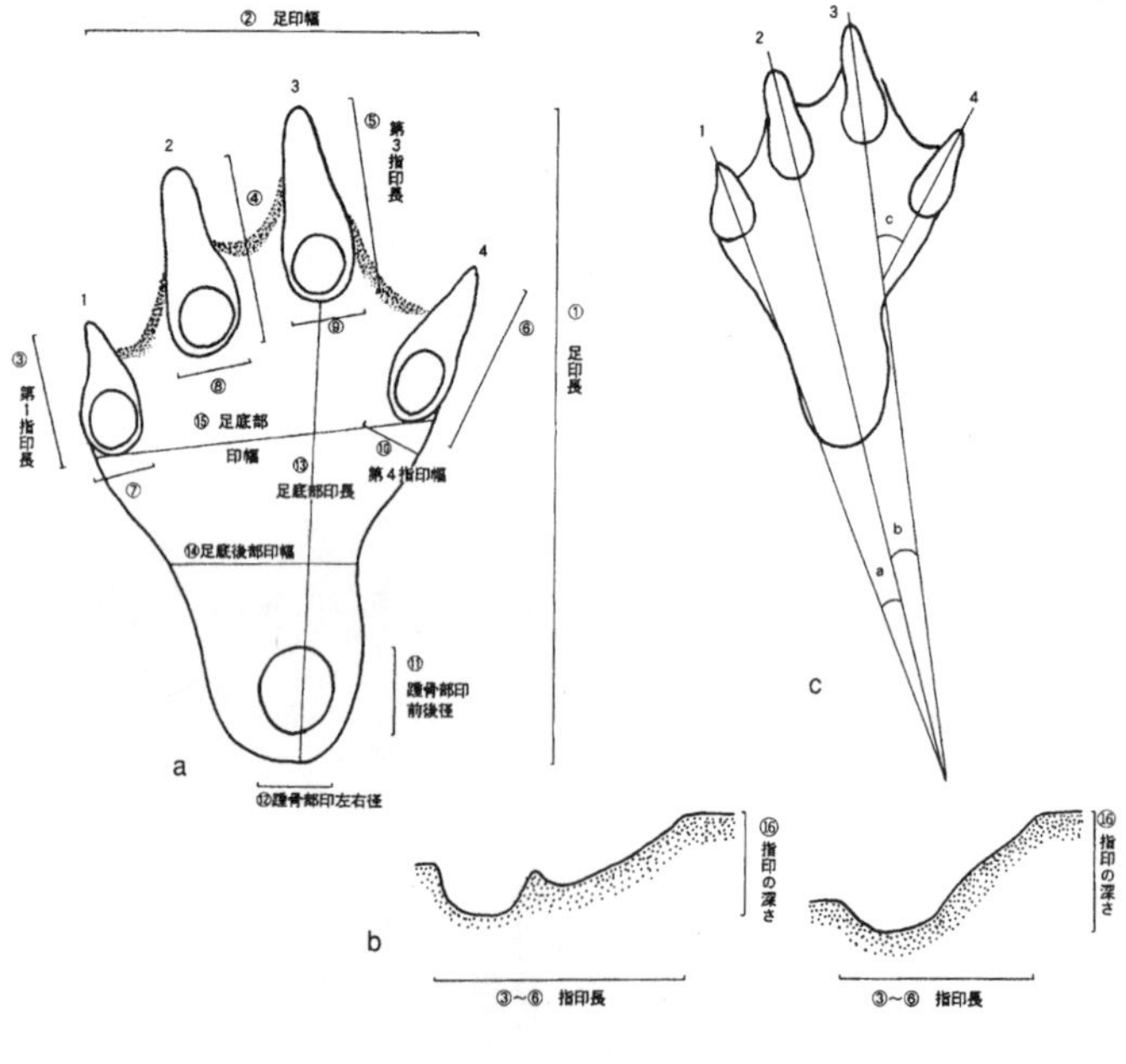

ワニ類の足跡の計測部位図

番号	計測部位名	計測部位	備考
①	足印長	第3爪指印先端から足底部印の後壁までの正中距離	足印の第3爪指印先端と足底部印最後壁を結ぶ線を正中線とした
②	足印幅	第1爪指印の最外側から第4指印の最外側まで	
③	第1指印長	第1爪指印の最先端から近位の凹みの後縁までの長さ	
④	第2指印長	第2指印で同上の長さ	
⑤	第3指印長	第3指印で同上の長さ	
⑥	第4指印長	第4指印で同上の長さ	
⑦	第1指印幅	第1指印の最大幅	
⑧	第2指印幅	第2指印の最大幅	
⑨	第3指印幅	第3指印の最大幅	
⑩	第4指印幅	第4指印の最大幅	
⑪	踵骨部印前後径	足底後部に見られる踵骨部に相当する凹みの前後径	
⑫	踵骨部印左右径	同上の凹みの左右径	
⑬	足底部印長	第3指印の近位縁から最後部の壁までの距離	
⑭	足底後部印幅	足底部の外側壁が内側へへこむ部位と内側壁の最もへこんだ部位を結んだ距離	
⑮	足底部印幅	第1・第4指印と足底部印の最外側境界部を結んだ距離	
⑯	爪指印の深さ	爪印の着地点から計測した爪指印の深さ	4個のうち最も深いもの
a	第1・第2指印間角	第1指印と第2指印のなす角度	爪が湾曲して着地した場合は指印近位部の正中を基準線とする
b	第2・第3指印間角	第2指印と第3指印のなす角度	
c	第3・第4指印間角	第3指印と第4指印のなす角度	

前頁のワニ類足跡の計測部位の説明

地面を蹴っているような場合は、偶蹄類の足跡化石の手掘り発掘がむずかしいのと同じようによほど正確に発掘した足跡の樹脂などの型からでないと計測できない。前頁の計測部位は、基本的には恐竜などの計測と同じである。

次にワニ類の行跡について少し紹介する。三重県阿山郡大山田村平田の産地では、ワニ類の足跡化石が多過ぎて行跡の確認が難しかった。ワニ類が移動する時の前後足の動きは非常に複雑で、いつも指先などが進行方向を向くとは限らない。後足跡は進行方向を向いているのに、前足跡は外側を向いていたり、その逆だったりすることもある。また静止状態の時、ゆっくり移動した時、早く走った時にも変化する。しかし、早い移動時には前後足ともに進行方向を向くことが多いらしい。

　門前町の産地では、上流部に一つの行跡が確認できたので下に写真とスケッチを示す。これら行跡を構成する足跡化石は、すべて前後足の重複足印である。ここからの五〇個の足跡すべてが重複しているのはなぜだろうか。その理由はおそらくワニ類の躯幹長（肩から肛門までの胴の長さ）と移動の速度に関係があると考えている。まず、ここの足跡化石五〇個の計測値をみるとどれもほぼ同じ大きさである。そのうちの二二標本からみた平均後足印長は一六センチである。この大きさがすなわち着けたワニの足部の大きさであるとは言えないが、これに近いとすると、この大きさの現世のワニ類の全長は、国内外

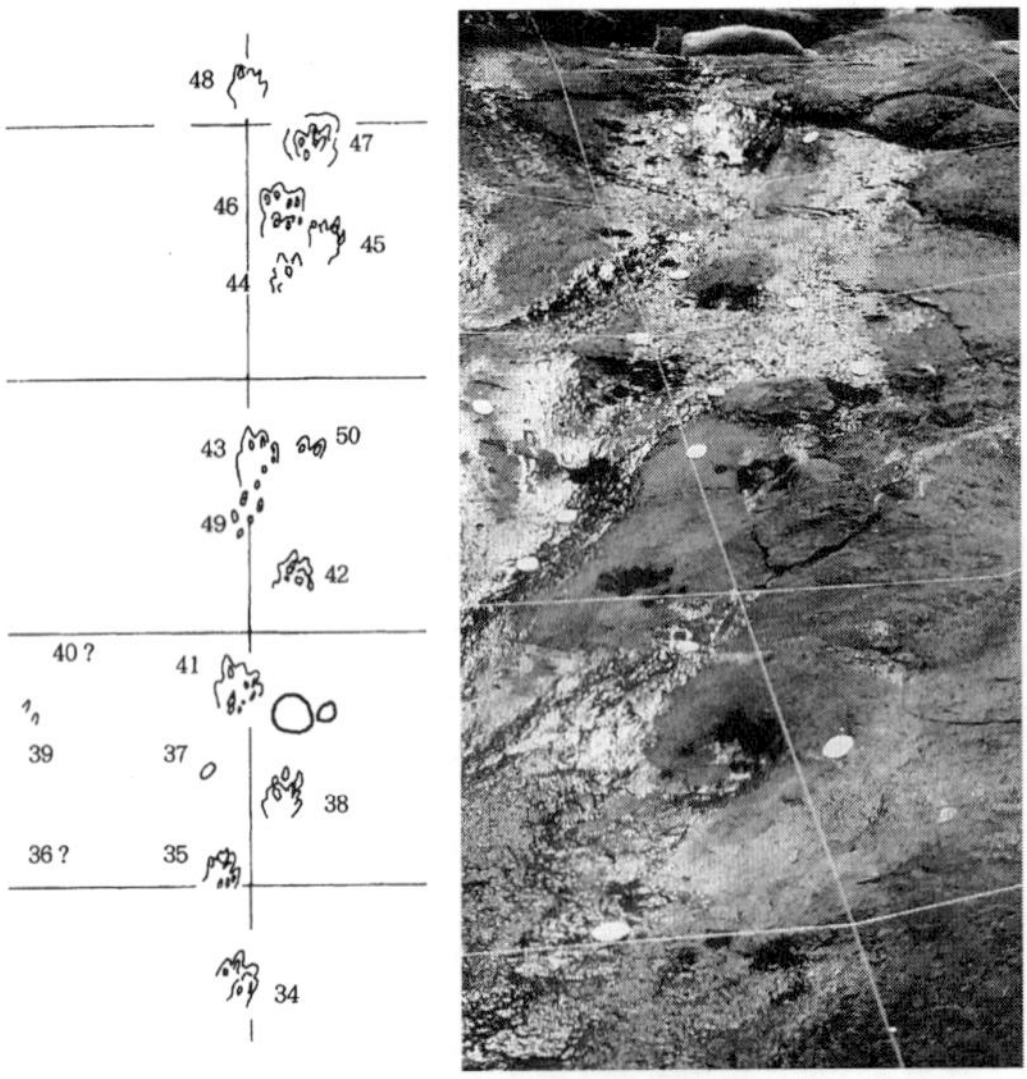

石川県門前町産ワニ類の行跡の写真とスケッチ
（石川県門前町足跡化石調査団）

の現生のワニ類一九個体で計測するとアリゲータ科、クロコダイル科ともに二メートル前後となり、その躯幹長は五〇センチくらいである。この大きさのワニ類で移動の時の前後の足跡の着き方を観察すると前足の着地位置のすぐ後部に後足が着く。また早く走った時には前後の足跡は重複に近づく。推定するに門前町のワニたちの全長は約二メートルで、相当なスピードで移動したのかもしれない。

滋賀県甲賀郡水口町宇田《うった》の野洲川河床から小型のワニ類の足跡化石がたくさん発見された。ここでは保存が良好な足跡化石を紹介する。

一九九六年五月、著者は約二三〇万年前の古琵琶湖層群、蒲生累層が分布する同河床を調査していた。河床の中洲と両岸にはシルト層が広範囲にみられ、きれいな漣痕も多い。そんな地層面に先端が鋭く尖った小さい指印を数個もつ足跡化石を発見した。まだ上位にシルト層が堆積していて凹型の足跡ではない。指印の先はやや湾曲し、足底後部の踵は弧を描かずV形をしている。恐らく小型のワニ類の足跡化石であろうと考え、写真撮影と切り取りを行った。左上に示した写真がそれである。また、周辺には、あとで書くがワニの尾痕らしき跡もあり、偶蹄類や長鼻類の足跡化石も多い。さっそく水口町教育委員会、「みなくち子どもの森自然館」開設準備室、琵琶湖博物館と共同で調査団を結成、同年七月から発掘調査を開始し

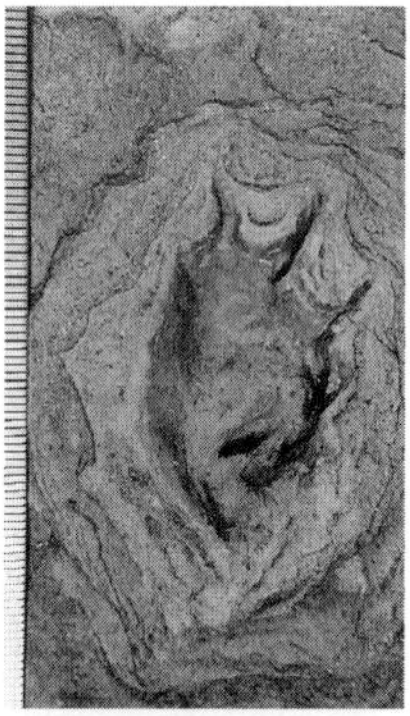

滋賀県水口町産のワニ類の足跡化石でクリーニングしたもの

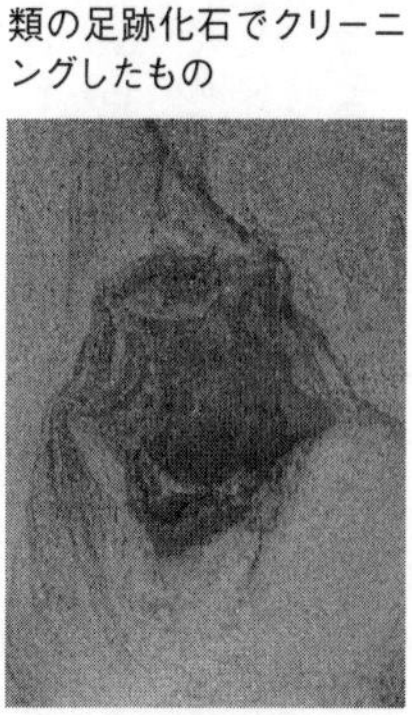

ワニ類の足跡化石で発掘できないものを水平に削った。4個の鋭く尖った指印が周囲へ出る

た。ここで発見したワニ類の足跡化石は小型で、その足印長は約五センチである。単足印もあるが多くは前後の足跡が少し重複し8字形である。発掘は最初に発見した足跡化石と同じ層準の左岸ではじめた。ここはきれいな漣痕が数層あり、主としてシルト層が堆積、その層中には薄くわずかに泥層が挟まれている。この漣痕と同じ面に点々とみえる足跡らしき小さく浅いへこみは指印がはっきりせず楕円形に近い形態のものが多い。上位に薄い泥が堆積していて、この泥層を取り除くには余りにもシルト層が軟弱で崩れてしまう。また、足跡のへこみも非常に浅く一センチ以下である。そこで上位層から水平に削っていく方法をとった。その結果、前頁下の写真のように足跡の底に近づくにしたがって先端が尖った指印がみえてきて、カエデ葉状のワニ類の足跡化石を得ることができた。これ以外にも、水平断面でやや大型で同じような形態の足跡化石も発見できた。これも発掘は不可能であった。そののちの調査で、ここからワニ類の歯と骨の化石が発見されていることもつけ加えておく。

長崎県と佐賀県の中新世、野島層群から発見されているワニ類の足跡化石の詳細なことは著者は知らない。まだ記載報告されていないが、最近、北九州市立自然史博物館の岡崎美彦さんから佐賀県東松浦郡肥前町星賀の産地の写真と樹脂の型を送ってもらったのでその足跡化石を紹介する。この足跡化石は三個の指爪印が明瞭であるが、足底部の印は風化したのか確認できない。しかし、その指爪印からみるとワニ類によって着けられたものであろうと考えられる。また、武雄市在住の河野隆重さんから送ってもらった写真も紹介するが、これには先端がやや尖った五個の指印が明瞭に印跡されていてワニ類の可能性が非常に高い。これら二枚の写真と滋賀県水口町で発見したワニ類の尾痕であろう跡を次頁に示す。

以上が、今著者が把握している国内からのワニ類の足跡化石である。今後もっと産地が増えれば、新生代の地層からだけでなく、中生代に恐竜と共存していたワニ類の形態や古生態が明らかになってくるであろう。なお国内の両生類の足跡化石は二一二頁に紹介する。

野島層群産ワニ類の前足跡の化石
（河野隆重さん撮影）

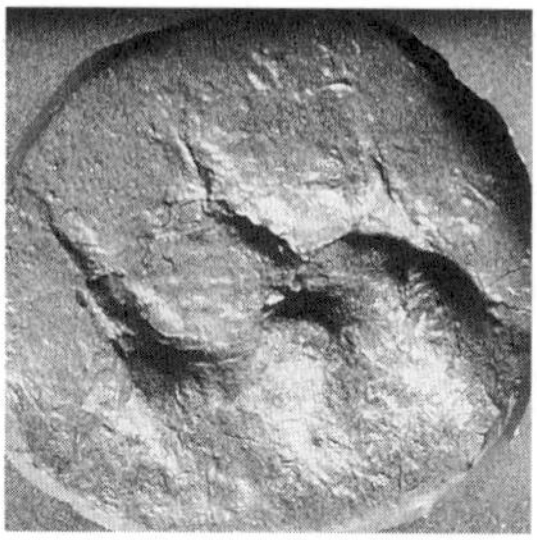

野島層群産ワニ類の足跡化石のレプリカ
（岡崎美彦さん提供）

滋賀県甲賀郡水口町の野洲川河床でみたワニ類の尾痕と考えられる跡で、細くて蛇行している。その幅は広いところや狭いところがあり、その両側に爪印のような細い跡が等間隔でみられる

鳥類の足跡化石

国内から鳥類の足跡化石は、今のところあまり発見されていない。その理由は水辺の鳥類をはじめ多くの鳥類は体重が非常に軽くて、その足跡は浅く小さく指が細い。またあまりにも環境の変化の激しい水辺や帯水域では足跡が着きにくかったり、着いてもすぐに消えてしまうことが多いからであろう。いずれにしても、今著者が確認している産地は、北から山形県、富山県、福井県、三重県、滋賀県、大阪府、愛媛県、佐賀県と長崎県などである。これら産地のいくつかを紹介してみよう。まず、鳥類の足部の解剖学的なことから説明する。

鳥類の足部の形態

鳥類の足指の形態には下の図に示したようにいろいろなタイプがある。そのそれぞれの形態と呼び方を『日本動物図鑑』〔下〕、北隆館から引用、図示する。

一、正足（もっとも典型的な型）Ⅰ、後指又は第一指　Ⅱ、内指又は第二指　Ⅲ、中指または第三指　Ⅳ、外指又は第四指　S、距（けづめでキジ目の雄にみる）

二、蹼足（三指間に膜がある）

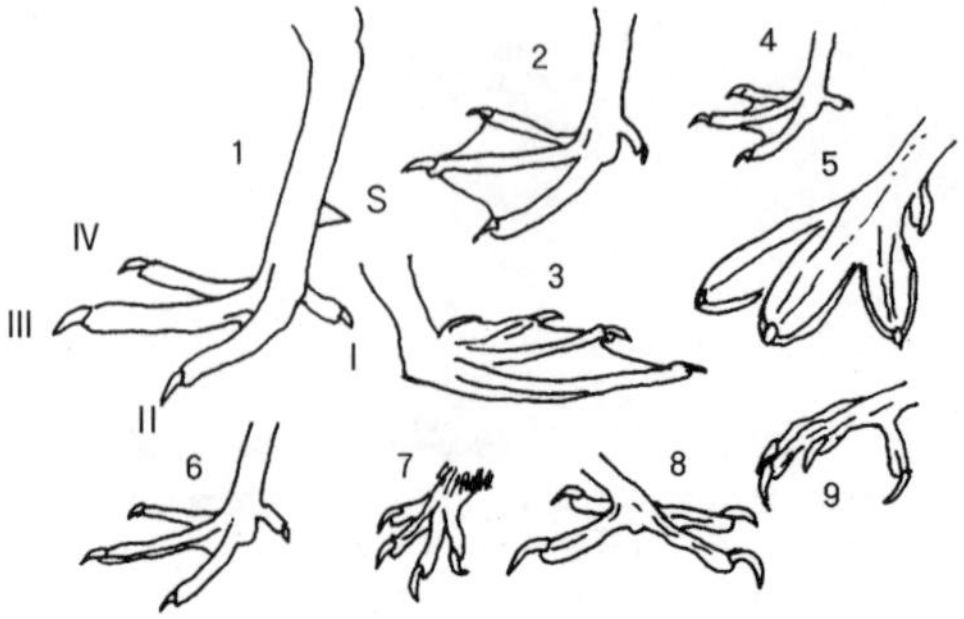

鳥類の足部の形態からみた分類（日本動物図鑑を改描）

三、全蹼足（後指まですなわち四指間に膜がある）
四、半蹼足（膜が中くらい）
五、辨足（各指の両側が弁膜状である）
六、欠蹼足（指の基部にのみ膜がある）
七、皆前指足（四指とも前方を向く）
八、対指足（二指ずつ前後を向く）（キツツキの外指は外方に開く）
九、合指足（前三指は基部が癒着する）

これらの足部の形態をもつ鳥類にはどのような種類が入るのかは、バードウオッチングの書にゆずるとして（写真集は足部が草や水で隠れていることが多いので、詳細な図の描かれている書のほうが参考になる）、ここでは足跡化石でよく産出するサギ類とツル類の足部についてのみ説明することとする。

サギ類は日常河原や水田でよくみかけるし、ツル類は動物園で簡単に観察できる。また、鳥類の標本や資料は千葉県我孫子市の「我孫子市鳥の博物館」へ行けば多くの剥製が観察できる。

サギ科の足指部には、右下のダイサギの図でもわかるように前方へ向かう長い第三指、両前外方へ向かう第二、第四指と後方へ向かう第一指の計四本の指がある。ともに細く長く、先端に鋭い爪をもつ。第三指と第四指の間に小さな近位指間膜（ミズカキ）をみる。第一指はほかの指と同じ高さのやや第二指寄りからから出ていて、まっすぐに後方を向き長い。欠蹼足型に入る。足指部の形態とその骨格の形態、配置は同じである。

ダイサギの全身

ツル科の足指部の形態はサギ科の形態と大差のない欠蹼足型である。次頁上の写真は、千葉県の我孫

ツル類の足部を計測する高橋啓一さん

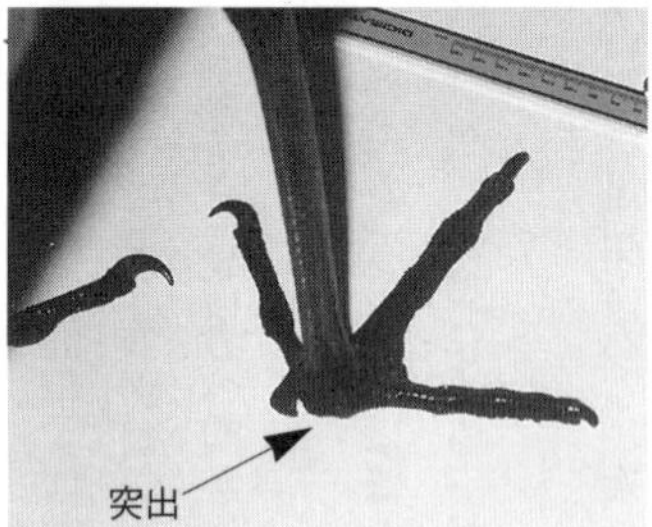

ホホカザリヅルの右足部
（上下とも我孫子鳥の博物館）

子市鳥の博物館でホホカザリヅルの足部を計測している高橋啓一さんで、その下の写真は同鳥の右足部である。このツル類とサギ類の大きな違いは、ツル類の第一指は短く、やや高いところから出ることである。この第一指の長さは同じツル科でも種類によって異なる。また、ツル科の足部を後方からみると中足骨遠位端の膨らみのために足底後部に小さな突出がみられる。

鳥類の運動（ロコモーション）

言うまでもなく鳥類は二本足で移動する。そして、その移動様式には大きく分けてウォーキングとホッピングがある。足指部・関節部の動き方、運び方を河原や水田や動物園で観察してみよう。ウォーキングする鳥類の足指部の動きを次頁のフラミンゴの歩行でみてみる。第二〜四指は、支持していない時（離脱、遊離期）は、指を閉じてその指間は狭くなるが、着地、支持期は大きくひろがり体を支える。

平坦で硬い地面を移動する時の足跡は深く着かない。

　次に鳥類の行跡についてみてみよう。サギ科の行跡を河原で観察すると、次頁上の写真のように採餌しながら歩いた時とそうでない場合とはやや異なると考えられるが、おおむね直線的に進んでいるし、軟らかい泥の上を移動する時は指間を大きく開いていることがわかる。

　ツル科の行跡は動物園の砂の上でみられるが金網が邪魔をしてよい写真が撮れないので放し飼いの動物園で観察しよう。ガンカモ類など水鳥の足跡は、条件がよいと指間膜（ミズカキ）印が着き、行跡では足がやや内股（内旋）で前進している（二一八頁と二二〇頁参照）。

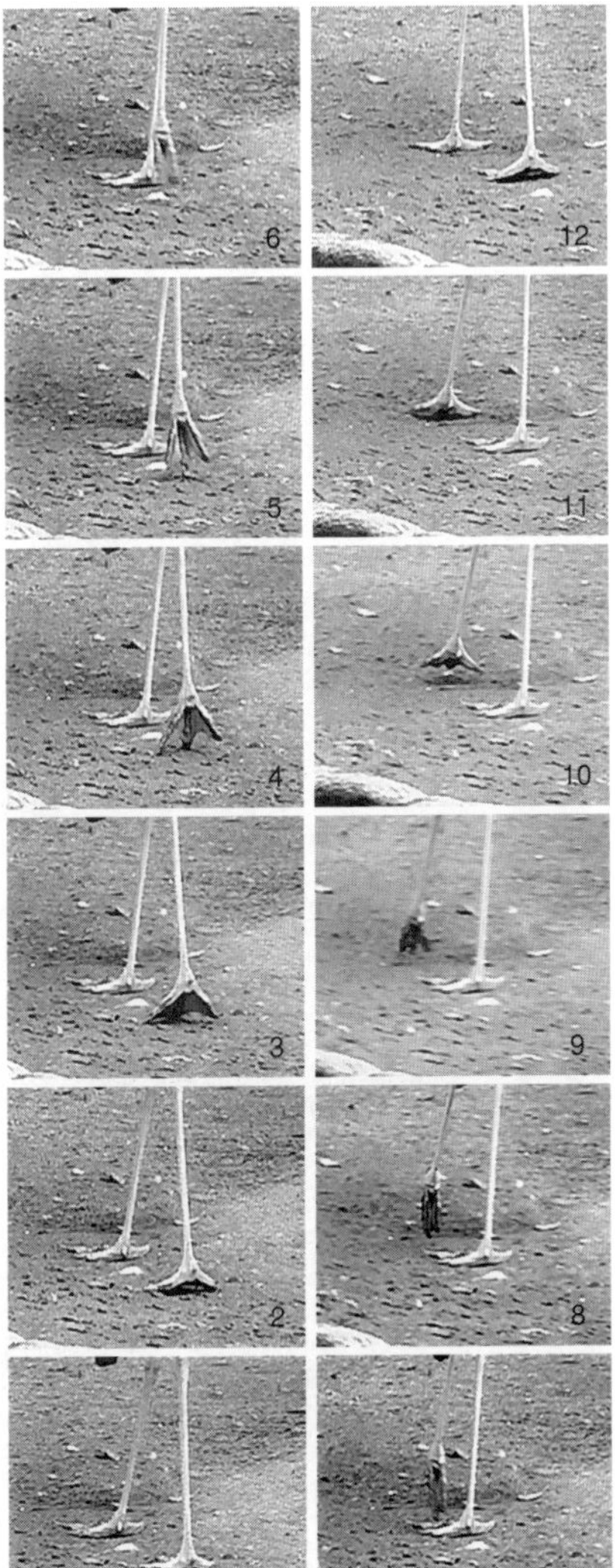

後方からみたフラミンゴのウォーキング時の足指の動き

鳥類の足跡

次に印跡した場所のいろいろな条件の違いでの現生サギ科の足跡をみてみる。アオサギ、コサギ、ガンカモ類とともに河原で観察し、石膏で型を取ったものである。下段の二枚の写真は、アオサギ?の足跡である。右の足跡は砂の上にやや厚い泥が堆積していて、その上を歩いた時のもので、周辺に着いた小型の鳥類の足跡とともに指爪印や皮膚痕まで明瞭に印跡している。また左の写真は砂の上に非常に薄い泥が堆積していてその上を歩いて着けた足跡である。着地、支持の時にその薄い泥層が押しのけられて砂の上に着いたものと同じくらい不明瞭になる。周辺に着いた小型の鳥類の足跡は全く識別できない。

ガンカモ類の足跡は次頁上に示した写真のように、泥の上では明瞭に印跡する。しかし、指間膜印はよほど条

川原でみた泥上に着いた数羽のサギ科の行跡

サギ科の足跡の石膏型で、印跡層の泥の厚さで足跡の明瞭さが変化する。右が厚い泥の場合、左が砂の上位に薄い泥が推積している場合

件がよい泥の上でないと明瞭に着かない。また、下の写真のように砂の上では指印は少し凹んでいて確認できるが不明瞭で、コサギの例とほぼ同じ保存状態となる。

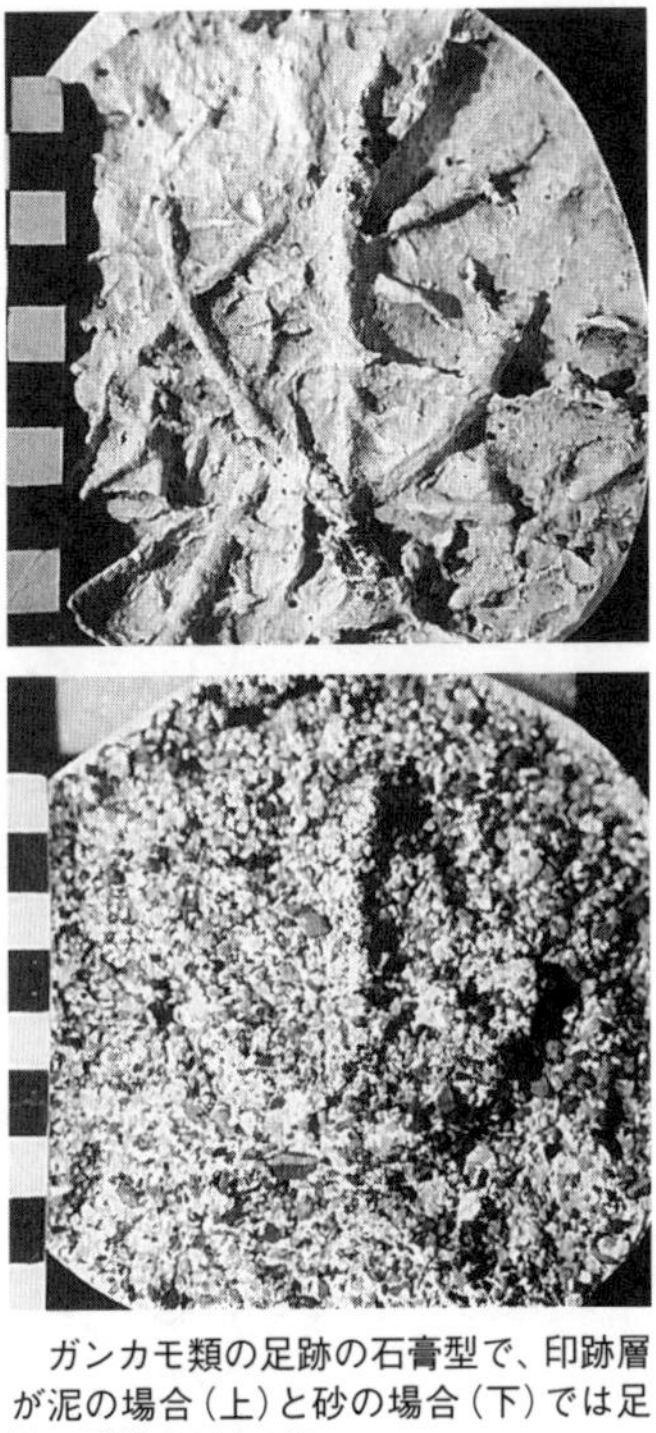

ガンカモ類の足跡の石膏型で、印跡層が泥の場合（上）と砂の場合（下）では足跡の明瞭さがちがう

鳥類の足跡化石

国内ではじめての鳥類の足跡化石は、山形県新庄市の最上炭田で発見されたツル科のもので山形大学名誉教授の吉田三郎さんによって報告されたことはすでに書いた。この足跡化石の大きさは大小二つあったが、両者ともに同じ種類とされている。ここでは山形大学に保管されている足跡化石を次頁上に写真で示す。

次の発見は、福井県の手取層群からのもので、時代は中生代白亜紀前期（一億三千万年前）である。一九九四年六月、福井県大野郡和泉村後野の林道で、東海化石研究会の千葉正己さん、蜂矢喜一郎さん、梅基昌之さんらが化石の調査中に発見した。蜂矢喜一郎さんから真っ黒な母岩に着いた足跡のレプリカをいただいた。写真ではわかりにくいのでスケッチで示す。縦一八センチ、横一一センチの範囲に六個の足跡がみられる。すべて同じ形態をしていて、大きさは、足印長は四・五センチ、足印幅は五・三センチ（爪印を含む）である。第一指印はみられないので、恐らくやや高い位置から出ていたのであろう。

山形県、最上炭田産のツル科の足跡化石（山形大学保管）

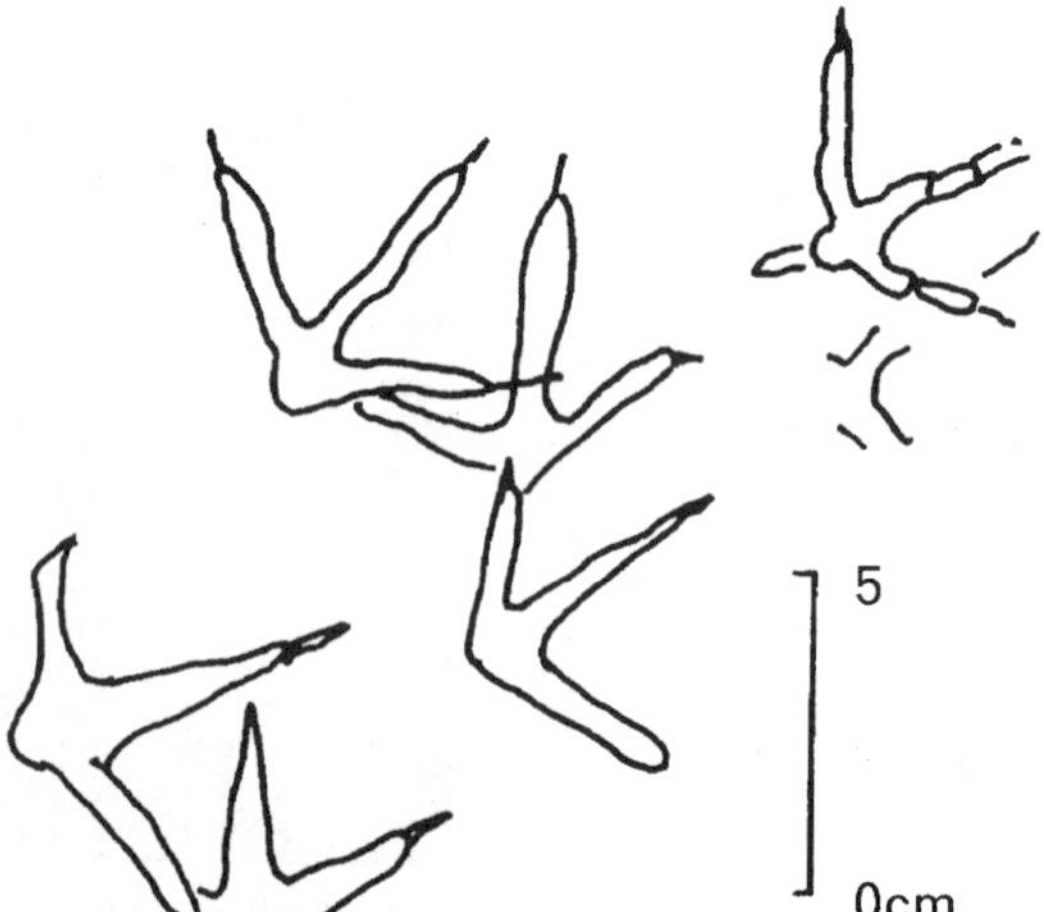

福井県和泉村産の鳥類足跡化石のスケッチ（蜂矢喜一郎さん提供）

指間膜はほとんど確認できない。この標本は、福井県立恐竜博物館に保管されている。

岩手県水沢市と金ケ崎町境を流れる胆沢川河床に分布する後期鮮新世、本畑層からの足跡化石発掘調査については、イギリス海岸などの長鼻類、偶蹄類の足跡化石のところでも書いた。ここでも鳥類の足跡化石が若干確認されて切り取られた。その標本を下に写真で示す。支持基体はシルト質泥岩である。著者は一九九四年八月、新田康夫さんらの案内で同河床の足跡化石を観察した。その時もまだ川底に鳥類の足跡化石が数個みられた。また、北上市立博物館には、これらのほかにやや小型の足跡化石が一個保管されている。詳細は同館研究報告や調査報告書を参照してほしい。

次に三重県阿山郡大山田村真泥《みどろ》の服部川河床からの鳥類の足跡化石を紹介する。これは著者が一九九一年八月に同川の水底に発見したもので、琵琶湖博物館開設準備室とともに調査した。詳細は古生物学会の機関誌である『化石』五五号（一九九三）に報告したので、それを参照してもらえばよい。ここでは概略を載せることとする。水底にみられる足跡化石は、次頁の分布図に示したように、現在の流れで浸食された?長鼻類、偶蹄類の足跡化石と共産した。偶蹄類と鳥類の足跡化石は比較的深く印跡していて浸食を免れている。鳥類のそれぞれの足跡の形態は、第一

岩手県金ケ崎町教委に保管されている鳥類の足跡化石

三重県大山田村真泥の服部川で水底にみられたツル類の足跡化石の一つ

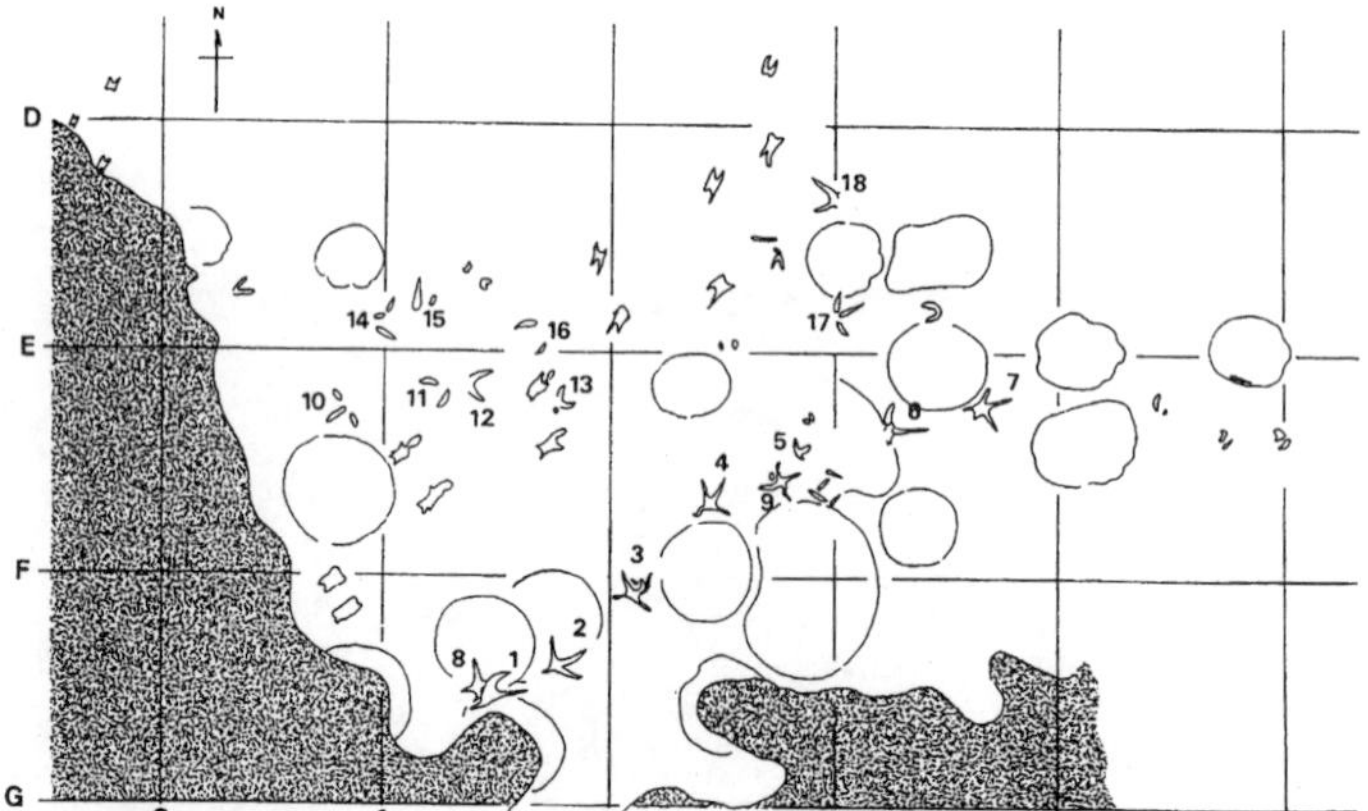

三重県大山田村真泥のツル類、長鼻類、偶蹄類の足跡化石の産状。白色の部分は水没している箇所で、影の部分は川岸

指印がやや短く後方を向き、第二指印は第一指印より長く前方へ斜めに、第三指印は長く前方を向く。第四指印は長く前方へ斜めにのびる。爪印は明瞭で、大きさは、足印長は二〇センチ、足印幅は二〇・四センチである。第三指、第四指間に近位指間膜をもつ。ほかの二四個の足跡の大きさもほぼ同じであり、計二五個のうちの七個の足跡は、一個体の行跡であることが確認できた。

　ここで、鳥類の足跡化石の計測部位について書いておく。鳥類の足跡については、彼らの足指部の形態にいろいろなタイプがあることはすでに書いたが、ここではサギ科やツル科のいわゆる欠蹼足型のもので説明するので、ほかのタイプの足跡については、これを応用してほしい。

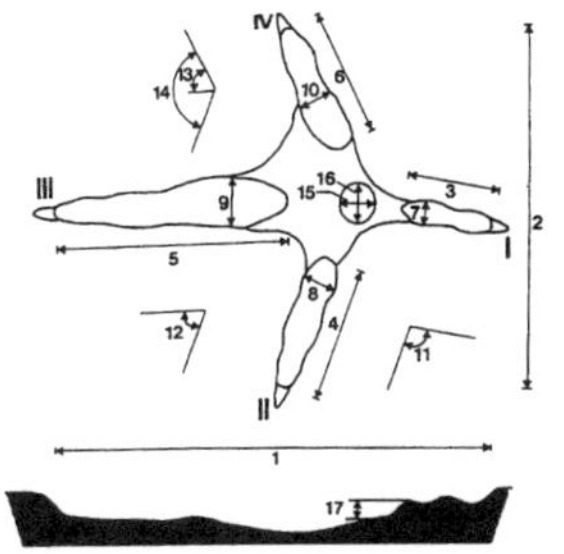

1　足印長
2　足印幅
3　第 1 指印長
4　第 2 指印長
5　第 3 指印長
6　第 4 指印長
7　第 1 指印幅
8　第 2 指印幅
9　第 3 指印幅
10　第 4 指印幅
11　第 1 ～第 2 指間角
12　第 2 ～第 3 指間角
13　第 3 ～第 4 指間角
14　第 2 ～第 4 指間角
15　中足骨印前後径
16　中足骨印左右径
17　第 1 指印分枝高

註：爪印長は
計測しない

　滋賀県甲賀郡水口町宇田《うった》の野洲川河床では、多くの長鼻類、偶蹄類と小型のワニ類の足跡化石が発見されたことはすでに紹介した。そして、この河床からのもう一つが鳥類の足跡化石である。

　一九九七年四月二九日、著者がこの河床の足跡化石調査中に漣痕、偶蹄類やワニ類の足跡化石を多産するシルト層面に発見したものである。増水のあとであり、残念ながら足跡は次頁上に示したように、この二個のみであった。足印長は八・五センチ、足印幅は八・八センチである。二個ともに第三指と第四指間に近位指間膜をもつ。第一指印は確認できない。小型であるが、特徴はツル科の足跡とよく似る。この標本はシルト層にたいへん浅く印跡されていて、発掘は不可能であり、樹脂による剥ぎ取りを行った。行跡は確認できないし、周辺からも今のところ鳥類の足跡化石は発見されていない。ここの地層の年代は、周辺の火山灰から約二三〇万年前と推定している。

滋賀県大津市伊香立南庄町水端は、竜骨（トウヨウゾウ）で有名な竜ケ谷の一部である。ここの化石調査をしていた滋賀県立琵琶湖博物館資料調査研究員の服部昇さんが一九九七年暮れに傾斜した工事終了後の法面から多くの鳥類の足跡化石を発見した。暮れの寒い時期に第一次発掘をした。第二次発掘は一九九八年八月に行った。ここの印跡層はシルト質粘土層で上位層は砂層である。鳥類の足跡化石は泥

滋賀県水口町宇田からの鳥類の足跡化石

大津市南庄町からの鳥類の足跡化石の樹脂凸型

層に深く印跡されていて、その深さは最大一五センチにもおよぶ。そのために細い指爪印の発掘は困難を極めた。割り箸などで足跡内の砂を崩してもなかなか取り出せず、掃除機を使用すると支持基体が軟弱で足跡化石を破損してしまう。前頁下に発掘後の足跡化石のエポキシ樹脂の凸型を示す。この写真の足跡化石からわかるように、前方と両外側方へ三本の長い指印がのび、後方へ第一指印が二〜二・五センチの高さでやや斜めに出る。この第一指印は現生サギ科のものよりずっと短く、また三重県大山田村産のものより短い。現生種のツル類の足跡により似る。足印長は一四センチ、足印幅は一六センチで大型である。年代は約五〇万年前である。

古琵琶湖層群堅田累層から産出したもう一つの鳥類の足跡化石をあげておく。この産地は大津市真野の造成地で、大型と小型の足跡化石を服部昇さんらが発見した。共同で調査しエポキシ樹脂で型を取ったので、そのうちの小型の足跡の凸型の写真を下右に示す。

大阪府富田林市石川河床からの足跡化石については、前に書いたように多くの成果を収めた。詳細は報告書を参照してもらいたい。ここでは、調査団から提供を受けたサギ科の足跡化石の写真を下左に紹介する。

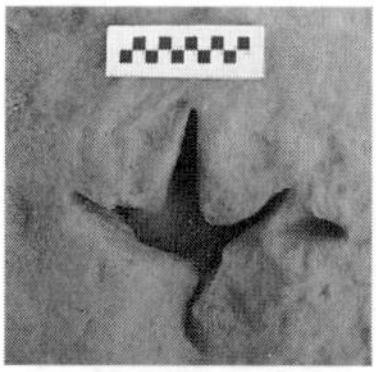

富田林市石川河床からの鳥類の足跡化石（石川足跡化石調査団提供）

大津市真野６丁目からの鳥類の足跡化石の樹脂凸型

愛媛県上浮穴郡久万《くま》町に分布する中新世の久万層群から偶蹄類の足跡化石とともに鳥類の足跡化石が産出した。一九九五年一一月三日、成田耕一郎さんの案内で、同町内の足跡化石産地二箇所を調査中に上畑野川で発見したものを紹介する。この河床は堅い泥岩と砂岩の互層で植物片を挟む。足跡化石の多くは泥層の上に印跡されていて、上位に細粒砂層が堆積している。この母岩は地層の亀裂から離れて増水で流し出された転石であり凸型としてみられた。すなわち上位層の下面である。付近一帯を観察した結果この砂岩は厚さが約二〇センチあり、この産地の一層を構成する層で、上流からのものでないことを確認した。足跡化石は、次頁上の写真のようにこの母岩に七～八個みられるが、保存の良好なものは四～五個である。それらは爪印まで明瞭で、大きさは、足印長は一七センチ、足印幅は一六・五センチである。第二指～第四指間の指間角は大きい。第三指と第四指間に近位指間膜をもつ。また第一指印はほかの三指とほぼ同じ高さから出ていて長い。欠蹠足型で現生のサギ科の足跡によく似る。

九州からも鳥類の足跡化石がたくさん発見されている。岡崎美彦さんから送ってもらった一九九四年九月六日の佐賀新聞には、ワニ類の足跡を発見した加藤敬史さんの快挙で、これは二五〇〇万年前のサギ類のものかも知れないとしている。報道された新聞記事の写真からは、印跡した鳥類の特定はできないが、一九九八年一月、神奈川県で行われた日本古生物学会で姜忠男さんらは、北西部九州の佐世保、野島層群からの鳥類の足跡はコウノトリ科に近い形態であると報告している。ここでは、岡崎美彦さんから送られた佐賀県肥前町からの写真を次頁の下に示す。また、平成七年（一九九五）富山県東部の大山町の手取層群から鳥類の足跡化石が発見されている。

以上が、今までに発見されている国内産の鳥類足跡化石の概要である。項のはじめにも書いたように鳥類は、足跡が着きやすい環境で生息しているがその印跡は浅く消滅も早い。よほどよい条件でないと化石となって残らないと考えられるが、今までに発見された足跡化石は、先端の爪印まで非常に明瞭なものも多い。将来、産地、種類ともに増加し、もっと鳥類の古生態が明らかになるにちがいない。

愛媛県久万町からの鳥類の足跡化石（京都大学保管）

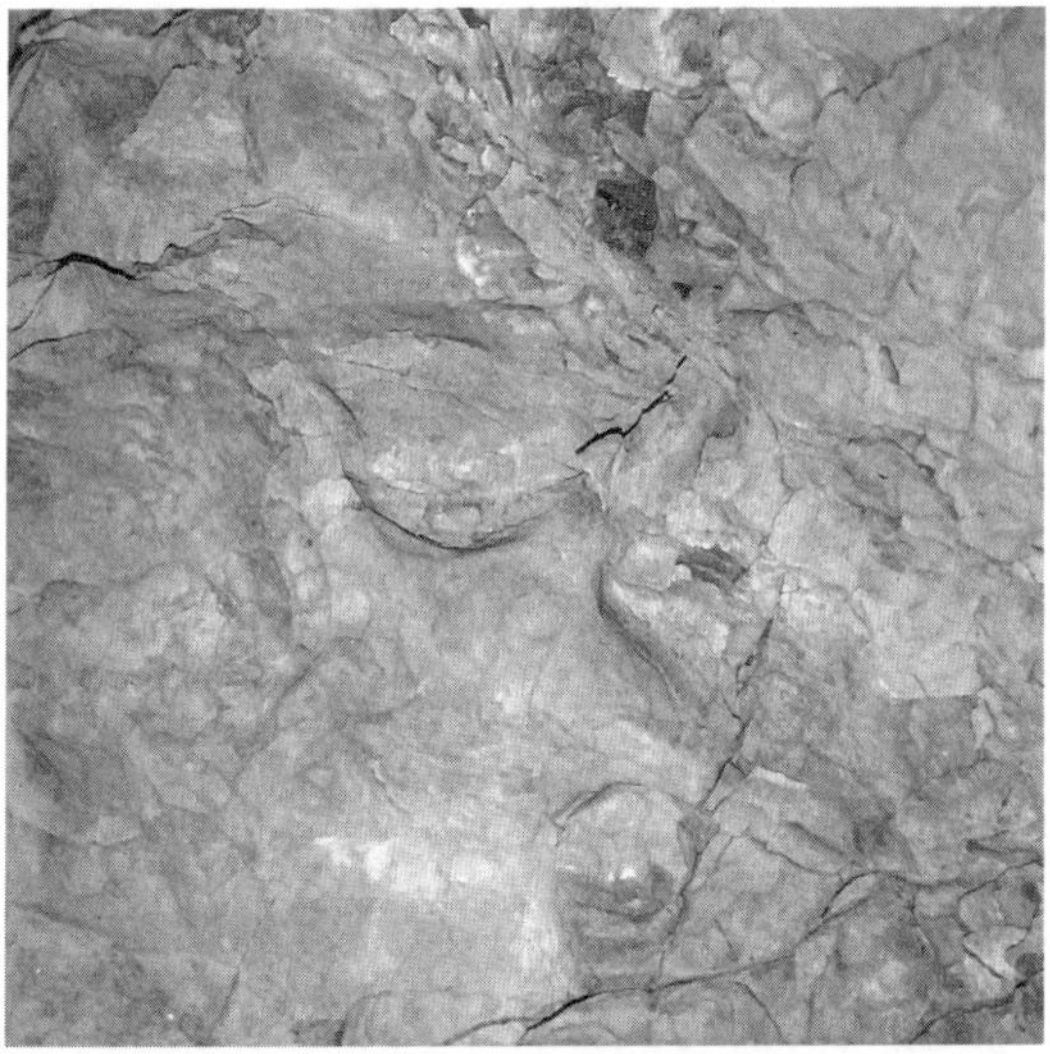
佐賀県肥前町からの鳥類の足跡化石（岡崎美彦さん撮影）

遺跡からの足跡

人と共存した動物たち

著者は、高橋啓一さんとともに、以前から精力的に地域の遺跡の発掘を進めている滋賀県長浜市教育委員会文化財課の西原雄大さん、伊藤潔さんらと共同で遺跡からの足跡の形態などについて解析をしてきた。そこで、ここでは遺跡からの珍しい足跡を紹介する。なお、足跡の発掘は全て同教育委員会の手で行われていて、著者らはその現場の観察と石膏型の解析を分担している。その成果を同町教育委員会から提供された写真などで示す。

次頁右上の写真は、中世（鎌倉時代後期〜室町時代初期）の水田跡である金剛寺遺跡で発掘のあとで足跡を観察しているところ。偶蹄類の足跡が点々とみえる。また、農耕にたずさわっていたヒトの足跡（右下の写真）やウシ類の足跡、ヒトの左手の形（左下の写真）も偶蹄類とともに出土した。偶蹄類の足跡は、現生のニホンジカに似ている。そしてこの遺跡からは古墳時代の面も発掘されていて非常に珍しいウマ類の足跡（左上の二枚の写真）の出土が確認できた。

一九九九年二月、長浜市教委はたいへん珍しい足跡の発見を発表した。それは福満寺遺跡からヒトの足跡とともにイヌ類の足跡（右中段の写真）が出たのである。この遺跡は縄文時代後期のもので、今から約三六〇〇年前の竪穴式住居跡である。イヌ類の足跡は本邦二例目で、一例目は熊本県の諏訪原《すわのばる》遺跡（弥生時代後期）からの二匹分。八個の足跡だそうである。今回出土した長浜市のものは国内最古となる。

長浜市の古墳時代の遺跡から出たウマ類の足跡石膏型

滋賀県長浜市の金剛寺遺跡で足跡を観察

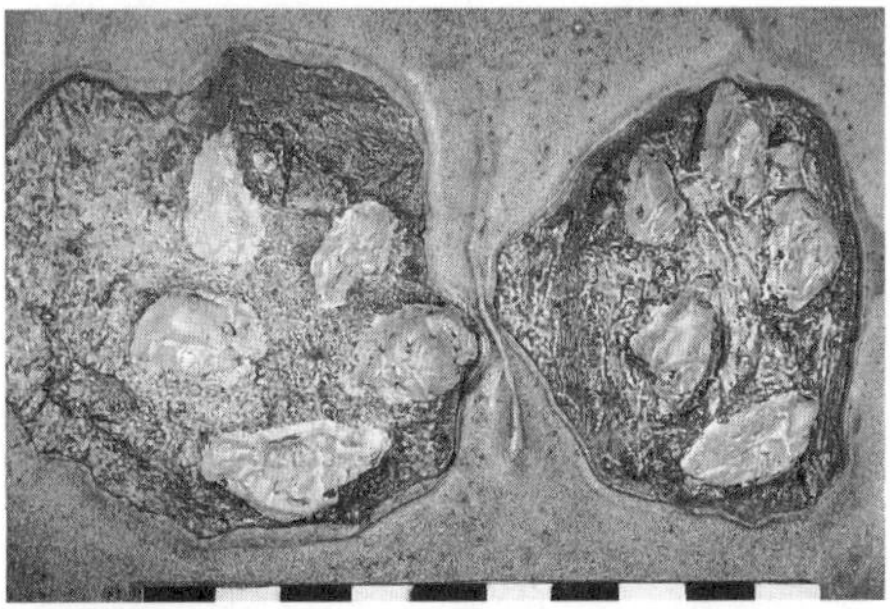

長浜市の福満寺遺跡から出た縄文時代後期のイヌ類の足跡石膏型

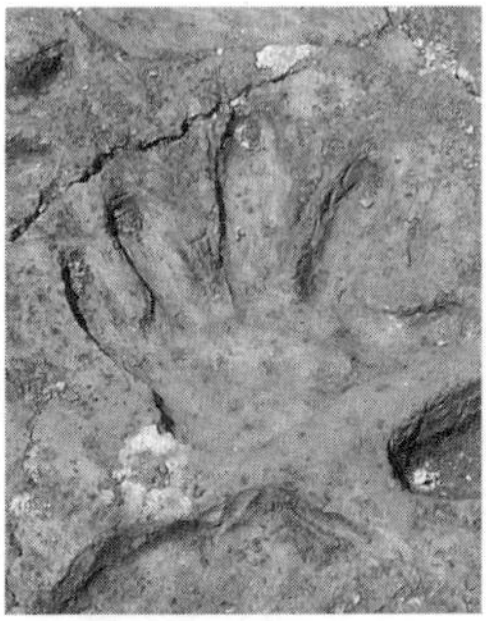

長浜市の中世の遺跡から出たヒトの手形

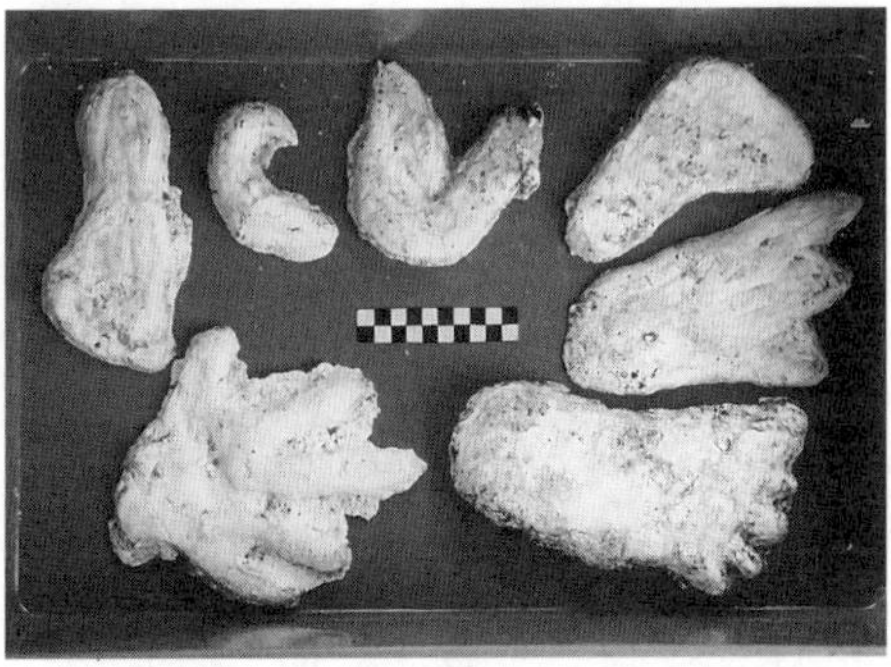

同左遺跡から出たヒトの手足とシカ類の石膏型
（上の型の写真は、滋賀県長浜市教育委員会提供）

写真は最も良好な二つの足跡の石膏の凸型である。

世界最古のヒトの足跡は、東アフリカのタンザニア北部、ラエトリ遺跡から一九七八年リーキー夫人らによって発見された。それは三五六万年前の火山灰の上を歩いたアファール猿人のものである。ヒトの足跡は多くのサイ類や長鼻類などの哺乳類の足跡化石とともに発見されたという。そのヒトの足跡は三人分の行跡で、なかでも親子が並んで歩行したものが有名である。

その親子の行跡のスケッチを LEAKEY と J. M. HARRIS が一九八七年に書いた『LAETOLI A PLIOCENE SITE NORTHERN TANZANIA』から次頁の右下に示す。そしてその左の樹脂型は、著者がケニアのナイロビ博物館の模式標本から元山口大学教授の石田志朗さんのご尽力で入手したものである。この二つの行跡は左側が子どものもので、右側が親のものであると考えているが、男女だという説もある。子どもの足印長は約一八センチで、一〇三センチの距離に左、右、左足と三足印着いている。歩幅は四一～四三センチである。親の足印長は約二五センチであり、一二四センチの距離に、子どもと同じく左、右、左と三足印着いている。ここで注目すべきことは、親の足跡が前方へ三度重複して印跡していて足印長が三五センチにみえることである。これはまぎれもなく、子どもの歩調と合わすために親がスキップしたもので、

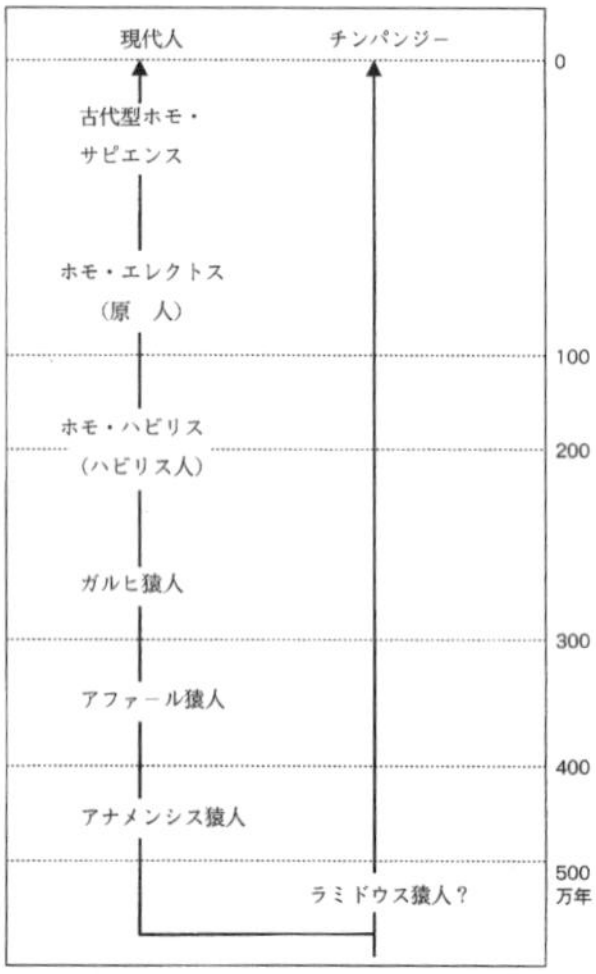

猿人から現代人につながる進化のみちすじ

親の本来の足の大きさは三五センチよりも小さい。また、前頁に参考のためにヒトの進化の過程の略図を示しておく。

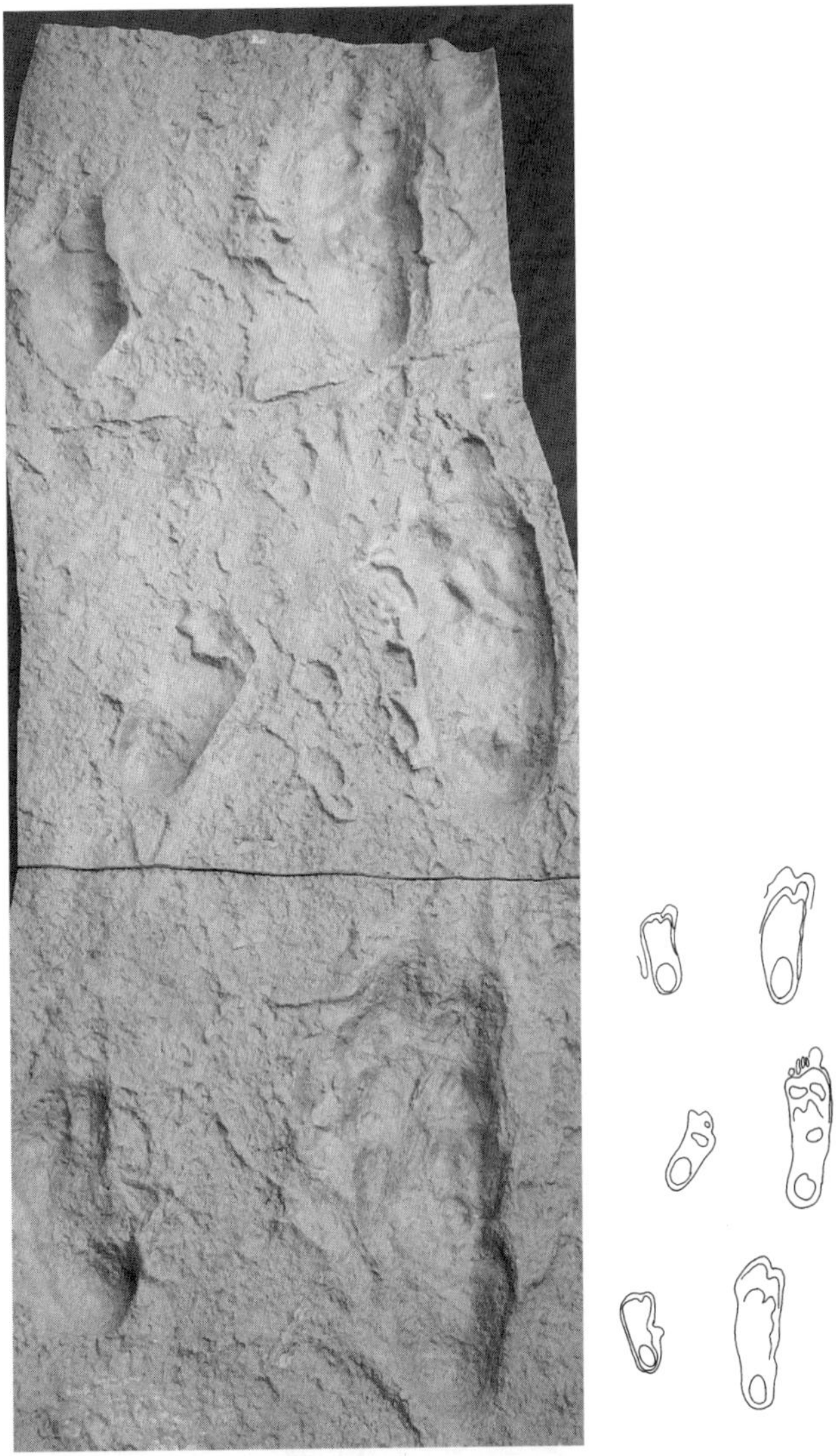

タンザニア、ラエトリ遺跡からのヒトの足跡の樹脂型（岡村保管）とそのスケッチ。前頁はヒトの進化の過程を示した略図

第4章　診察室は動物園

抜き足　差し足　忍び足　―ゾウのおなかの下にもぐる―

足跡化石の研究には何度も言うようだが、まず今の動物の足部の形態とその足跡の着き方、移動様式（ロコモーション）を観察することからはじめるのがよい。著者は、河原や山間部の水田、動物園、公園、サファリパークなどを訪れては足跡を探している。そこには足跡化石の研究に役立つ多くの宝物が隠されている。できるだけいろんなことを経験するには、できるだけ同じところへ何度も足を運ぶこと、足で稼ぐことが策である。そうすると動物が着けた足跡の経時的な変化などもわかるし、雨期などの季節によって印跡した地面の性質や水分の違いなどによる足跡の形態の多様性や消長も理解できる。そして忘れてはならないのは、平面的な観察や写真撮影だけでなく、これは興味深いと思った足跡は必ず石膏や速乾性の樹脂などで型を取ってくることである。

タイには二五〇〇〜三〇〇〇頭のアジアゾウ（家象）が、またアフリカには五八万頭のアフリカゾウがいるといわれている。著者は、一九九九年五月から二〇〇〇年一月まで四度にわたってバンコク市内の二つの動物園、アユタヤ遺跡のゾウ乗り場、ローズガーデン、サンプラーンのエレファントグラウンドとワニ園、ミンブリのサファリパーク、そして世界最大の規模であるサムットプラカーンのワニ園、ラムパーンとチェンマイ、チェンダオ、メーテンのエレファント　トレーニングセンターを中心に訪問し、アジアゾウの体格、足部と足跡の観察を行った。

　古来タイではゾウを大切に育て材木などの運搬に使ってきたが、トラック輸送が主となったり、伐採が規制されてからはゾウの需要がなくなり、観光客にショウをみせたり、背中に乗せて遺跡や寺院や園内を見物させている。バンコク市内のあちこちでもゾウが排気ガスのなかをかっ歩する。観光地や動物園にはたくさんのアジアゾウがいる。ゾウ使いの人にお願いしてビデオでゾウのロコモーションを撮影することもできるし、湿ったグラウンドでは、新旧の足跡を撮影できる。もちろん気のよいゾウ使いに頼めばゾウの足底面の写真が撮れるし、計測もできる。ただゾウが言うことを聞いてくれればの話だが。若いゾウはちょっと気難しい。ここからはタイと国内の動物園でアジアゾウを計った話をしよう。

　アジアゾウの体高（肩の高さ）は、前足底の全周の約二倍といわれているがはたしてそうであろうか。また、後足でも同じことがいえるのだろうか。下右のグラフからわかるように、前足底の全周が一〇〇センチのゾウの体高は二メートルとなり、子ゾウで六〇センチの場合は一二〇センチとなり、

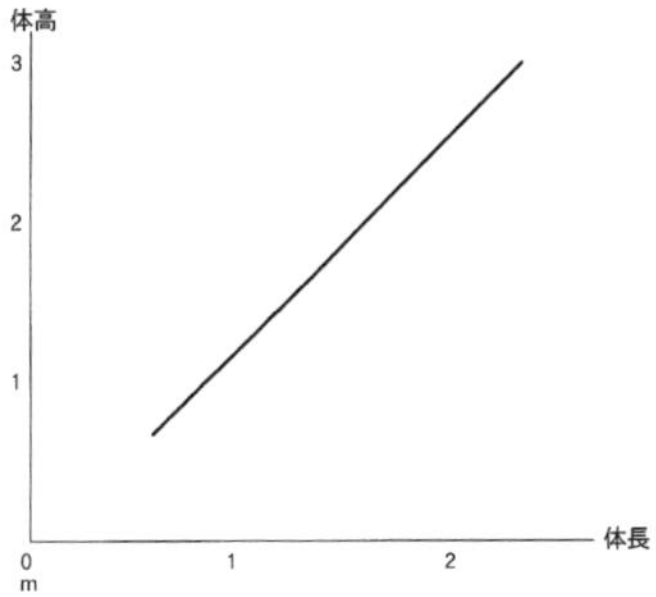

アジアゾウの体高と体長の関係

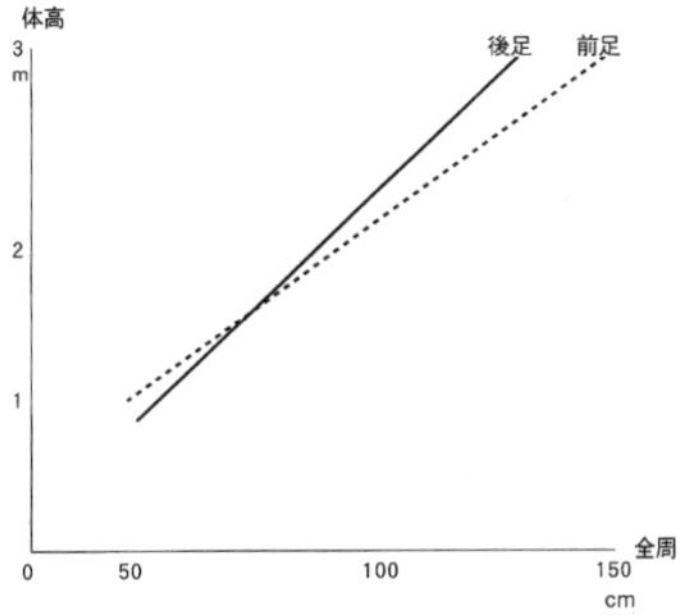

アジアゾウの体高と前後足底全周の関係

その比率は幼獣、成獣を問わず約二倍である。しかし、後足底の場合は、成長とともに二倍から二・二倍、二・三倍と変化していく。このことは、アジアゾウはからだの前半分が重い。体重の約六〇パーセント余を前半身で占めているためにしっかりした前足が必要で、成長とともに前足は順調に大きくなるが、後足の成長はやや遅いためではなかろうか。著者が計ったこの結果をもとに足跡の大きさから体高を推定する方法はアジアゾウではできるが、足跡化石への応用には、足跡化石は前にも書いたように前

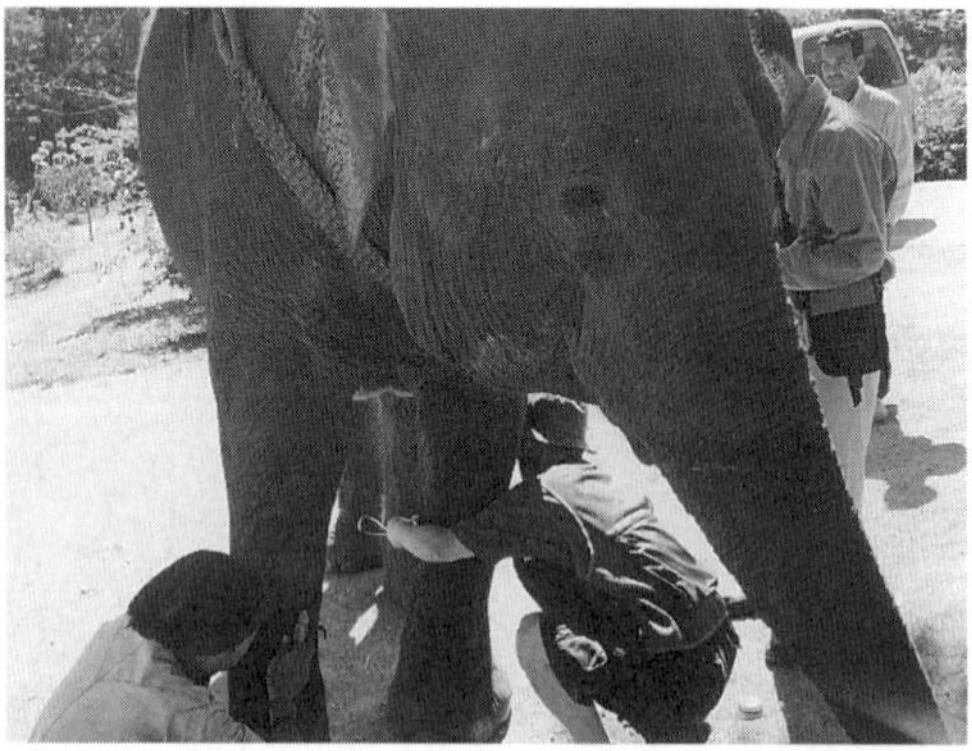

後の足跡が重複していて後足跡が前足跡より明瞭である場合が多いことや古代の長鼻類のプロポーションがわかっていないことなどが考えられ、古代の長鼻類の後足の大きさから体高を割り出すことは今の段階ではむずかしい。でもおおよその見当がつけられるかもしれないので、この観察は無駄ではない。上の写真は、タイ北部のメーテンで四七歳、メスのアジアゾウのからだを計測しているところである。

次に体高と体長の関係をみてみよう。アジアゾウでは、前頁の下左のグラフのように幼獣も成獣も体高は、体長の約一・二倍である。すなわちプロポーションは大きくなっても同じであることがわかった。このタイでの計測の結果は、国内の動物園での現世の個体や剥製標本、骨格標本の計測の結果でも大差がなかった。このプロポーションをなぜ追求したのかというと、アジアゾウの

プロポーションと移動の速度と足跡の着く位置の関係を知りたいがためである。そこで一三頭の体高、体長が計測できたアジアゾウのうちの三頭を一〇メートル移動させてその行跡をみた。それを下に示す。まずナンバー一三のゾウから説明しよう。このゾウは、前頁の写真のゾウで四七歳、メス、体重は二・五トン、体高は二二五センチ、体長は一七〇センチである。図の一番左の行跡をみてほしい。一〇メートルの距離を一一歩、一六秒で移動させた時、はじめは左横に置い

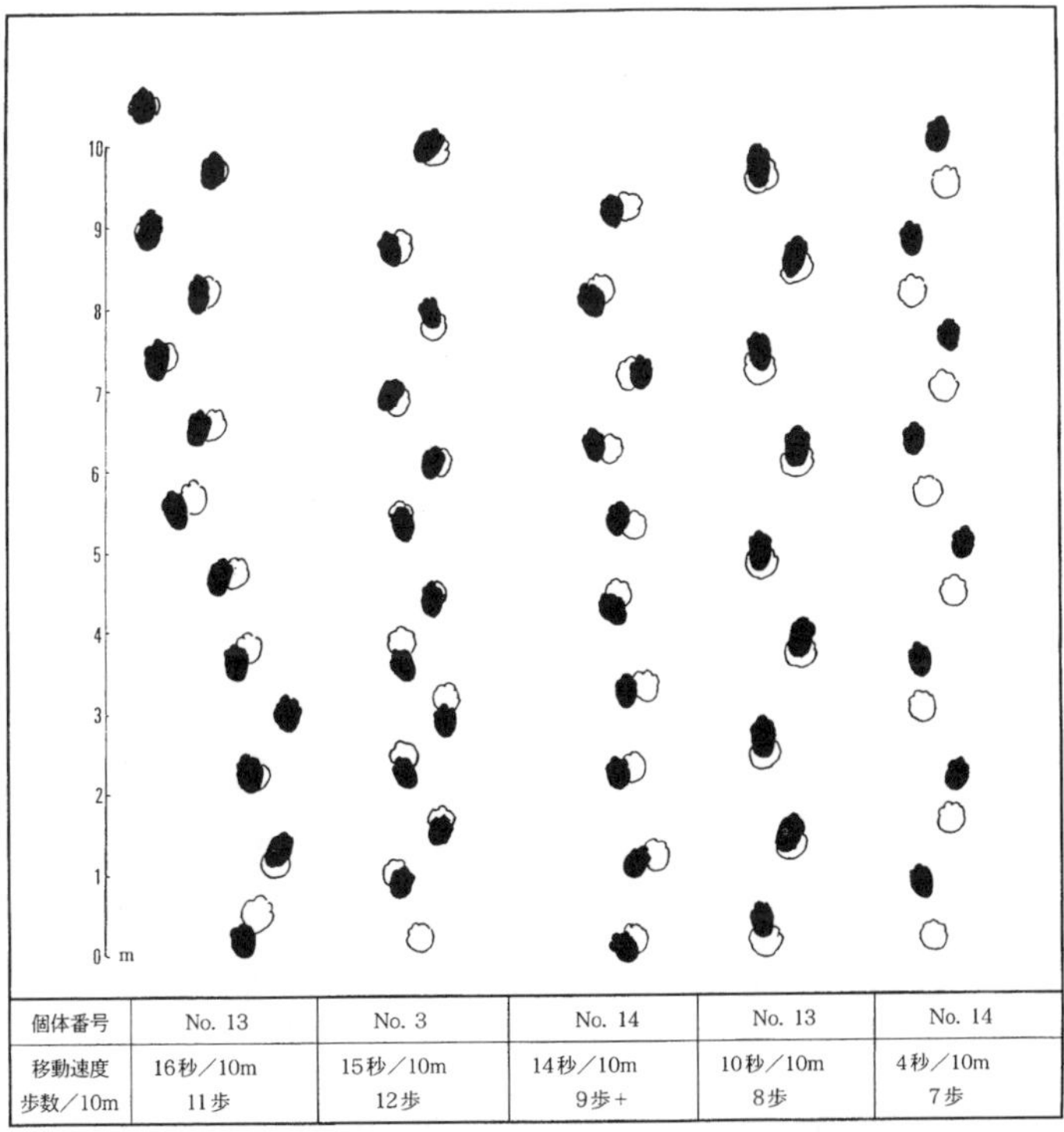

個体番号	No. 13	No. 3	No. 14	No. 13	No. 14
移動速度 歩数／10m	16秒／10m 11歩	15秒／10m 12歩	14秒／10m 9歩＋	10秒／10m 8歩	4秒／10m 7歩

3頭のアジアゾウをいろいろな速度で移動させたときの行跡（タイ）

た一〇メートルのスケールが気になったのか、これを遠ざけるように右寄りに前進したが、後半の五メートルからは順調に動いてくれた。その後半の前後の足跡は完全に重複した。また、このゾウを一〇メートル、一〇秒、八歩で移動させた時は、左から四番目の行跡のように後足跡は前足跡の少し前部に着く。

ナンバー三のゾウは二〇歳、メス、体重は二・五トン、体高は二〇六センチ、体長は一七〇センチである。これを一〇メートル、一五秒、一二歩で移動させた。その時の行跡は前後の足跡がやや横へずれるがほぼ重複する。

ナンバー一四は三五歳、メス、体重は二・五トン、体高は二四三センチ、体長は一七五センチである。このゾウを一〇メートル、一四秒、九歩ちょっとで移動させた。すると左から三番目の行跡のように前後の足跡はやや横にそれるがほぼ重複する。また、このゾウを一〇メートル、七歩、四秒と早く移動させると、一番右の行跡の図のように後足跡は前足跡より六〇センチも前方に着く。

このことからタイのアジアゾウで体高が約二メートル、体長が約一七〇センチの個体であれば一〇メートルを一四〜一五秒で移動すると、その歩数は約一一歩で前後の足跡は重複することがわかる。すなわち単歩長は八五〜九〇センチ、複歩長は一七〇〜一八〇センチとなる（六四頁参照）。ゾウなど側対歩動物の行跡から、その個体の胴の長さを推定するには、ふつうの歩行の場合では、胴長＝複歩長＋前後足印間の距離という式があるので、これにぴったりと合うことになる。

話は少し横道にそれるが、一九九三年三月五日、滋賀県北部の多賀町四手の工事現場でアケボノゾウの骨が発見された。発掘の結果、今までに例をみないほど多くの部位の骨の化石がそろっていた。クリーニングののち骨格が復元されたのでその全身骨格とアジアゾウの全身骨格を比較してみよう。左上の図からもわかるように、アケボノゾウの全身はたいへん*胴長《どうなが》である。古琵琶湖層群から発見される多くの足跡化石の着き方を三つのタイプに分類していることは前に書いたが、それをみると九九パーセントが前後足の完全な重複足印である。ここで著者は一つの疑問をもった。それは胴長のアケボノゾウがどのような様式で移動して前後の足跡が重なったかということである。ふつうの歩行などではキリンのように胴が短く脚が長い動物では、後足が前足跡より前方へ着く。またカバ類やサイ類のような胴長短足(脚)の動物では後足は前足跡から離れて後方へ着くことが多い。いろいろな動物の体高と体長の比(H/L)を調べてみると一六八頁の図からもわかるように、その比が一～一・五の間に入る動物では少し後方へ着くか重複する。このアケボノゾウの場合、アジアゾウの移動から察すると後足は前足跡よりずっと後方へ着くはずである。それが重複するということはアケボノゾウの移動の速度が速いのか、または四肢の動きが特殊なのか。両者の四肢を構成する各部位の骨の長さの比をみても大きな差はない(図は省略する)。では、骨格の組み立て方に問題があるのか。今後の大きな課題であろう。

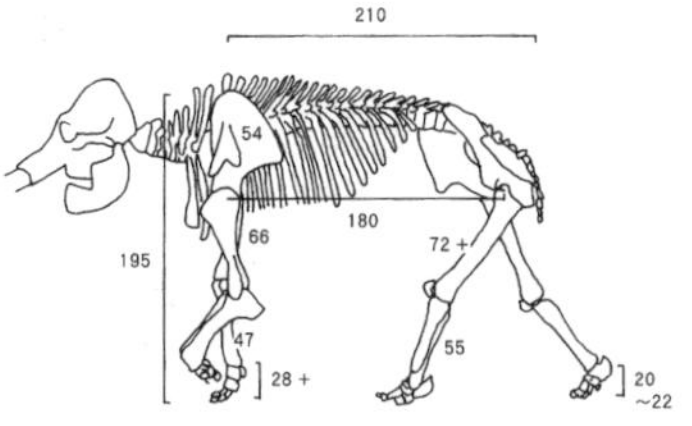

アケボノゾウ(多賀標本)の計測値

(cm)

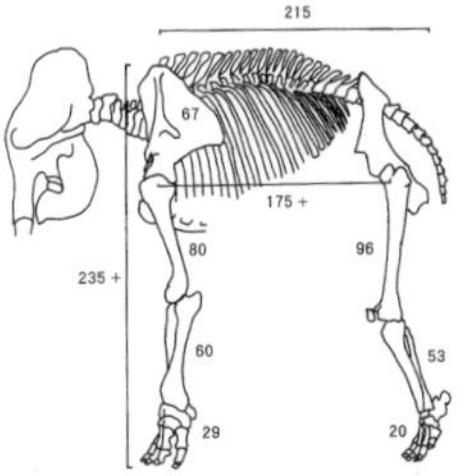

アジアゾウ(王子動物園標本)の計測値

(cm)

＊　アジアゾウの背骨は頸椎が7個、胸椎が19～20個、腰椎が4個、仙椎が4個あるが、アケボノゾウでは頸椎が7個、胸椎が20個、腰椎が5個あるらしく、仙椎は不詳だが、トータルではアジアゾウよりアケボノゾウの方が脊柱はやや長いとされている

コーヒーブレイク（4）

足跡をつけた犯人を追う

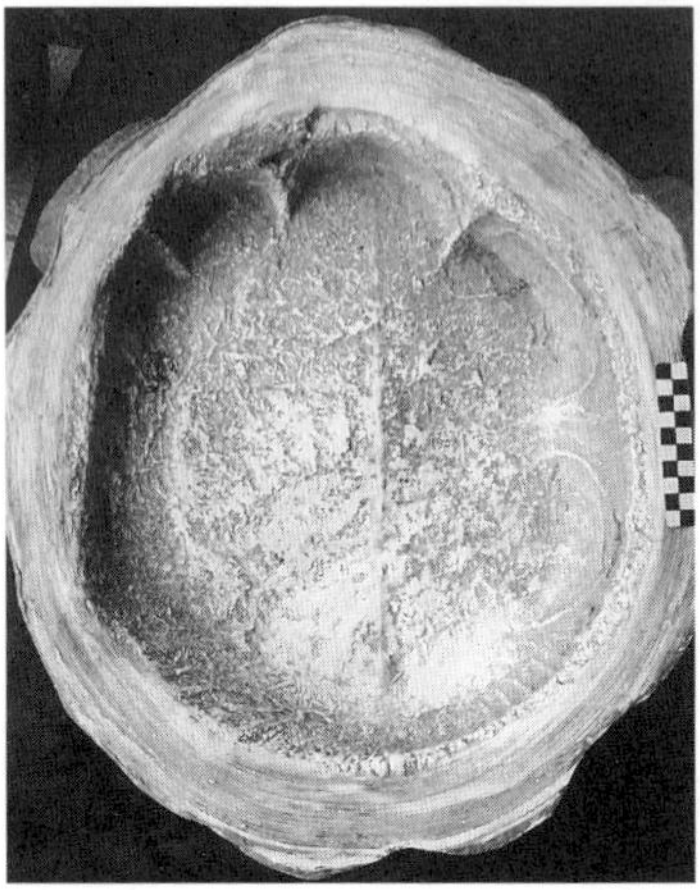

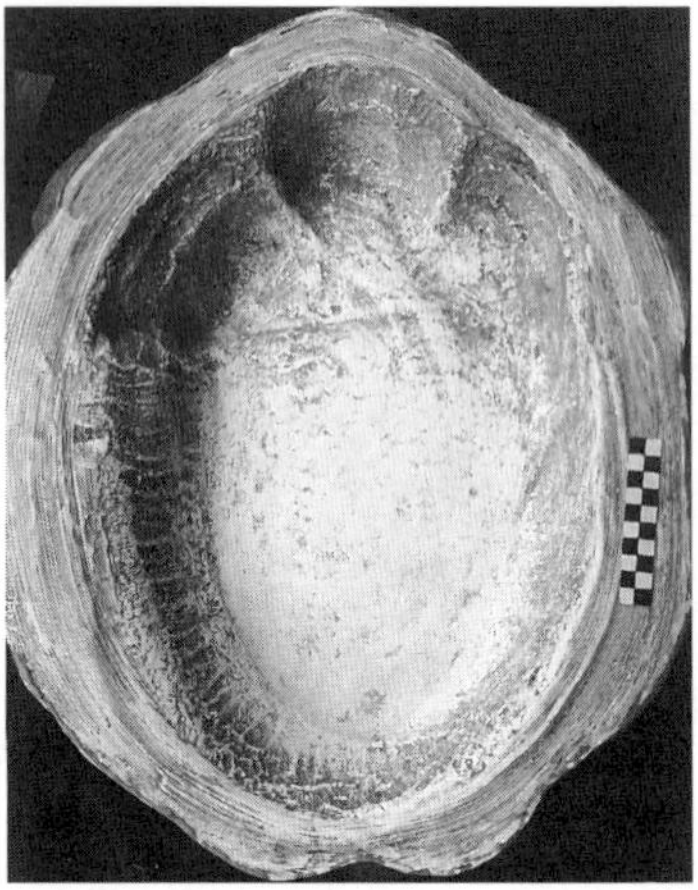

兵庫県の宝塚市は、宝塚歌劇であまりにも有名だが、もう一つ行ってみたいところがある。それは宝塚ファミリーランドの動植物園だ。ここにはアジアゾウの樹脂で造ったきれいな足型がある。資料庫にはこのほかにもたくさんの標本が保管されているが、なんと言ってもかわいいのが0歳、オスのアジアゾウの剥製だ。彼は死産したらしい。足は小さく、前足の長さもうしろ足の長さも14cm。タイでみたローズちゃんはいま1歳半で、彼女の前足の長さは19cm、うしろ足の長さは21cmだ。その彼女が砂の上を歩いた足跡が次の頁の右下の写真である。そのほかの3枚の足跡の写真もタイで撮影したものですべて大人のもの。これらの足跡を着けたアジアゾウの大きさの計測から、上の宝塚動植物園の樹脂の型は、おそらく肩までの高さが210cm以上の大人のゾウから採ったものと推定できる。インディージョーンズが肌身離さずもっていた手帳と同じように、私にも犯人を追う手がかりとなるアジアゾウなどの計測値を記録したメモがある。もうそれもよれよれになってしまった。

軟らかい泥上に着いた右前後の足の重複足印で、乾燥したもの

非常に細かくて乾いた砂上に着いた左後足跡

ややしめった砂泥上に着いたカトレアの左前後足が少し重複した足跡

ややしめった砂泥上に着いたローズちゃんの右前後の足跡

主な奇蹄類・偶蹄類と長鼻類の体高と体長の比

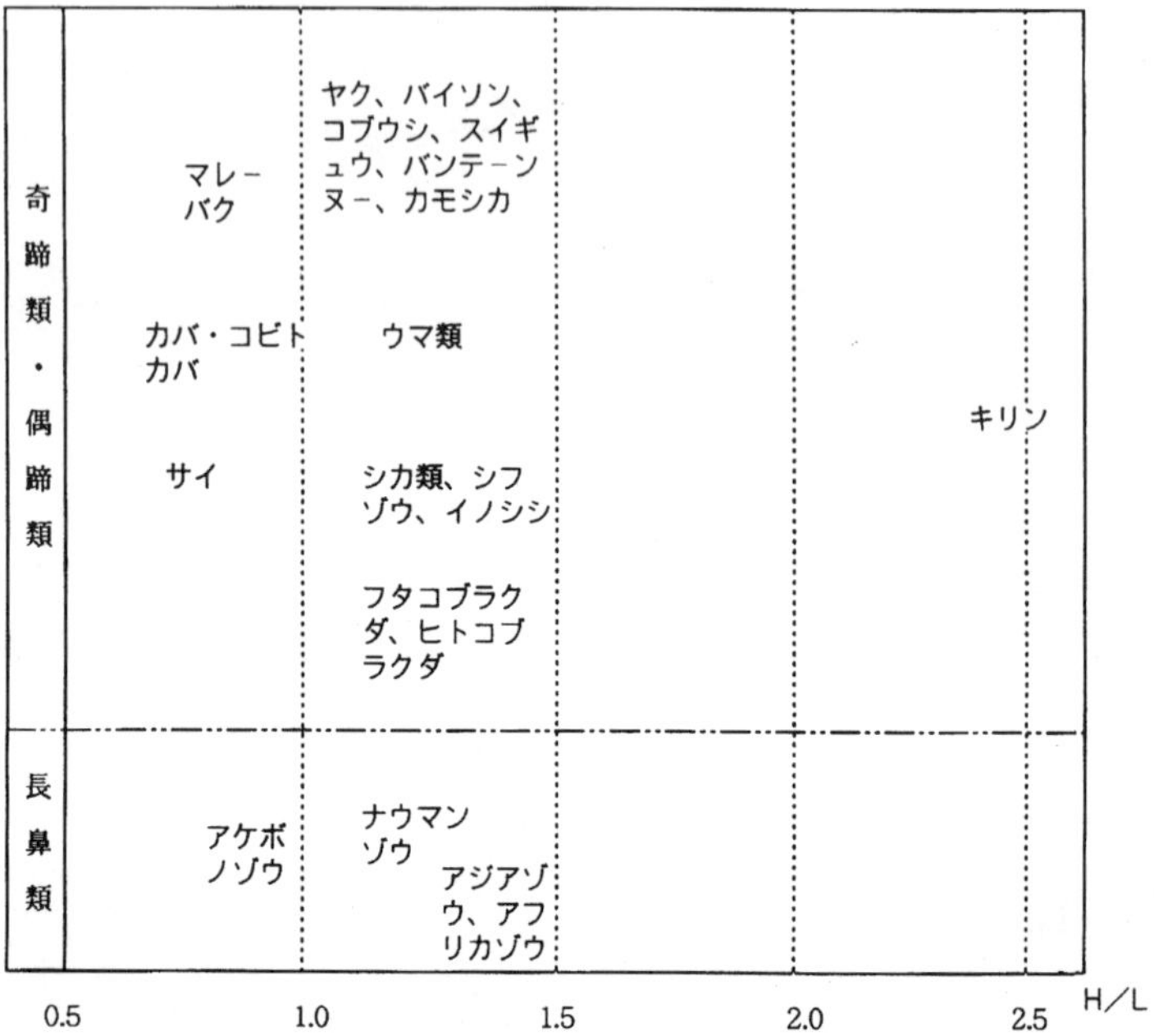

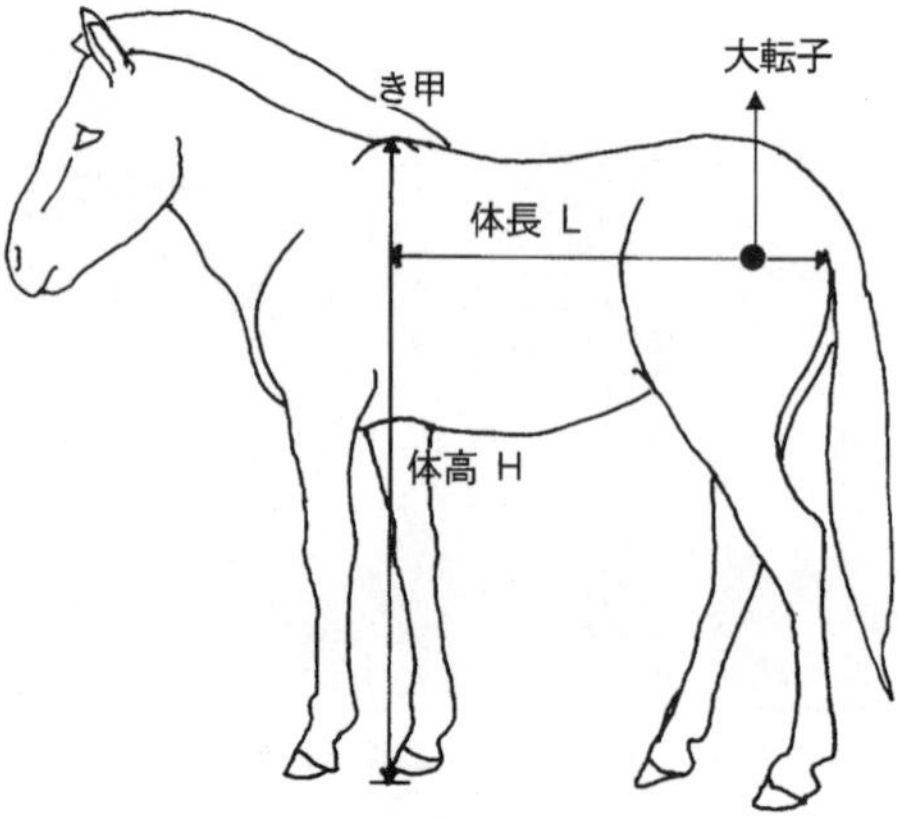

体高は、き甲という肩甲骨の最高位から地面までの長さで、体長は、き甲と地面までの垂線から仙骨と尾骨の境の関節までであるが、お尻は触ってもわかりにくい。実際は大腿骨の大転子の方が皮膚の上からは触れやすい。しかし、これは体長より若干短くなる

足型も重要な鑑識資料　―資料庫は宝の山―

神戸市立王子動物園内にある動物科学資料館館長の権藤眞禎さんや獣医の村田浩一さんらは、病気で治療が必要な動物を麻酔した時に、その足部の石膏型をとっている。病死した動物にも同じことを行っている。これは『動』の足跡でないが、形態がわかりたいへん興味深い資料である。これが保管されている資料庫に入っていると時のたつのも忘れるくらいだ。また、加藤由子、ヒサクニヒコさんらが書いた『どうぶつのあしがたずかん』(岩崎書店)は子ども向けとはいえ、われわれの足跡化石の研究にたいへん役立つものである。

まえおきはこのくらいにして、手持ちや借用の写真、標本から現生動物の足跡、足型を披露する。

霊長類

霊長類の解剖学的な特徴を足跡学の面からみると、次のようなことがあげられる。

(1) ふつう手足には指を五本もっている。例外としてクモザルの手は第一指(親指)を欠く。

(2) 蹠行性(足の裏をかかとまで地面に着けて歩く様式である。八九頁参照)で、樹上性のものが多いが、地上だけのものも両方のものもいる。

(3) 手足ともに第一指は、ほかの四指とは離れていて、向かい合い、ものをつかむことができる。

(4) 平爪(ひらづめ)をもっている。原始的な霊長類には鉤爪(かぎづめ)をもっているものが多い。ふつう足の第一指には平爪があるか、または爪をもたない。

これらの詳しいことは、いろいろな動物図鑑や『クイズどうぶつの手と足』河合雅雄、福音館書店、（一九八七）に載っているので参照してほしい。

原猿亜目、キツネザル科、ムアモンキー（ワオキツネザル）は、マダガスカル島に生息している。この石膏足型と墨標本が王子動物園に保管されているので示す。上右の図が右前足の墨標本で、左が後足の石膏型である。キツネザル類の爪は足の第二指のほかは平爪になっていて、ものを強くにぎることができる。足の第二指は鉤爪で、耳かきの役目をするらしい。下の写真は、チンパンジーの手掌と足底面観である。これはタイの動物園で人馴れしたチンパンジーの手足を撮影した。動物図鑑には、今日本にサルの仲間は二種いると書いてある。それはニホンザルとタイワンザル（主に台湾に生息）で、両種ともにオナガザル科に属す

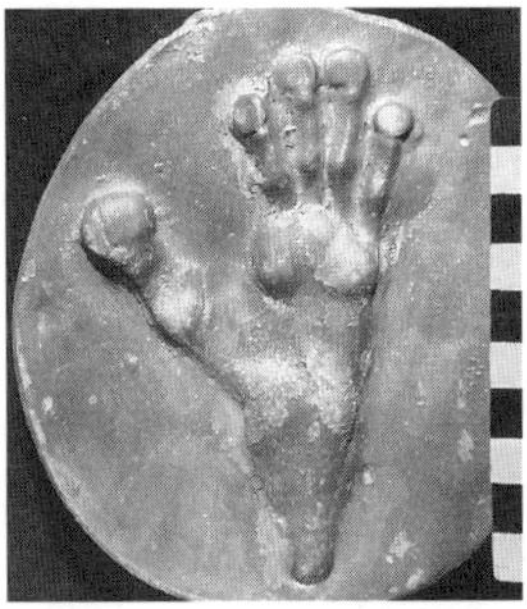

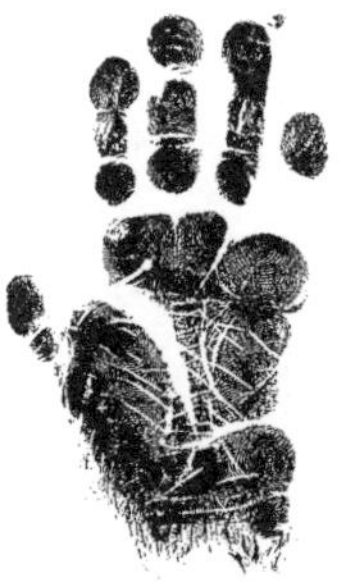

ムアモンキーの後足の石膏型（左）、同モンキーの右前足の墨標本　（王子動物園保管）

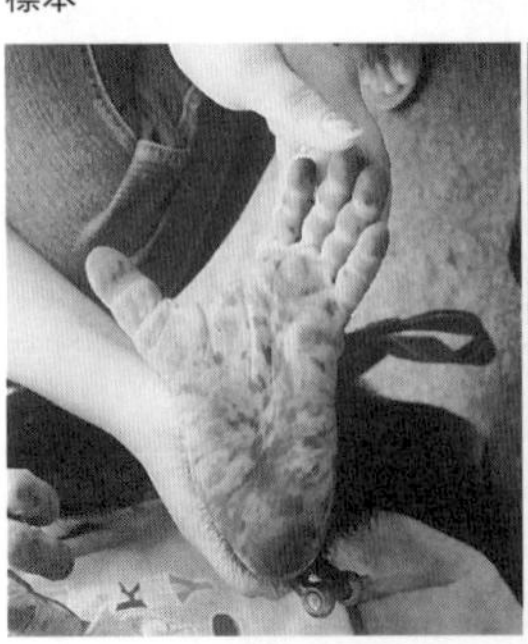

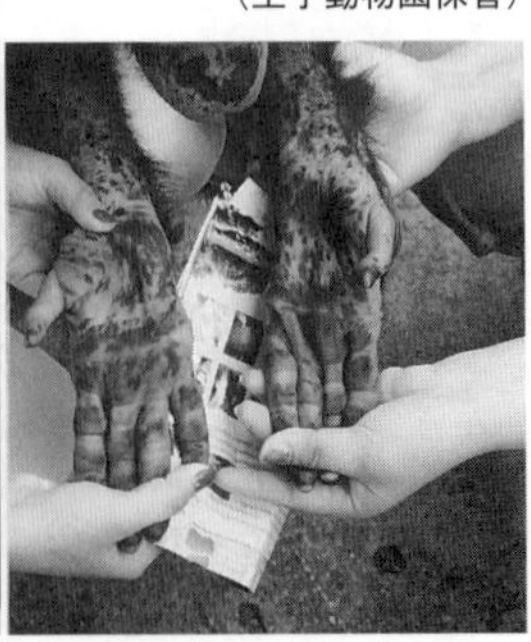

チンパンジーの両手掌（右）と左足底面観（タイ、サムットプラカーン）

る。前足と後足には五本の指をもつ。手はヒトの手部に似るが、足では第一指がほかの指と著しく離れている。動物の足型図鑑などをみるとそのことがよくわかる。ほかのサル類の形態もほぼ同様である。上左に王子動物園に保管されているチンパンジーと同じオランウータン科のオランウータンの前後足の石膏型を示す。王子動物園にはこのような型のほかに、ここで飼育されているチンパンジーのジョニーの右足の墨標本など数種類の霊長類の手足の墨標本も保管されている。中段の石膏型はオナガザル科で有名な中国に生息する金絲猴（ゴールデンモンキー）のものである。またオランウータン科でアフリカに生息する類人猿のローランドゴリラの手足の型はたいへん大型である。

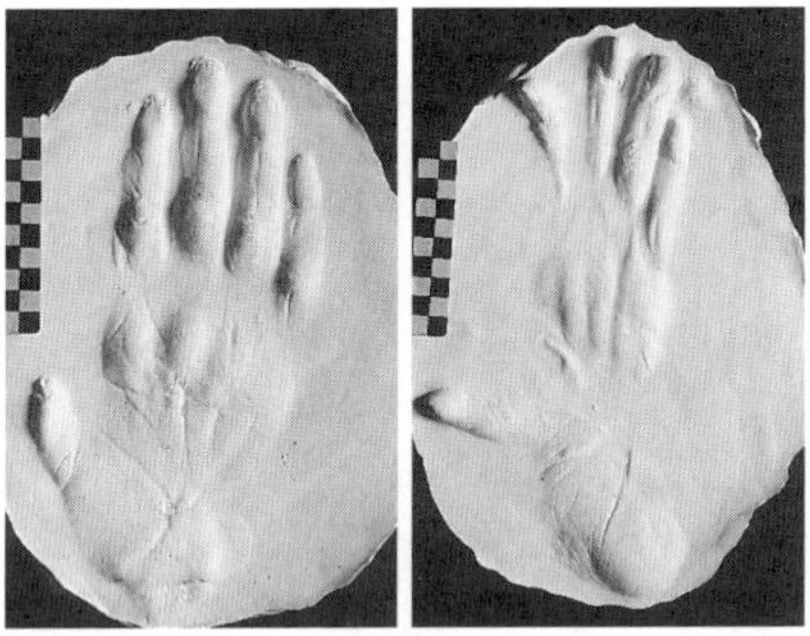
オランウータンの左前足（左）と左後足の石膏型

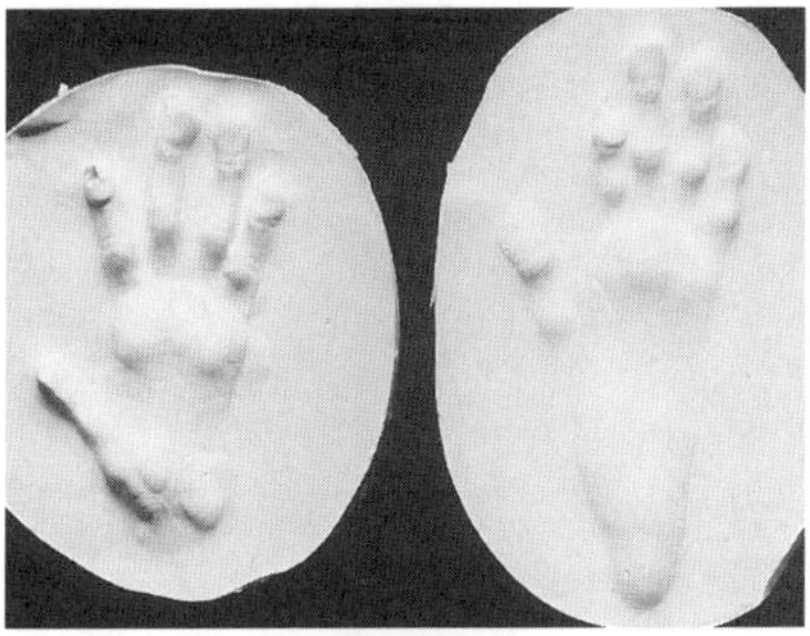
ゴールデンモンキーの前後足の石膏型

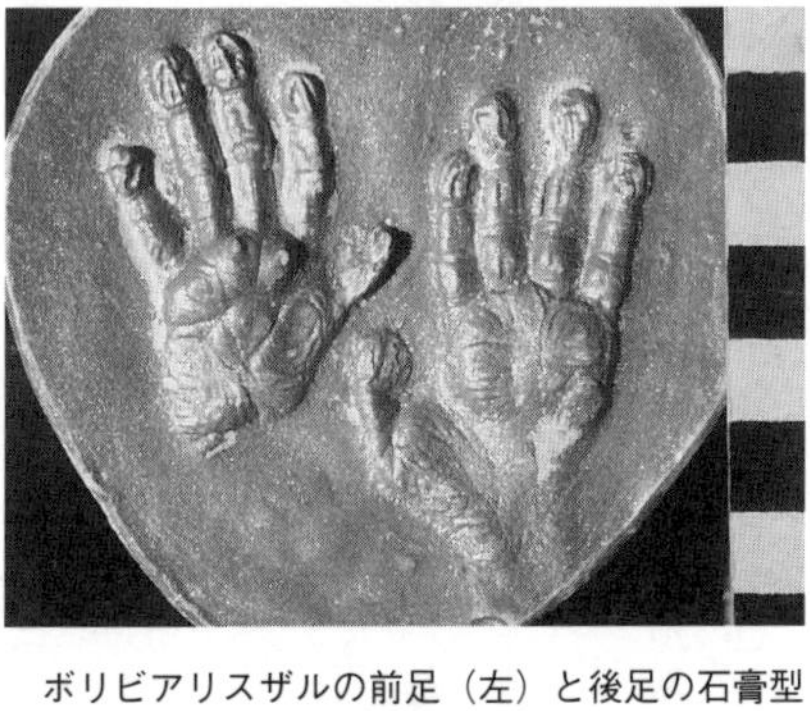
ボリビアリスザルの前足（左）と後足の石膏型
（上中下ともに王子動物園保管）

また、逆に前頁の下に示した中央アメリカ、南アメリカに生息するボリビアリスザルの手足部は小型でかわいいし、マレー半島、タイ、スマトラ島に生息する類人猿、シロテナガザル、メス、愛称〝ナナ〟の石膏型も保管されている。しかし、ここでは紙面の都合でこのくらいにしておこう。

食肉類

食肉類には多くの仲間がいる。いわゆる猛獣といわれるネコ科のライオン、ヒョウ、トラもイエネコ、ヤマネコと同じ科に分類される。イエネコの足跡は日常よくみられるし、ペットとして飼っている人は足の裏やからだの動きをゆっくりと観察できる。そして、猛獣でもネコでも大きさは異なるが基本的には同じ形態をした足跡であることに気づくであろう。

まずはじめにクマ類の足部と足跡を示す。北海道の山中ではよくヒグマに出くわしたり、足跡がみられる。北海道のあちらこちらにはヒグマ牧場もある。本州でもよくツキノワグマが里へ出てくることがある。クマ類の足跡化石が発見されるか否かは別として、滋賀県甲賀郡信楽町の滋賀サファリ博物館の剥製でみたヒグマの右手掌面観を左上に、王子動物園に保管されているツキノワグマの左前足の墨標本

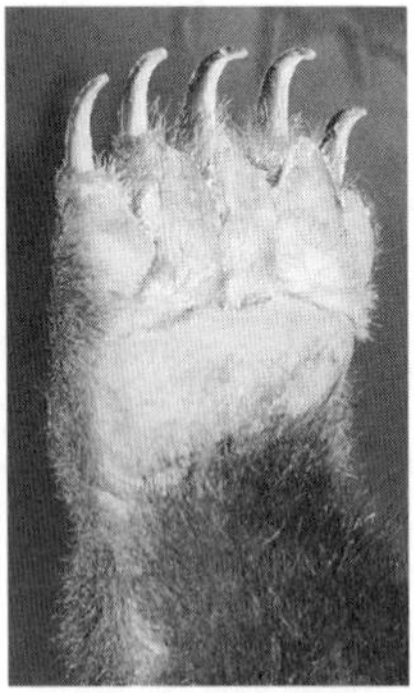

ヒグマの右手掌面観

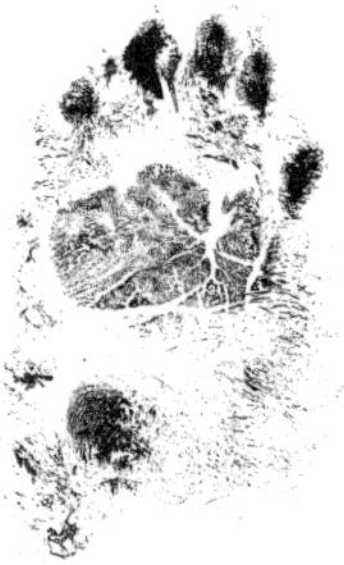

ツキノワグマの左前足の墨標本

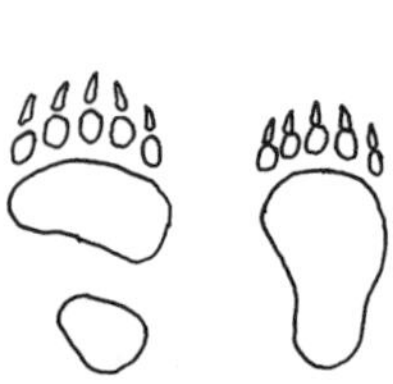

ツキノワグマの前後足跡のスケッチ

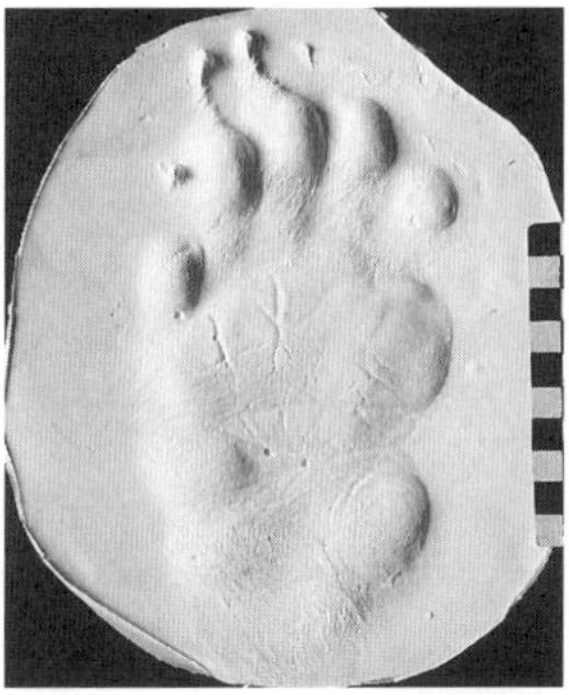

ツキノワグマの左前足の石膏型

ツキノワグマの親子の足跡
（冨田靖男さん撮影）

を中段に、ツキノワグマの前後足跡のスケッチを一番下に示す。また右上には王子動物園の保管されているツキノワグマの左前足の石膏型をあげた。そして、その下の写真は三重県立博物館館長の冨田靖男さんが奈良県室生村の水田で撮影されたツキノワグマの親子の足跡である。クマ類の手掌と足底には肉球、指球が発達している。動物園では昼寝しているクマ類で足底面をみることもできるし、立ち上がった時に手掌面もみえる。足跡を研究するには、生きている動物の前後の足部やその動きを観察することが望ましいが、そうはいかない場合は、手形でも剥製でも何でもみておくにこしたことはない。なお手足部の背面観は日常よくみることができるので省略した。

タイのバンコク市内にあるデュシット動物園をはじめ、タイ各地にはさすが本場だけあってマレーグマが飼育されている。マレーグマの体格は小型で、体長は一一〇〜一四〇センチ、体高は七〇センチ、体重は六五キロくらいである。全身真っ黒で、胸には白い月の輪をみる。顔はかわいらしく耳は小さい。

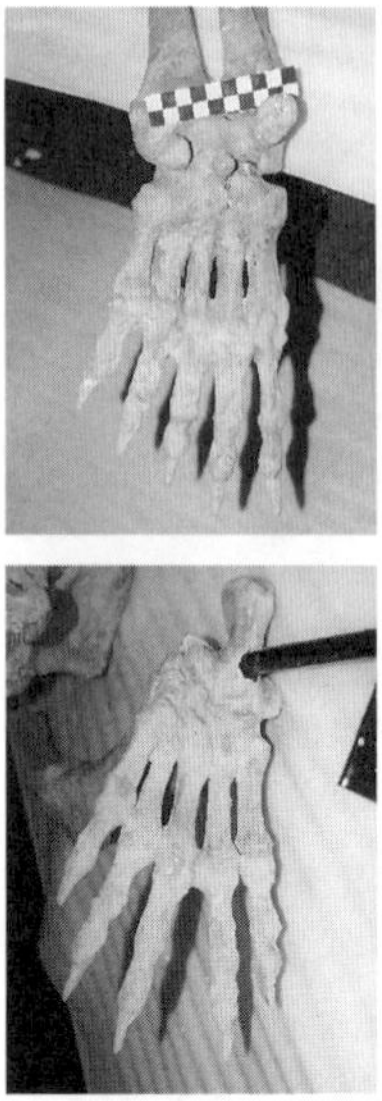

ホラアナグマの前足骨格（上）と後足骨格（下）（北京自然博物館保管）

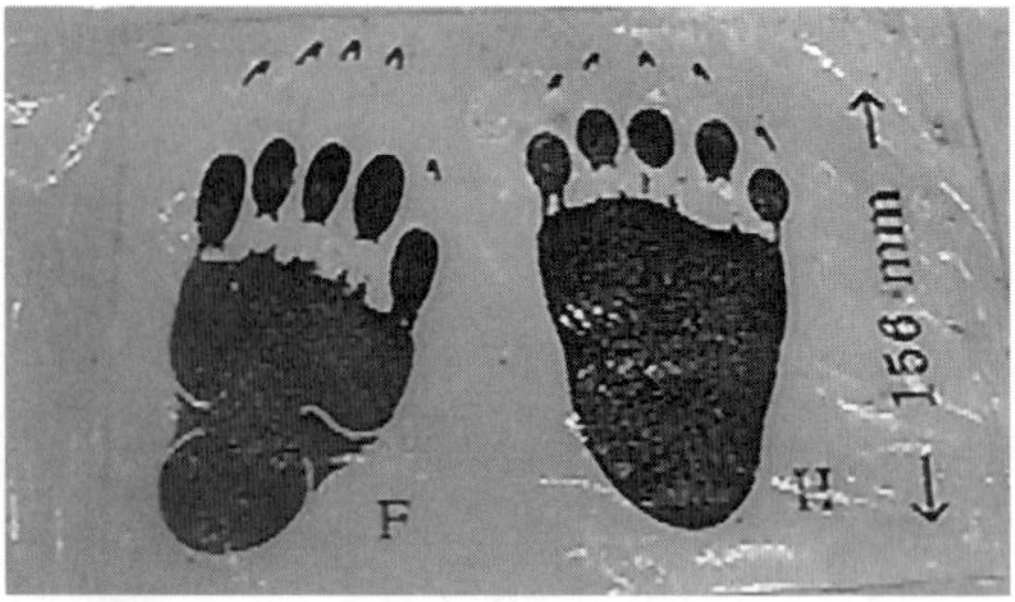

マレーグマの前後足跡の図（デュシット動物園）

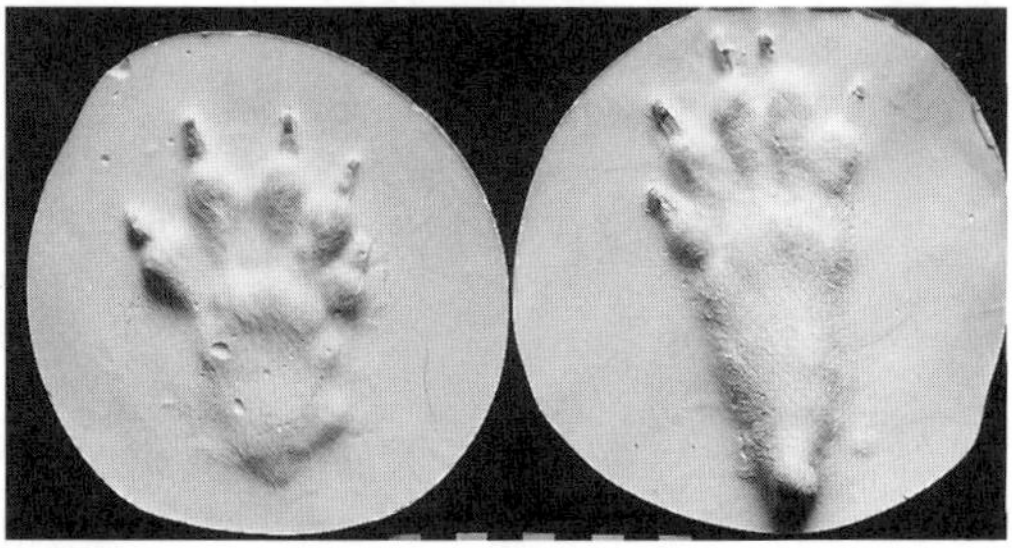

レッサーパンダの前足（左）と後足の石膏型（王子動物園保管）

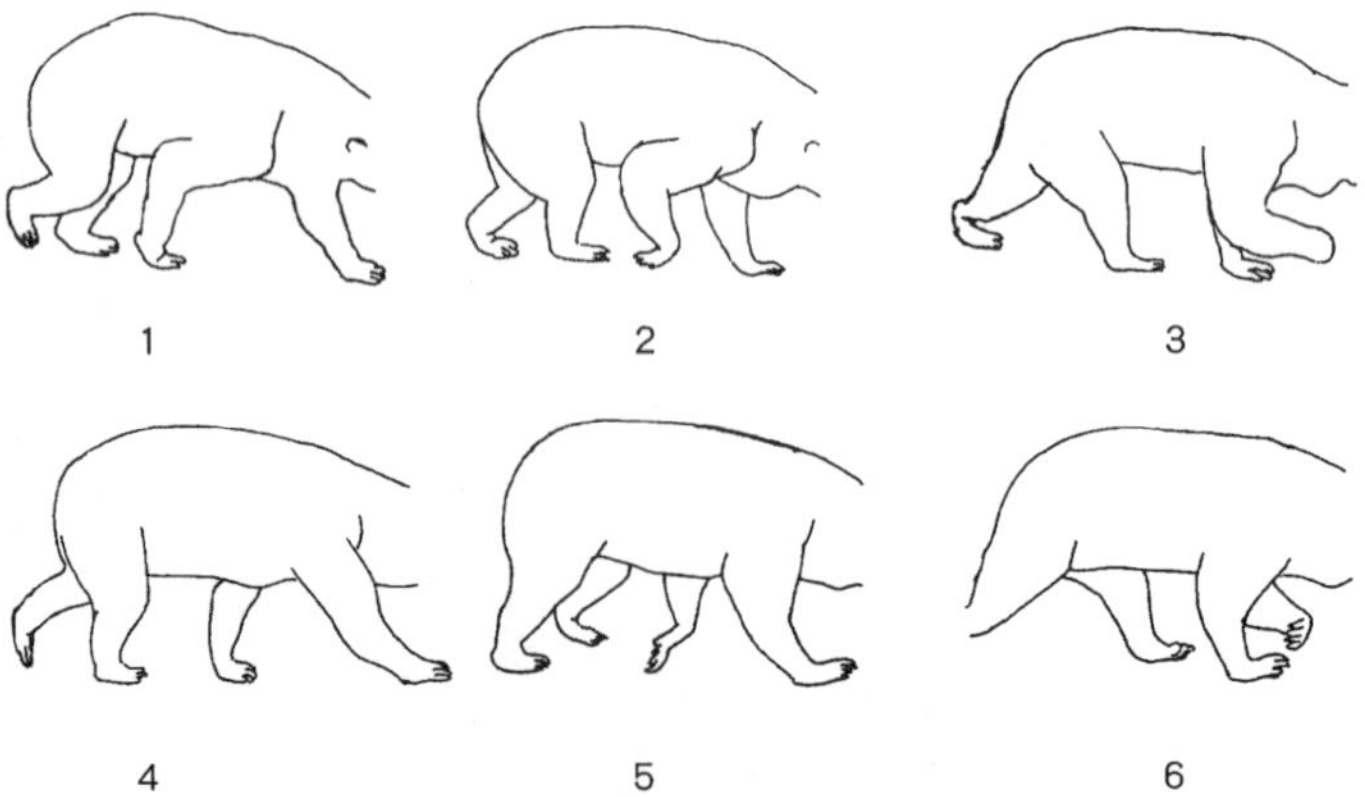

マレーグマが右往左往しているときのロコモーション（デュシット動物園）

その檻の前には前頁の上の写真のような足跡の図が貼ってあり、後足長は一五・六センチと書いてある。その下の石膏の型はレッサーパンダの足跡で王子動物園に保管されているものである。また一番下のロコモーションはマレーグマが檻の中を行ったり来たりしている時のものである。クマ類の話のおわりに中国、北京周口店山頂洞人の時代（更新世後期）に生息していたホラアナグマの全身の骨格標本が、一九九九年一月に琵琶湖博物館へやって来た。その時撮影したホラアナグマの前後足部の骨格を示す。これは北京自然博物館に保管されているものである。

次に王子動物園に保管されているヒョウとシベリアトラの石膏型を左に示す。上の写真のヒョウは二〇歳、オスで体重は二七・三キロ、腎不全で死亡したものである。中段（前足の型）、下段（後足の型）はシベリアトラで一二歳、オス、体重は一五八キロである。ネコ科の足跡の詳細については、子安和弘

ヒョウの前後足の石膏型

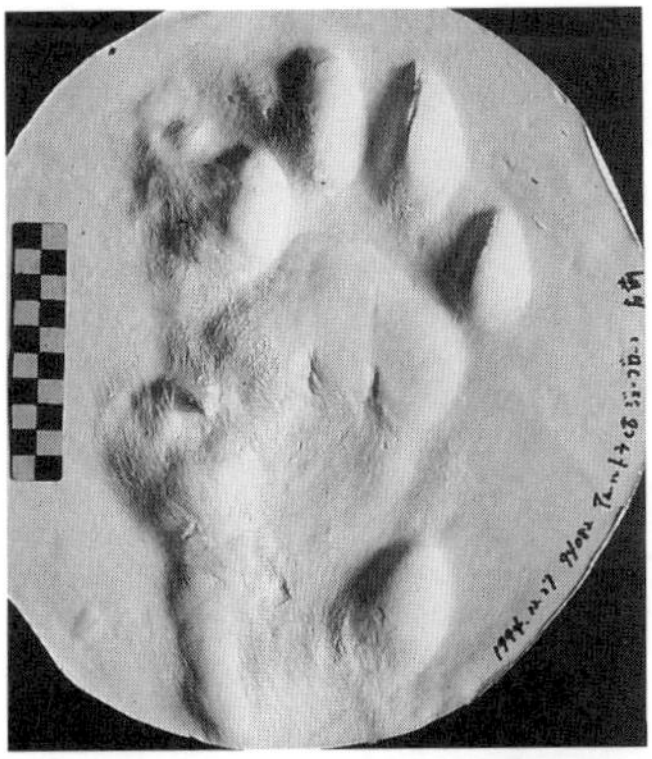

シベリアトラの右前足の石膏型

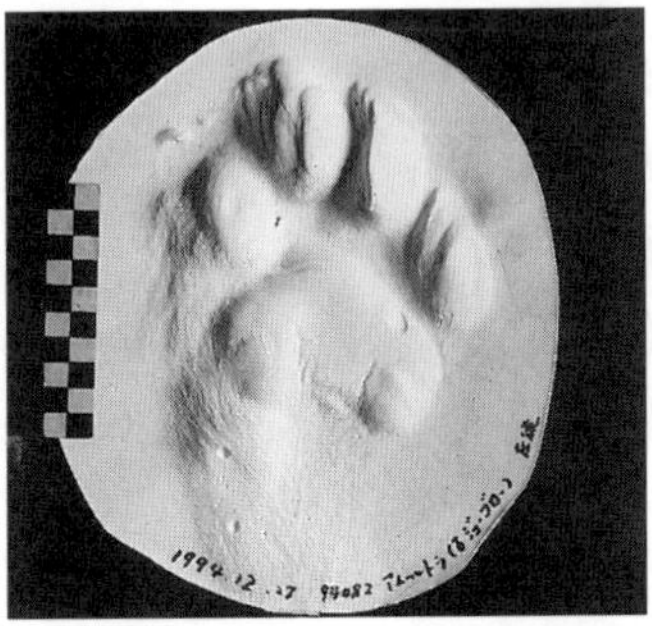

シベリアトラの左後足の石膏型（上中下ともに王子動物園保管）

さん、今泉忠明さんらが書いた足跡図鑑をはじめ多くの図鑑が出版されているので、それらを参照してもらえばよいが、タイのサンプラーン　エレファント　グラウンドにいるベンガルトラの後足底面観と砂の上に着いた足跡を上に示す。

砂上のベンガルトラの足跡

ベンガルトラの両後足底面観（タイ）

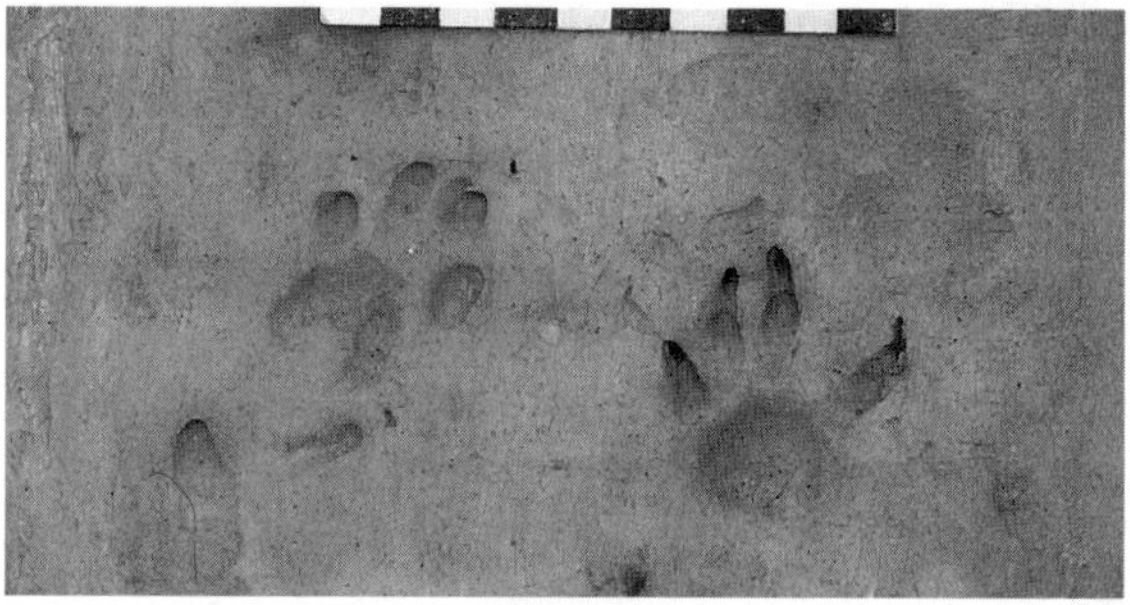

粘土面に着けたイエネコの前足跡（左）と後足跡（右）

コンクリート上に着いたイヌの足跡

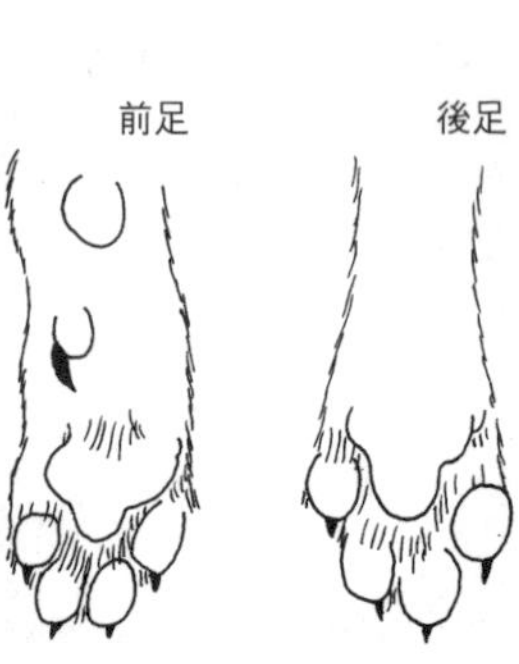

イヌの前後足底面観

ネコ類は指（趾）行性で、前足には五本、後足には四本の指があるが、前足の第一指はイヌ類などと同じように高い位置にあり指印は着かない。また爪印も着かないことがある。国内にはペットのネコ類のほかに、ツシマヤマネコ（ベンガルヤマネコの亜種）、イリオモテヤマネコなどがいる。ふつうのネコは生後一年で体重が約三～四キロ、前足長は三・五センチ、後足長は三・二センチ位で、歩行の時の歩幅は約三〇センチである。前頁の中段にイエネコの粘土面に着けた前後の足跡を示す。

イヌ科でまず思い浮かべるのは当然イヌである。そこでイヌ類の足底部とコンクリートの上に着いた足跡を前頁の下段に示す。またキツネ、タヌキ、シンリンオオカミなどの足跡や足型もあげるが、その前にちょっと横道にそれる。

最近、イヌを飼う人が増えてきて朝夕運動のためにイヌと散歩する人をよくみかける。河原には彼らの足跡がたくさん着いていて、その足跡と印跡した地面の性質や印跡後の経時的な変化を観察すると意外におもしろい。その一端を写真で示し説明する。

①は、やや硬い泥の上に着いた直後の足跡である。

②は、ややシルト質で下位層から水分がしみ出て足跡内に水が溜ったところである。

①

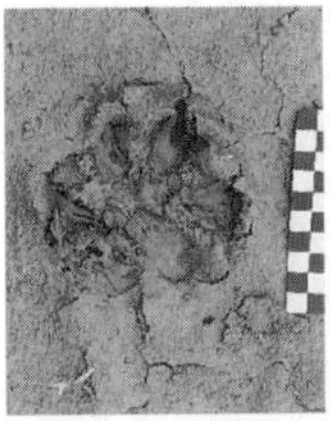
②

③

イヌの足跡のいろいろ(1)

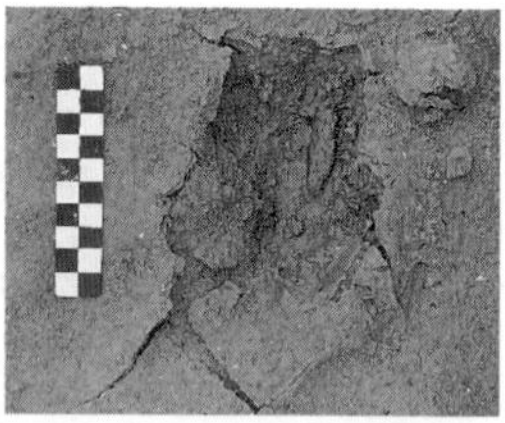

④

⑥

⑤

キツネの行跡

イヌの足跡のいろいろ（2）

③は、着いてから数日後の水分が少なくなった泥の上の足跡で指印などは崩れていない。
④は、水分の多い泥の上の足跡で崩れている。
⑤は、雨天が続いたあとに水没した足跡で、指印などは崩れ、不明瞭でスリバチ状のへこみとなっている。

⑥は、印跡層表面の泥が流されてしまい、下位のシルト層が露出してきた。深い爪印だけがかすかにみえる程度になっている。

このように足跡は地面（支持基体）の性質やそのあとの天候などで、同じイヌ類の足跡でもいろいろな形態に変化していくことがわかる。最近は、人里近くでもキツネやタヌキの姿や足跡をよくみかける。キツネが歩いた行跡を前頁の下左に示したが、キツネが歩行する時は前足跡の上に後足跡が着き、前後足の重複足印となる。また、行跡はタヌキと異なり一直線に近くなる。タヌキやオオカミもキツネによく似た形態の足部をしている。王子動物園にはタヌキの足部の石膏の型が保管されているが、ここでは前後の足部を粘土面に着けたものを上に、シンリンオオカミの前後足の石膏型を次頁の上にお目にかける。食肉類のイタチ科にはニホンイタチ、オコジョ、テン、ニホンアナグマ、スカンク、ニホンカワウソ、ラッコなどが属する。テンやニホンイタチの足跡は比較的目にしやいが、姿は夜行性のためになかなかみられない。

粘土面に着けたタヌキの足跡。右が前足、左が後足

次頁の下に河原の水ぎわでみたテンの足跡と行跡をあげる。テンは半趾行性で、写真に示したように前足印長は三～四センチ、幅は三～三・五センチ、後足印長は四～五センチ、幅は三～三・五センチくらいである。ゆっくり移動する時の前後の足跡は重複せずに離れているが、やや速い？と前足跡の上に同じ側の後足跡

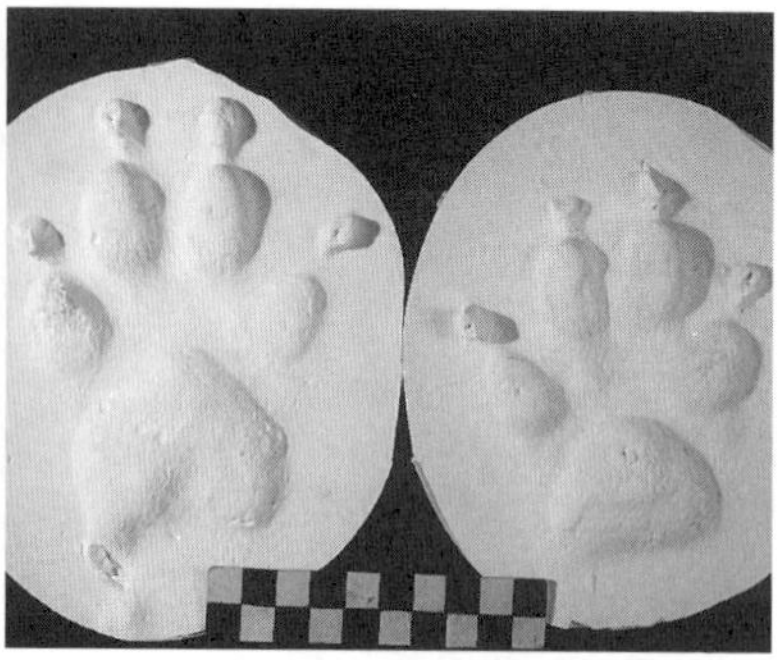

シンリンオオカミの前後足の石膏型

砂質の泥上に着いたイノシシの足跡と水田でのイノシシの足跡の石膏型

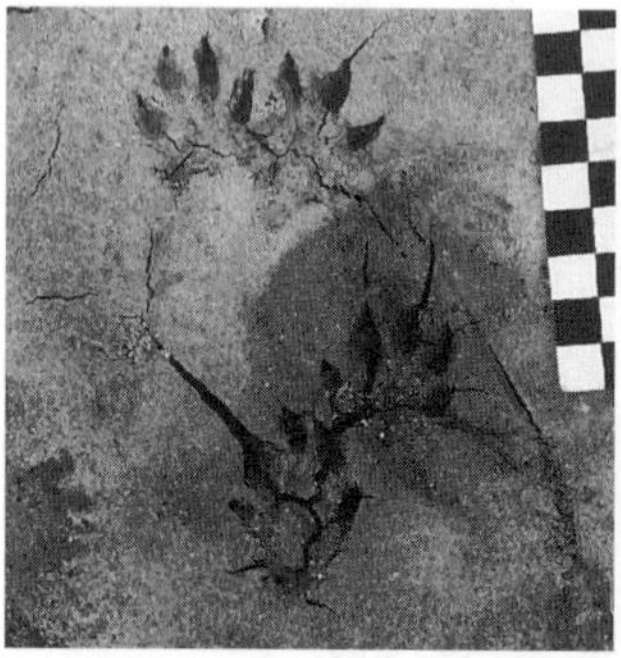

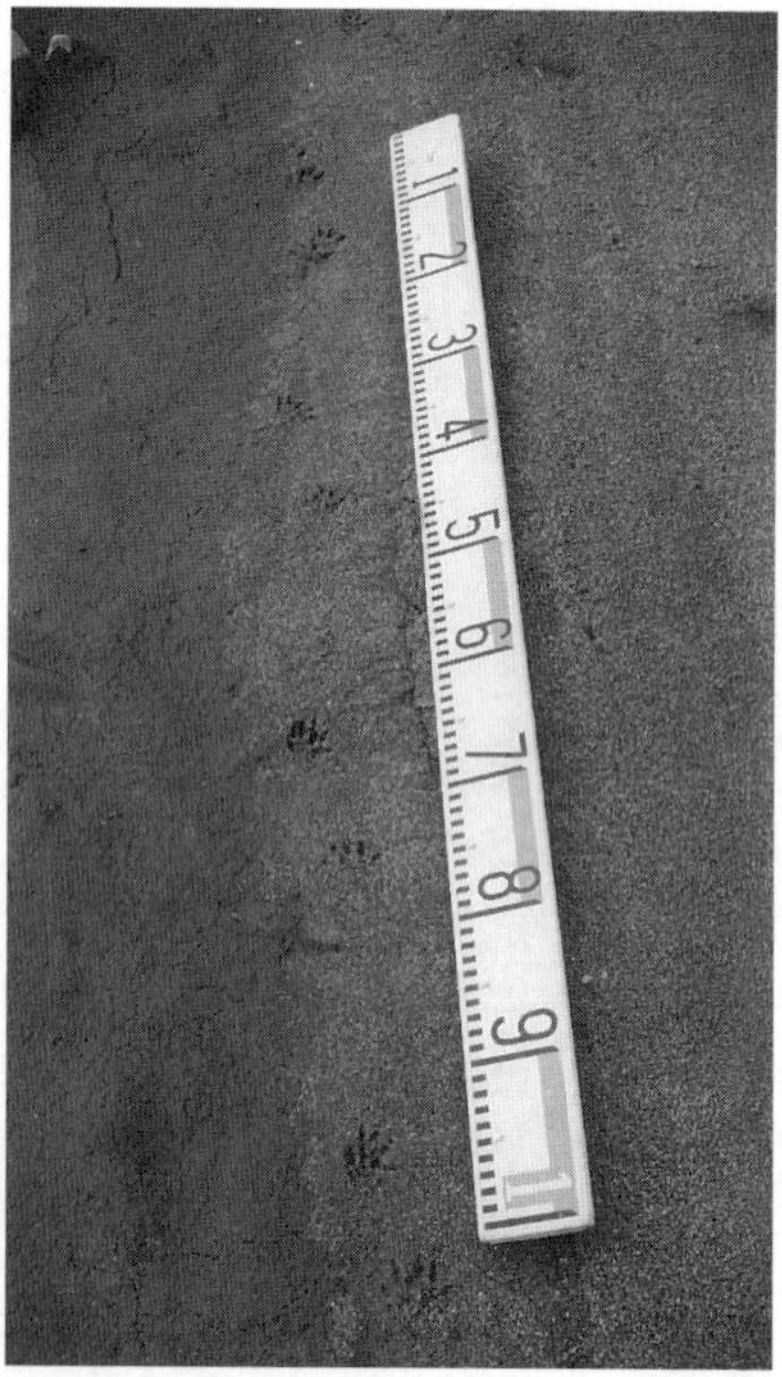

河原の泥上に着いたテンの足跡と行跡

がほぼ重複するらしい。

偶蹄類

現生で偶蹄類に属する動物は多い。国内から発見されている偶蹄類の化石種はシフゾウをはじめカズサジカ、ニホンムカシジカ、オオツノジカやイノシシ類、ウシ類などである。これらの体の化石と同じ時代の地層から産出する足跡化石の形態を観察し、同定（種を決めること）し、古生態を把握するのは今の著者にとってはまだまだ資料不足で、もっと偶蹄類の足跡化石の謎を解き明かさねばならないと考えている。ここでは現生種の偶蹄類の足部と足跡、行跡などを紹介する。

イノシシ科にはイノシシ類、ブタ類が属する。イノシシは本州では一般的な野生動物で、彼らの足跡は少し山中へ入ればすぐにみつかる。特に山間部の林道、水田やその周辺では前頁の上左の写真のような足跡が着いている。ぜひその下のように石膏で型をとってニホンジカの足跡と比較してみよう。

シカ科のシフゾウの足部と足跡については第三章にも書いたが、次頁に示したように主蹄はニホンジカがササノハ形に近いのに比べてやや腎臓形で蹄尖は鈍である。これは骨格（末節骨）でも同じである。神戸市立王子動物園で飼育されているシフゾウの足部（蹄部）を観察すると、前足の指軸と地面のなす角度はニホンジカより小さく、後足部では前足よりなお小さいようにみえ、後部から出る両副蹄がやや低く地面に着きそうである。実際、足跡をみると歩くたびに年老いた個体なのかもしれないが体重がかかり、前後の足跡ともに副蹄印が着いている。そして離脱時には蹄尖を地面に擦っている（九四頁参照）。両主蹄の広がり（開蹄）についてはニホンジカより大きく広げることができるようだが、平坦地の足跡ではあまり広がらない。次頁の下に滋賀県今津町在住の友田淑郎さんが中国で撮影された足跡の写真を二枚のせる。

第三章で水田などの泥の上に着いたイノシシ科のイノシシとシカ科のニホンジカの足跡を比較してみるのも興味深いと書いたので、参考までにイノシシとニホンジカとウシ科のニホンカモシカの三者の足部の写真を次頁に紹介する。左からニホンカモシカ、ニホンジカ、イノシシの順である。比べてみてほしい。この三者の足部の標本は印跡実験のために著者の研究室の冷凍庫にいつも保管しているものである。この二枚の写真からわかるように、ニホンジカとニホンカモシカの足蹄部はよく似ているが、イノシシの足蹄部は太くがっちりしていて一見短くみえる。副蹄もやや太く長い。ブタ類の足部もイノシシ類によく似ている。

シカ科にはニホンジカをはじめ、エゾシカ、シフゾウ、ヘラジカ、トナカイ、ノロ、キョンなど多く

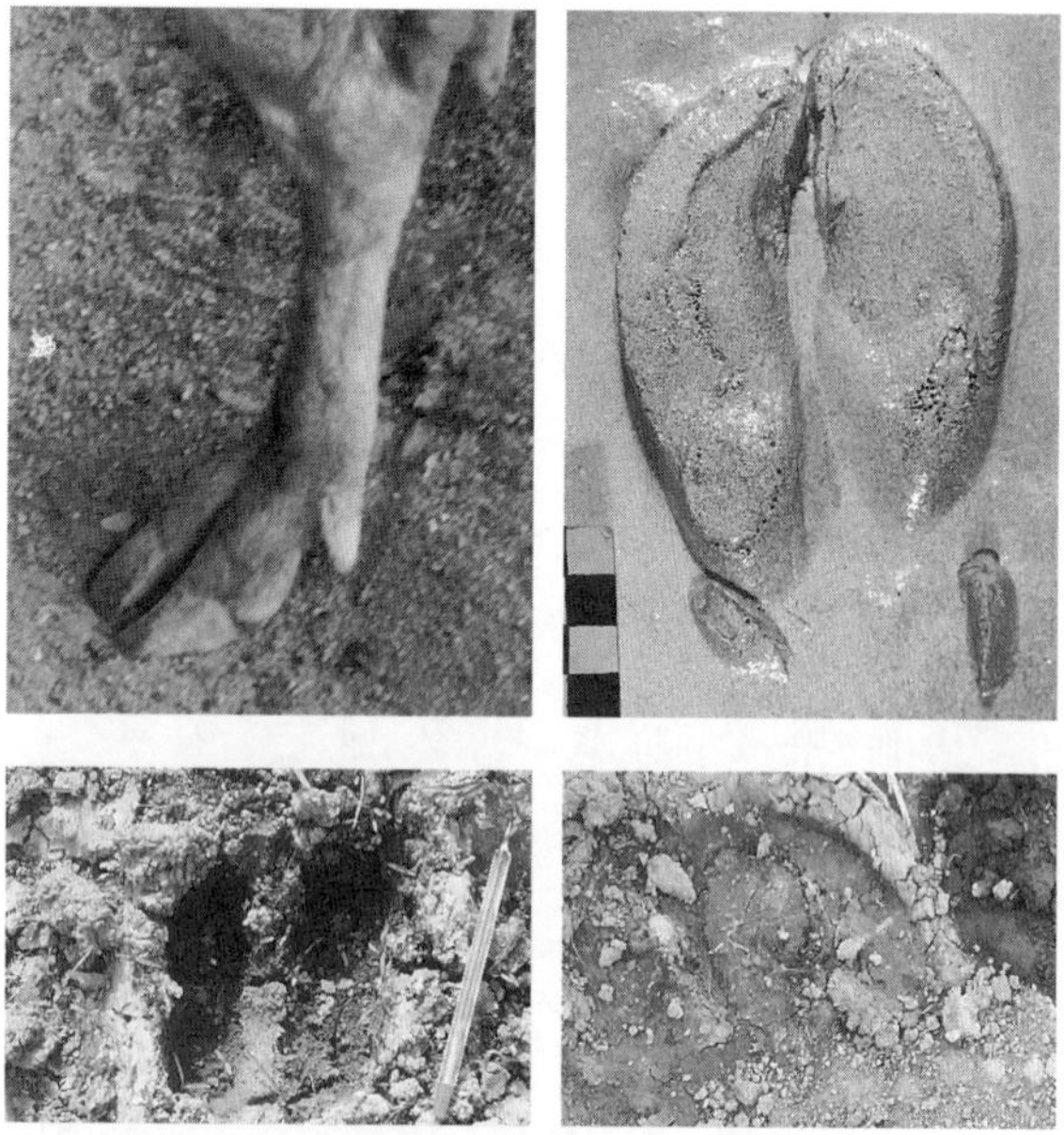

上右の写真は、王子動物園に保管されているシフゾウのもので、上左は飼育されているフシゾウの左後足の背面観

下の2枚は、中国で飼育されているシフゾウの泥上の足跡
（友田淑郎さん撮影）

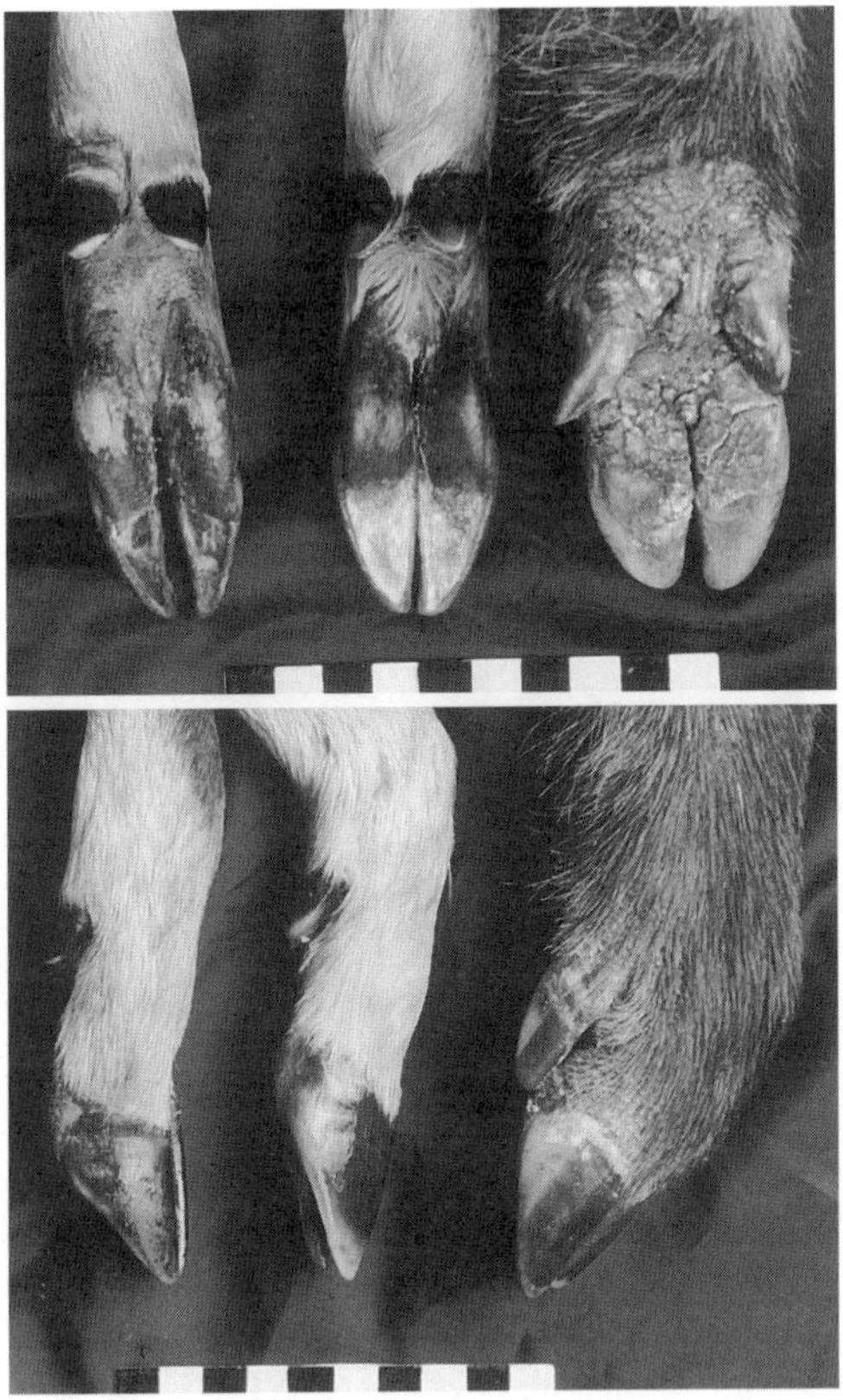

上下とも左からニホンカモシカ、ニホンジカ、イノシシの足蹄部の２面観（岡村保管）

の種類が属する。このうちニホンジカやシフゾウの足蹄部と足跡、運動（ロコモーション）についてはすでに書いた。ではそのほかの偶蹄類の場合はどうであろうか。今ここで、それ以外の偶蹄類の足蹄部の形態や足跡、ロコモーションを紹介するにはまだ資料が足りない。今後多くの観察と資料の収集を重ねなければならないので、取りあえず剥製標本などから得たもので紙面を埋めることとする。

滋賀県甲賀郡信楽町にある滋賀サファリ博物館には、世界中から集められた多くの剥製が展示してある。そこで観察できた偶蹄類シカ科のアカシカ、ヘラジカ、トナカイの足蹄部を写真であげる。次頁の上の三枚の写真はアカシカの足蹄部である。動物図鑑などによるとアカシカはニホンジカよりはるかに大

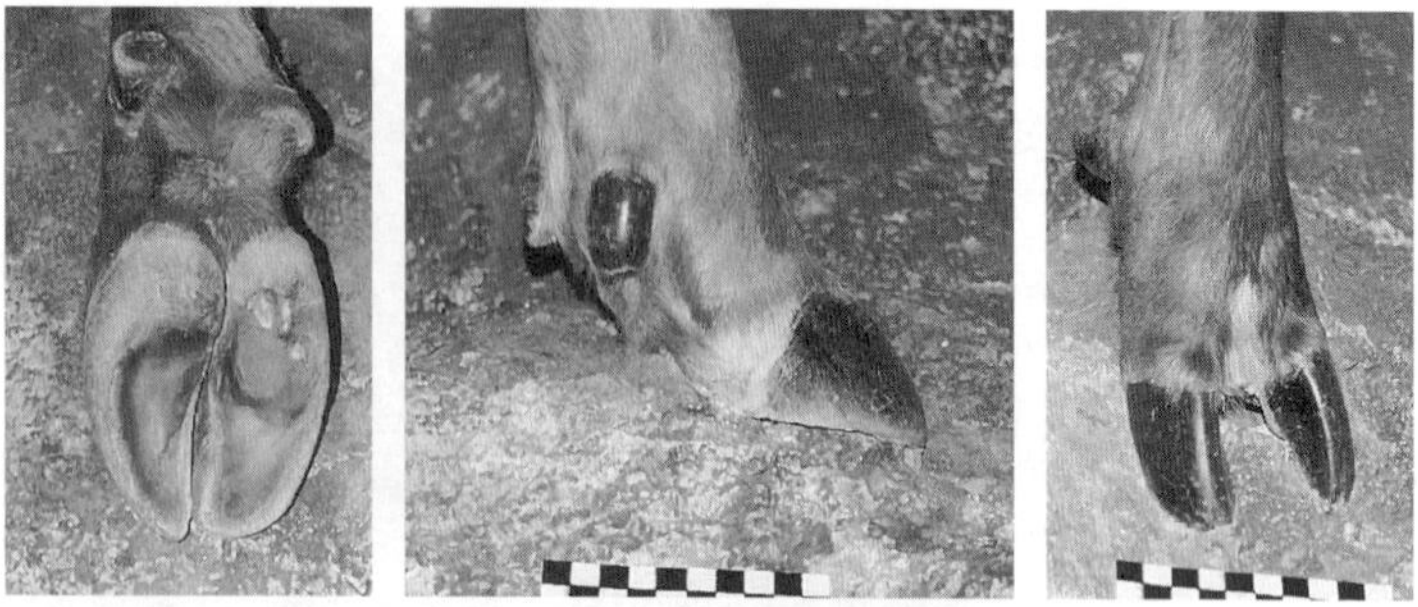

アカシカの蹄底面観（左）側面観（中）と背面観（右）

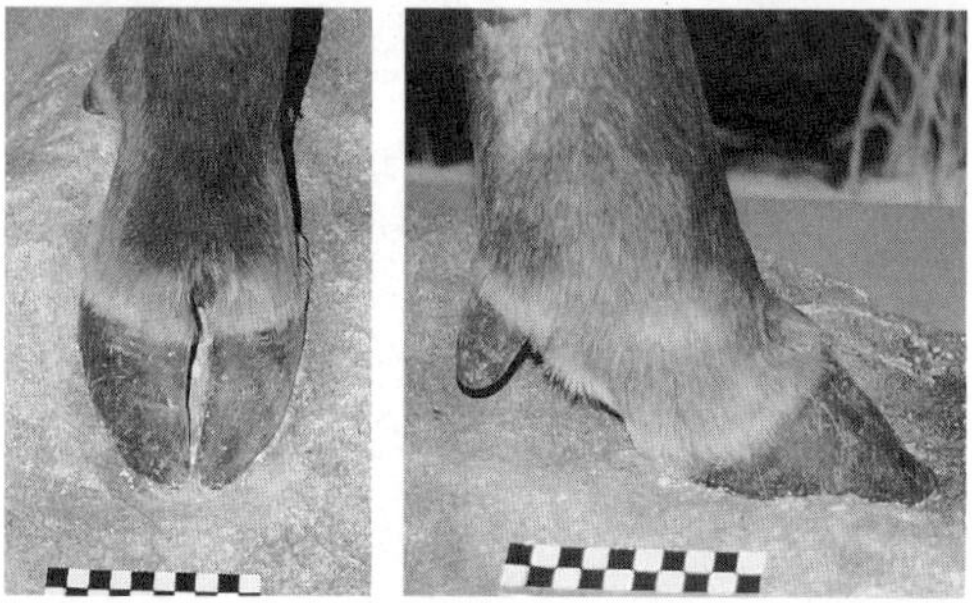

ヘラジカの右前足の背面観(左)と左前足の側面観

（上下５枚の写真は、滋賀県信楽町の滋賀サファリ博物館保管）

きく九〇～三五〇キロ、体高は一二〇～一五〇センチ、体長は一六五～二五〇センチもある。ヨーロッパとアジアの森林地帯に生息する。角はオスにのみみられる。ヘラジカは手掌状の角がオスにのみみられ、大きなものでは左右の角の開きが二メートルを越えるものもある。このヘラジカの右前足部の背面観と左前足部の側面観を一番下に示す。カバノキやヤナギなどの枝や葉、あるいは水草を食べる。夏季、ヘラジカバエなどの外部寄生虫をさけるためによく水浴、あるいは泥浴びをする。シカ類のなかで最も大きなものである。体高一四〇～一九〇センチ、体重八〇〇余キロで、北ヨーロッパ、北アジア、北アメリカ北部に分布しムースとも呼ぶ。

　またトナカイは、ツンドラ地帯に群れをなして生活し季節的な移動をする。草やヤナギなどのほかトナカイゴケを食べる。雌雄いずれにも角があることはシカ科の動物のうち唯一のもので、メスの角はオスにくらべてはるかに小さい。古くから家畜化されており、極地の人々にとって重要な動物である。北アメリカに分布するトナカイをカリブーという別種と考える場合もあるが、トナカイとの間に雑種もできる。左の写真のように蹄部は大きくて雪の上を歩くのに適しており、歩く時に後肢がカチ、カチと音をたてる。体高一一〇〜一四〇センチ、体重一一〇キロである。

ウシ科に属する動物は多い。よく知られているウシ、バイソン、スイギュウをはじめ、カモシカ、ヤギ、ヒツジ、レイヨウ、インパラ、ガセル、ヤク、アンテロープ、オリックス、オリビ、タールとにぎやかである。国内の動物園などには飼われていないウシ科の足跡は、その生息地へ行くかアフリカなど、その地のフィールド　ガイドブックをみるしかない。でも全くではなくいくつかのウシ科の足跡が国内外の動物園やサファリ　パークの泥の上にみることができる。大半の形態はどれも大きな差はないことがわかるであろう。まずはじめに沖縄でみたスイギュウの全身を次頁上に、前足部の背面観を中段に、

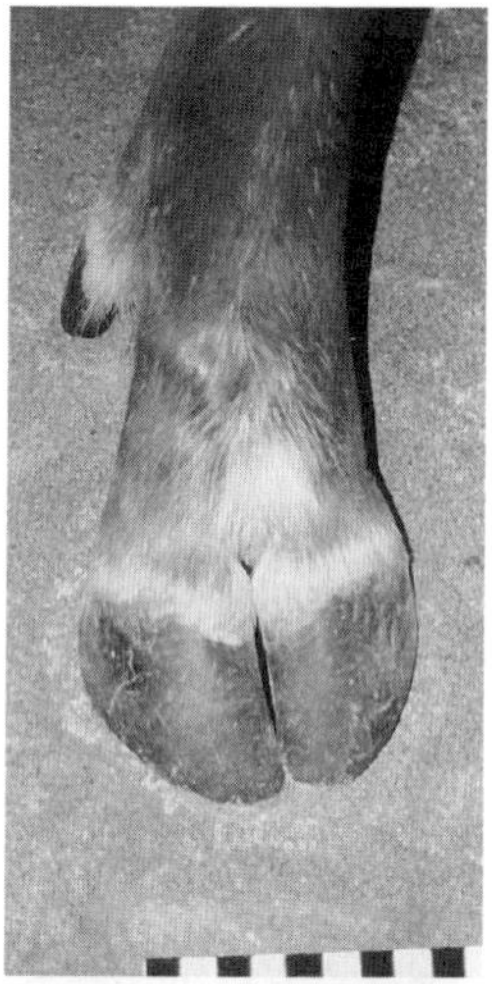

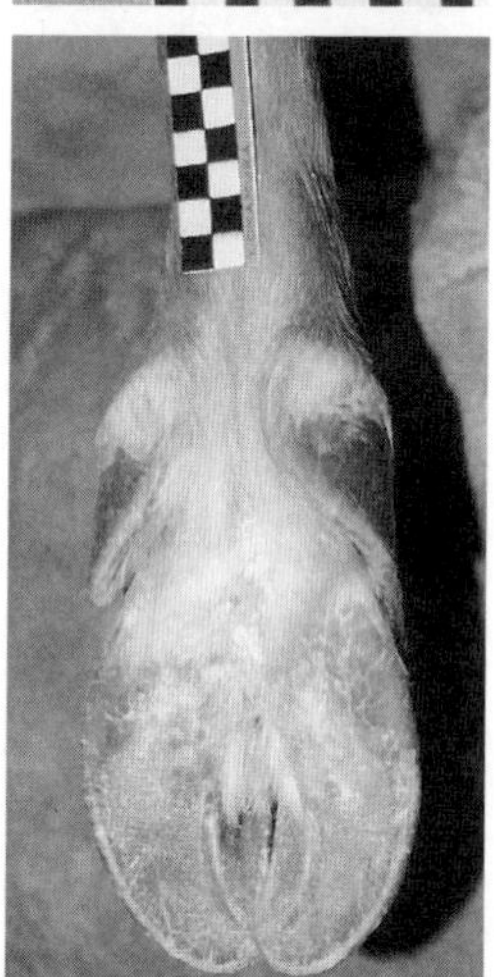

上はトナカイの足蹄部の背面観。下は蹄底面観

（2枚の写真はともに滋賀サファリ博物館保管）

韓国のソールグランドパーク動物園に飼育されているスイギュウの足跡を一番下に写真で示す。そして次頁にはタイ、バンコク市内にあるデュシット動物園で飼育されているバンテーンの足跡を右上に、タイ北部にたくさんいるコブウシの足跡を右中段に、京都市動物園で飼育されているヨーロッパバイソンの足跡を右下段にあげる。また、滋賀県の大津市営牧場でみた花崗岩の砂の上に着いた乳牛の足跡は砂の粒子が荒いほど不明瞭である。やや細粒の砂の上の足跡とを左上、中段に示した。左下の図は和牛の足跡のスケッチである。広い動物園や牧場などではこのような足跡だけでなく、ロコモーションも観察してみるとよい。

スイギュウの全身（沖縄）

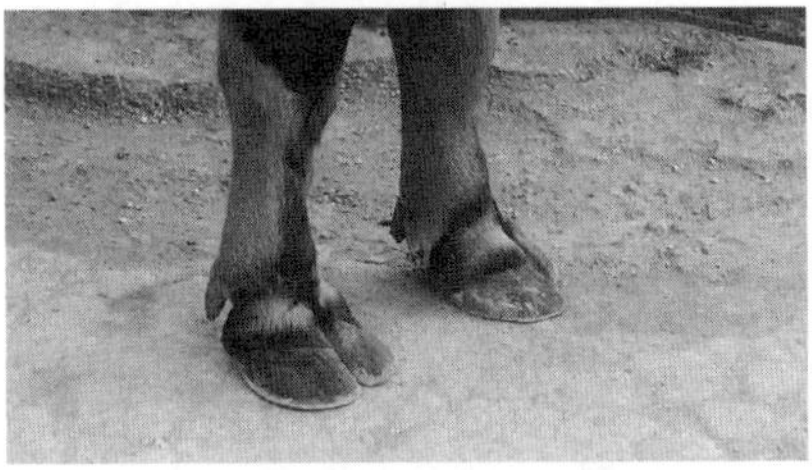

スイギュウの両前肢（同上）

泥上に着いたスイギュウの足跡
（韓国、ソウル大公園動物園）

粗粒砂上に着いた乳牛の足跡（大津市営牧場）

泥上に着いたバンテーンの足跡（デュシット動物園）

やや粗粒の砂上に着いた乳牛の足跡（大津市営牧場）

細粒砂上に着いたコブウシの足跡（タイ、メーテン）

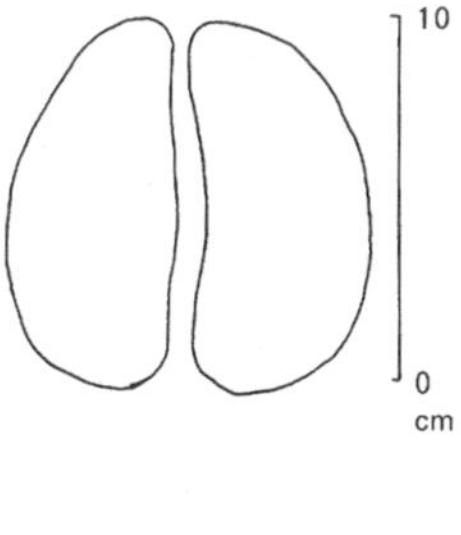

和牛の足跡のスケッチ（滋賀県竜王町）

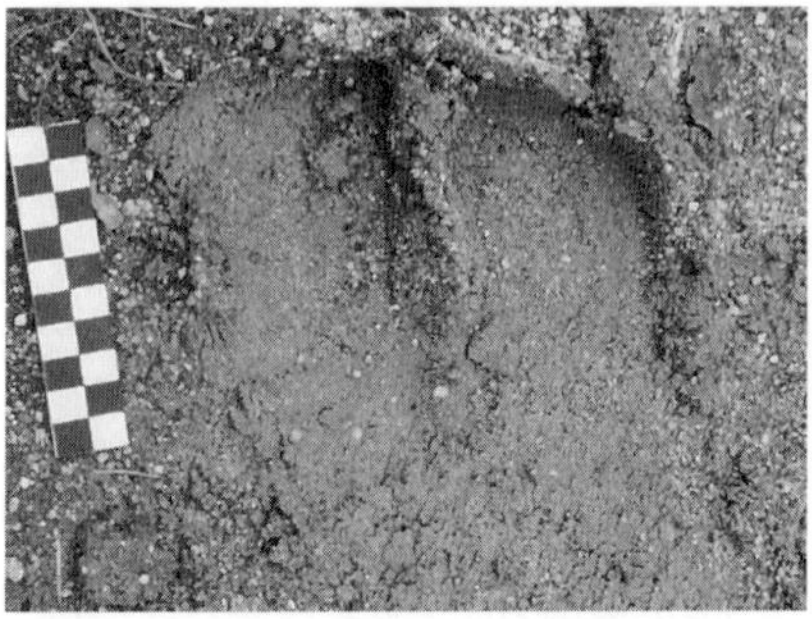

砂混じりの泥上に着いたヨーロッパバイソンの足跡（京都市動物園）

次にヤギ類の足部と足跡をみよう。ヤギ類はロバやヒツジやウサギ類とともに動物園では子どもたちの人気者で、すぐ近くで足部を観察できる。主蹄の背面・底面観では、左上と中段の写真のように蹄尖があまり尖っていないようにみえる。足跡では両蹄尖印が内側へ鈎形にやや曲がっている。子安和弘さんの足跡図鑑に載せられている図をみるとそのことがよくわかる。副蹄印は着かない。

人気者のキリンの体高は三・五メートルあり、頭のてっぺんまでの高さは五〜六メートルにもなる。陸上では最も背の高い動物である。動物園でキリンの足部と足跡が観察できるが、金網を通してみるのでなかなかよい写真が撮れない。その点サファリパークでは、猛獣でないので車窓から撮影できる。キリンの姿は今さら載せる必要もないので剥製から興味ある足蹄部を示そう。

滋賀サファリ博物館のマサイキリンの剥製でみるキリンの足蹄部はニホンジカなどに比べるとたいへん大きく、その長さは約一六センチもあり先端はあまり尖っていない（次頁の上と中段の写真）。王子動物園に保管されている右後足の両主蹄は、その下に写真で示したように抜け殻で、まるで木靴のよう

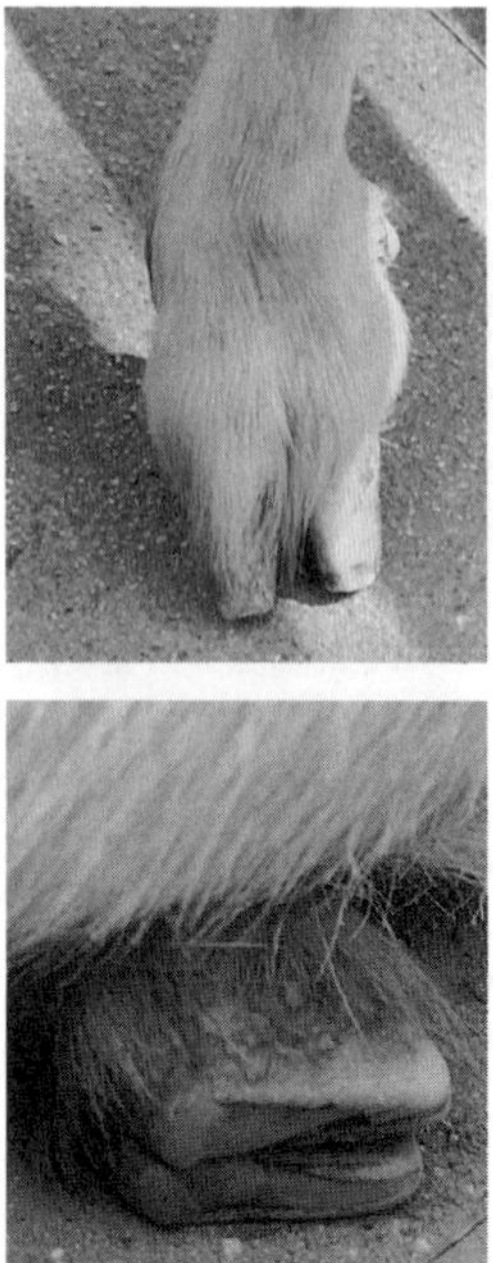

上からヤギ類の足蹄部の背面観、中段が蹄底面観、下が砂上に着いた足跡

（王子動物園）

なおもしろい標本である。ここには載せないがキリンの足指部（末節骨）の骨格の形態もほかの偶蹄類と基本的にはかわらない。でも大きい。キリンのロコモーションは、四肢ともにたいへん長いがシカ類などと同じ歩き方である。ただ胴短脚長なので後足は前足跡より前方へ着く。

次にタイのミンブリにあるサファリワールドで車窓からみた成獣のキリンの足跡を紹介する。下車できないのでスケールをおけなかったが、足印長はおおよそ一六～一七センチである。次頁の上の写真のようにやや乾いた砂混じりの泥の上にたくさん印跡されていて一個体の行跡はわからなかった。また、その下の写真は王子動物園の標本からのシリコンゴムの足型である。

次にカバの足部の話に進もう。誰もが知っているようにカバ科のカバは偶蹄目の動物であるが、シカ類やウシ類のように大きな二個の指でなく、次頁の下の図のように前後ともにヤツデの葉ような四個指をもっている。京都市動物園に展示してある骨格標本をみても指骨は四本であることがわかる。たいていの動物園でみることができる大きなカバ類は、アフリカ中部、東部、南部に生息している。動物園

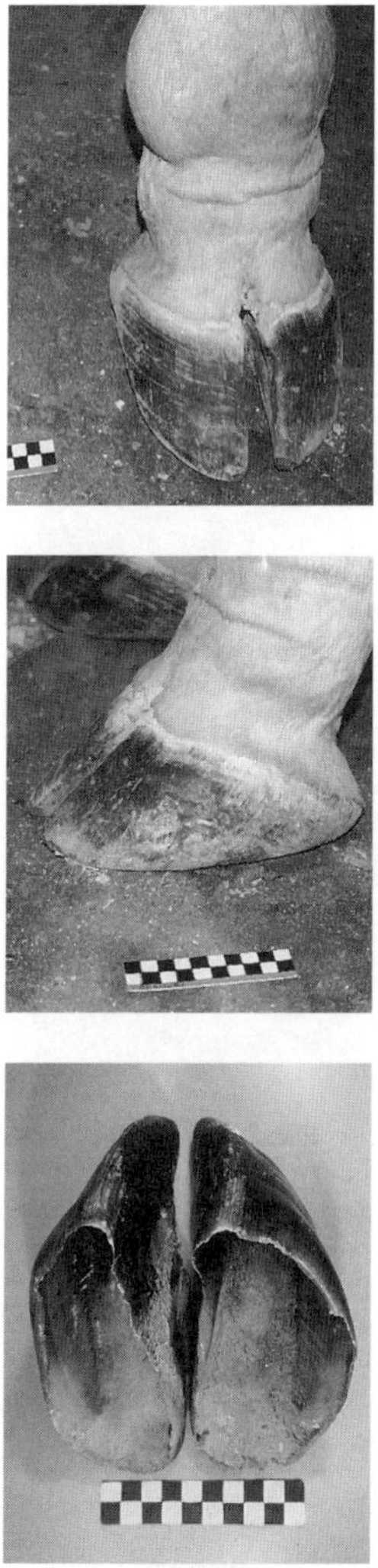

滋賀サファリ博物館のマサイキリンの足蹄部（上、中）と王子動物園に保管されているキリンの蹄部（下）

でカバのロコモーションと行跡をみようとねばってみたが暑い夏はいつも水の中にいてだめ。なかなかチャンスがない。もう一種類、アフリカ西部に生息しているのがコビトカバである。コビトカバは生きた化石ともいわれ、祖先のイノシシに似た形態を残している。すなわち森の中から水辺、水中へと生活の場を変化させていったらしい。次頁の上に示したタイ、デュシット動物園のコビトカバの足跡は少し軟らかい泥の上に着いていた。スケールはおけなかった。また足跡は明瞭であったが数が多過ぎて行跡は確認できない。

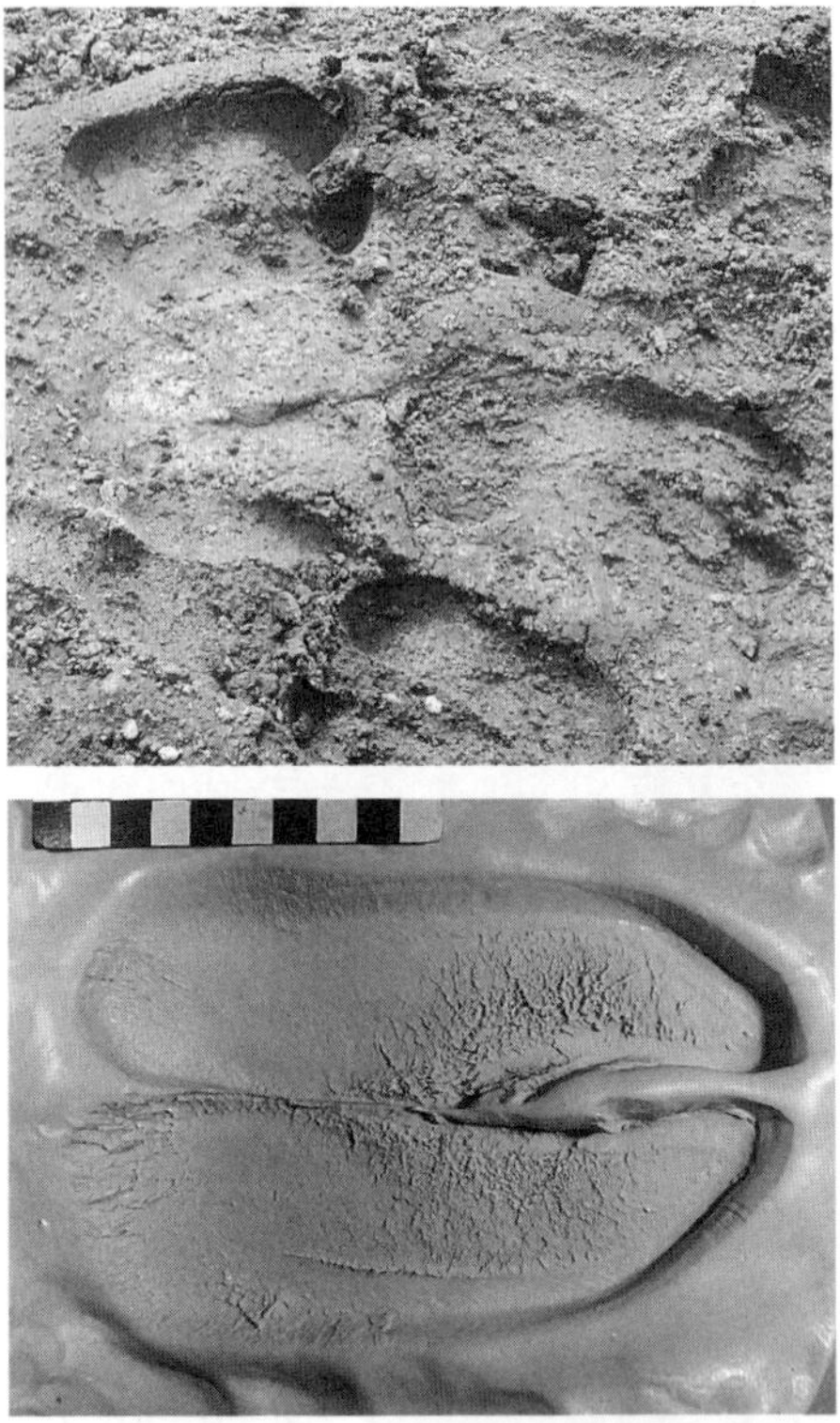

上の写真は、タイ、ミンブリのサファリワールドでみた砂混じりの泥上に着いたキリンの足跡。下は王子動物園に保管されているキリンの蹄部から採ったシリコンゴム型

カバの前足跡（左）と後足跡（右）のスケッチ

次に偶蹄類のなかで人気者のラクダ類の足部について紹介してみるが、たいへん重要なことを第三章の足跡化石のところで書けなかったので、ここで少し触れておく。

昭和四三年（一九六八）、新潟県の渋海川河床から発見された足跡化石、標本番号ナンバー一五とナンバー三一二を松本ほかはトウアオオラクダが着けたものであろうとしている。そのうちのナンバー三一二のスケッチは第二章で示したので、ナンバー一五のスケッチを左下に示す。そして松本ほか（一九六八）の報告書からナンバー三一二の記載の一部を抜粋してあげるので三三頁の図を参照しながら読んでほしい。

「三一二号は石膏を流し込んで陽型を取り、それで研究もした。反すう類の足は第二及び第三趾だけ

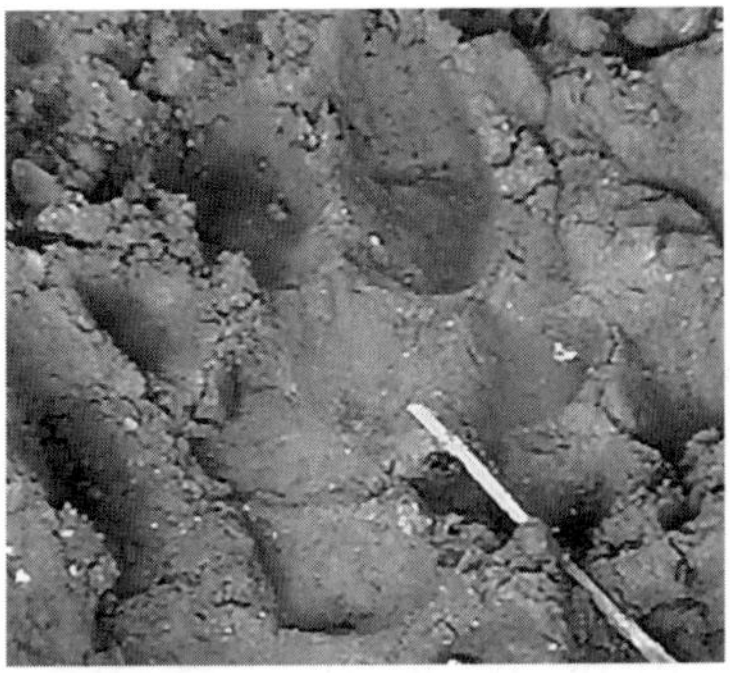

バンコク、デュシット動物園でみたコビトカバの足跡

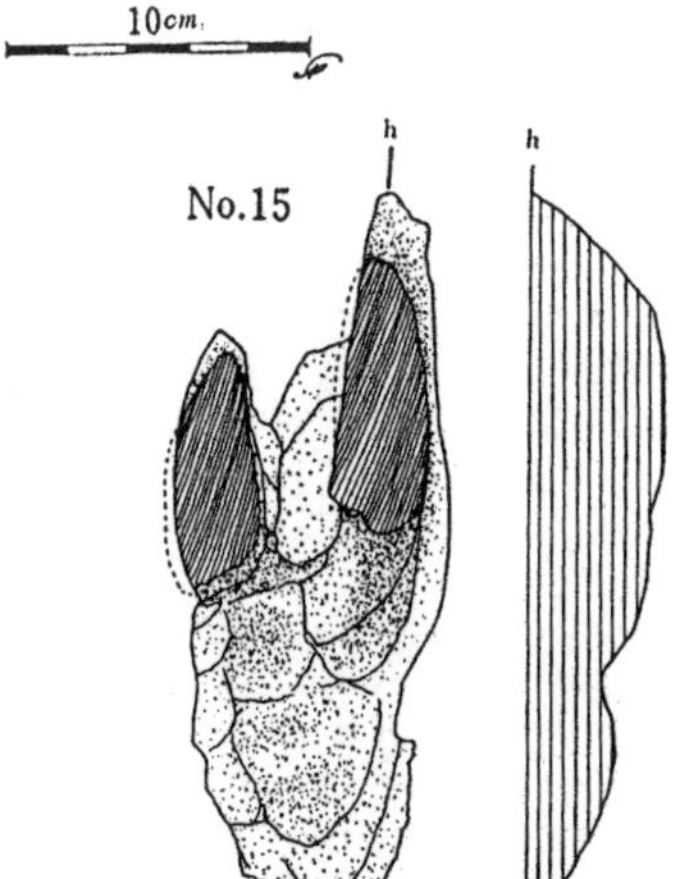

新潟県渋海川の河床からのトウアオオラクダとされた標本番号：No. 15の足跡化石（松本ほか　1968）

が特によく発達して体重を支えるのであるが、その駱駝類はその両趾の端節の蹄だけで立つにあらず、両趾は第一及び第二節間で折れ曲って第二節と端節とが水平に地に着いて立つのである。それでこの足痕を見る事に依って駱駝類の鑑定も可能な筈である。

三一二号は長さ二〇センチ、幅一〇センチ許ある。一五号はこれより少し長い。松本は、仙台市八木山動物公園でフタコブラクダの成獣の足蹠を観察実測したが、前肢蹠長さ一七センチ許、幅一五センチ許、後肢蹠長さ及び幅共に一五センチ許ある。即ち問題の足痕はこの現生駱駝の足蹠より明かに長く狭い。駱駝体の大小は足蹠の限りに於てはその長さに関係するのであろうから、これなる足痕を残した化石駱駝は現生駱駝よりも大形であったと認められる。現生駱駝の足蹠は扁平に左右にまで拡がって広く楕円形乃び至円形になって居り、これは骨自身ならず蹠面に弾力を賦与する皮肉が発達して斯く横にまで拡がっているのであり、過剰軟弱な地面を踏むにいやが上にもよく適応したつくりである。化石足痕の陽型では第二趾節下面から同節及び第一趾節間下面にかけてそのような皮肉瘤がよく発達して下に向って膨出して居れど左右には拡がらず、それで狭いのである。上記適応と言う点からはこの化石足痕の主人公の方が現生駱駝よりも原始的である。ひるがえってトウアオラクダはと言えば初めシロッセルが赤砂層出土の二個の上顎大臼歯で検出記載し、現生駱駝より巨大で且つ原始的であるからとて独立属ともなしたのである。赤砂層として河南の名も見えているから、或はこれが第二次発見のものと同様河南産であったかも知れない。革命後大活動した中国の地質調査によって同種の第二次発見があり、ズダンスキーによって記載報告された。今次は殆ど全身の骨格が知られ、その趾骨の大きさは我が問題の化石足痕の趾節によく合う。」この報告文を読んだあとで、現生のラクダ類の足部と足跡を考えてみよう。

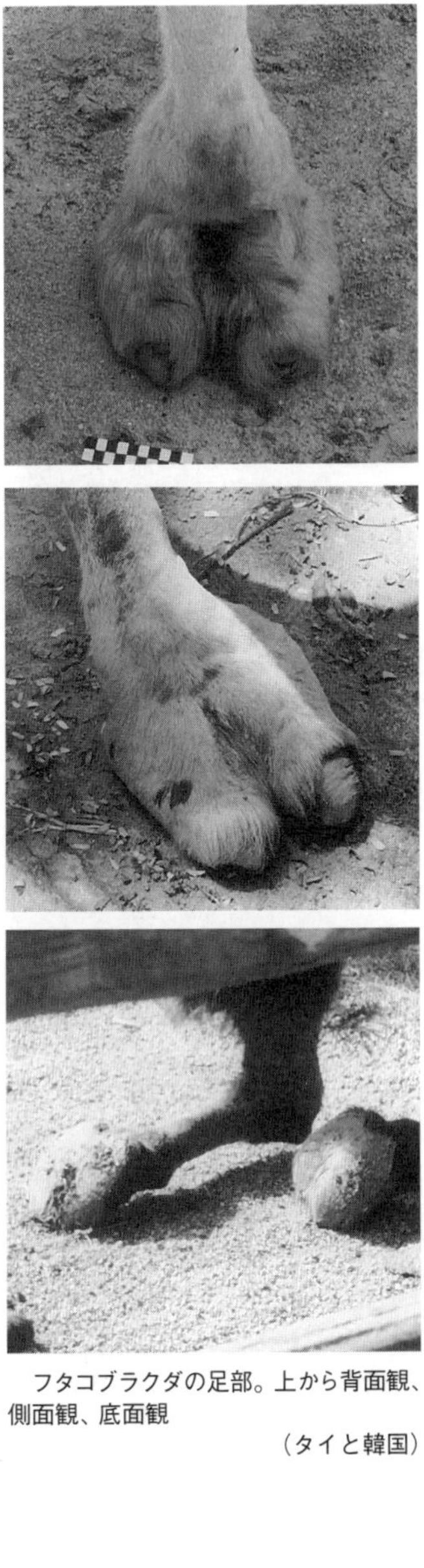

フタコブラクダの足部。上から背面観、側面観、底面観
（タイと韓国）

右に写真で示したフタコブラクダの足部や一九五頁に示したフタコブラクダの砂の上に着いた足跡を一見すると渋海川河床からの足跡化石の上面観や断面の形態とはあまり似ていない。ここにはあげなかったが、シカ類の足跡化石が浸食されてハート形になったものの方が形態的には現生のラクダ類のものに近い。そもそもラクダ類は始新世後期から中新世後期まで北アメリカで進化、分化をしてきた。鮮新〜更新世になってアジア、ヨーロッパ、アフリカへと分布を広げた。更新世前期頃から南アメリカに現れたリャマはあまりにも有名である。ロバート・サベージの著した『図説・哺乳類の進化』には初期のラクダ類の図が描かれており、その足部をみると古いタイプのものは足底面が円形でなく、渋海川河床産の記載と形態的にはよく似ているが、中新世〜鮮新世以降のものは現在のラクダ類のように丸みを帯びて描かれている。いずれにしても足跡化石の平面的、立体的な形態だけから同定するのではなく浸

食・変形の問題や現生のシカ類、ラクダ類の足跡の動的な解析をも十分に加味することが重要であろう。

次頁にフタコブラクダのロコモーションを図示したが、コンクリートの上なので足跡は着かなかった。

ここで少しフタコブラクダのロコモーションについて触れておく。図に示したようにやや早足の歩行時といっても著者にはどのくらいのスピードがふつうなのかわからないが、ラクダ使いの人がやや早足でたずなをひっぱっている時である。

一の時期は、右前足が着地したあとで、左後足が離脱しはじめようとしている。

二の時期は、左後足底がみえるくらい足首（実際は足首ではなく中足骨と基節骨の間の関節である）を屈曲し離脱、その時左前足も踵から少しずつあがりはじめる。

三の時期は、左前足の先端が地面から離脱しはじめた時期で、左前足底がみえる。その直後、左後足が前足の着地していたところとほぼ同じところへ着地する。すなわち、前後の足跡はほぼ重複する位置である。この時期、地面には右前後足しか着いていない。

四の時期は、左後足が着地した時期にやや遅れて左前足が蹄尖から地面に近づき、踵から着地する。

五の時期は、四本の足ともに地面に着いているが、その時期は一瞬で、直後には右後足が踵から離脱しはじめる。これが六の時期である。そして、一の時期からと同じ動きが右側で進行していく。

乾いた砂上に着いたフタコブラクダの足跡であるが不明瞭である（タイ）

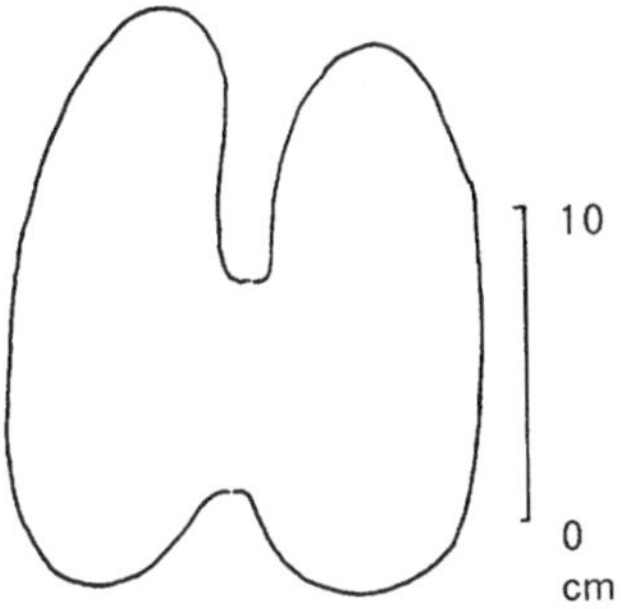

左の足跡のスケッチ。ラクダの足底には大きな蹄はなく前部に2個の爪がみえる。軟らかいクッションがきいていてよほど軟らかい泥上でないと明瞭には着かないのであろう

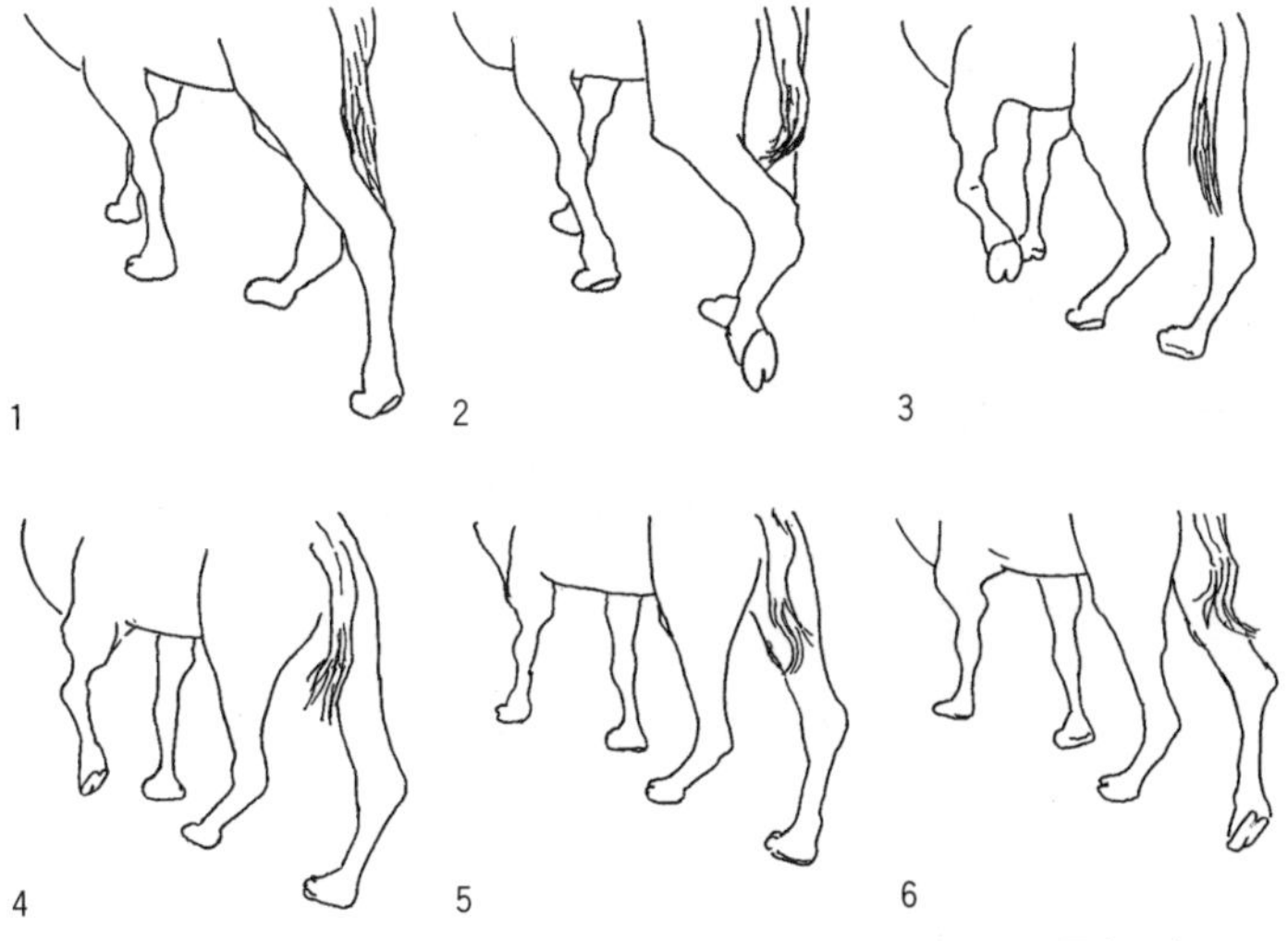

フタコブラクダのやや早足時のロコモーションを左後方からみた図（タイ）

奇蹄類

ウマ類ではヒッパリオンの足跡化石がタンザニア北部のラエトリから発見されている。日本ではまだウマ類の足跡化石はみつかっていないが、遺跡では古くから人と関わりが深かったので足跡がいくつか出土している。滋賀県長浜市では三箇所の遺跡から出土した。そのうち保存の良好な足跡の石膏型を第三章の「遺跡からの足跡」で紹介した。ここでは、その足跡の解析のために観察した三才、オスのサラブレッドの前後足蹄部と足型を左に写真四枚で示す。また、下左右のシマウマ類の足部の背面観と蹄底

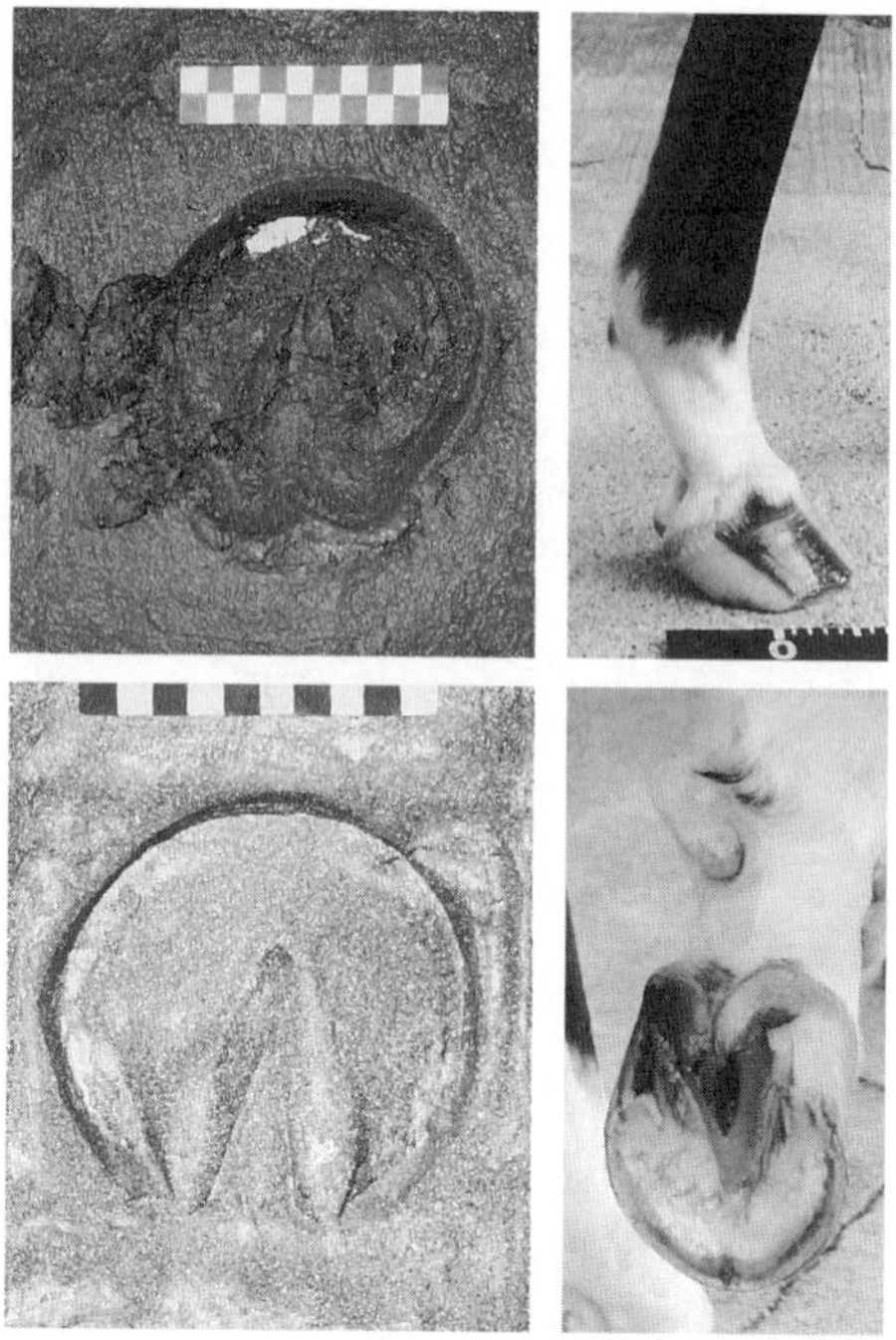

サラブレッドの足蹄部（右上下）と泥上に着けた足跡（左上下）

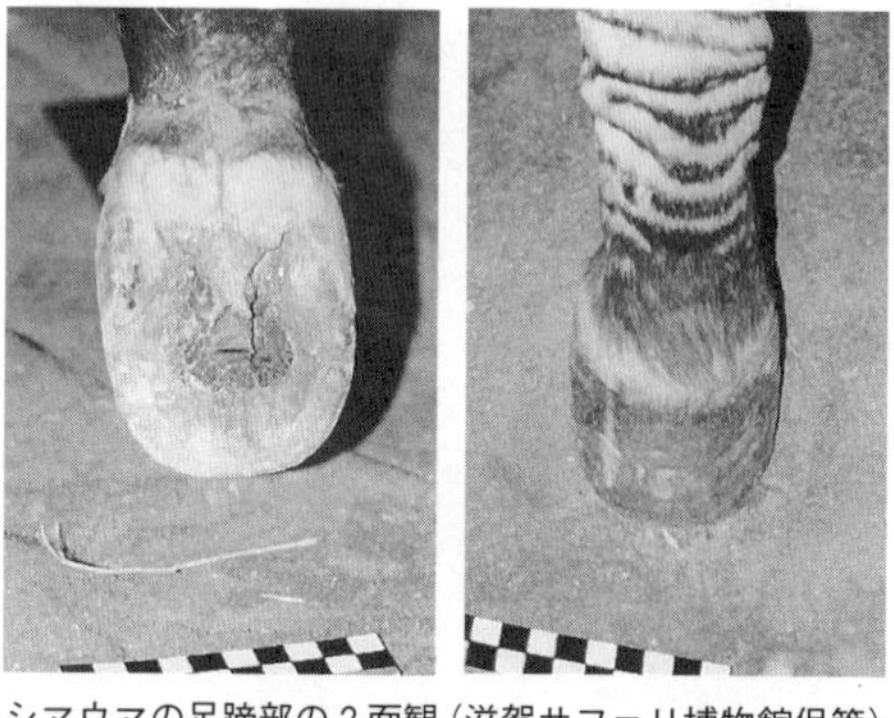

シマウマの足蹄部の２面観（滋賀サファリ博物館保管）

面観は滋賀サファリ博物館の剥製からである。右上の二枚の蹄部は王子動物園の標本で、前に示したキリンの蹄部と同じように木靴のようになっている。右中段には王子動物園でみた砂の上に着いたポニーの足跡を、下にはタイ、ミンブリのサファリ　ワールドでの砂混じりの泥の上に着いて、そののち乾燥したシマウマの足跡を示す。

次に奇蹄類のバク科の足跡に話を進める。バクというと悪夢を食べてくれる話を思い浮かべるが、こ

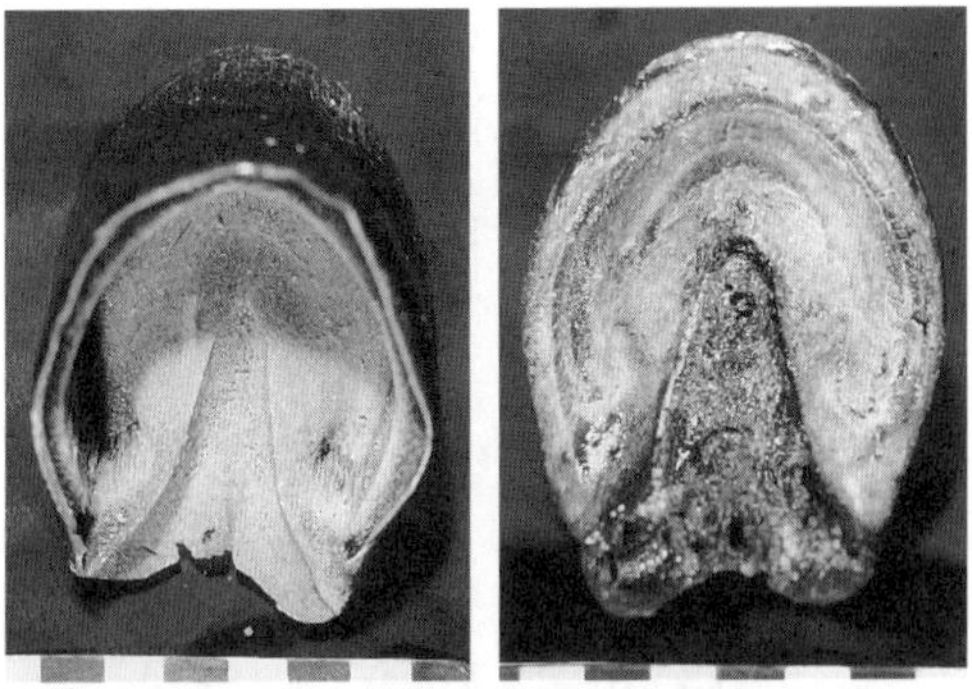

シマウマの蹄部（王子動物園保管）

砂上に着いたポニーの足跡（王子動物園）

泥上に着いてから乾燥したシマウマの足跡
（タイ、ミンブリ）

れは中国の伝説上の怪物で、姿はクマ、尾はウシ、脚はトラ、鼻はゾウ、眼はサイであるとされている。バクの仲間とはまったく関係がない。

バクにはマレーバクやアメリカバクなどがいて、奇蹄類の中でも最も原始的な動物である。例えば動物図鑑によるとマレーバクの脳の重さは、三〇〇キロもある体重の約〇・一パーセントに過ぎない。人間は約二・三パーセント。脳の発達は、進化した動物ほどみられる。マレーバクの皮膚は白黒のツートンカラーで顔つきをみると、パンダほどではない？がかわいらしい。頭胴長は二三五〜二五〇センチ、体高は一メートルくらいで四肢は短い。前足に指が四本、後足には三本あり先端はやや丸い。下にバンコクのデュシット動物園で飼育されているマレーバクの

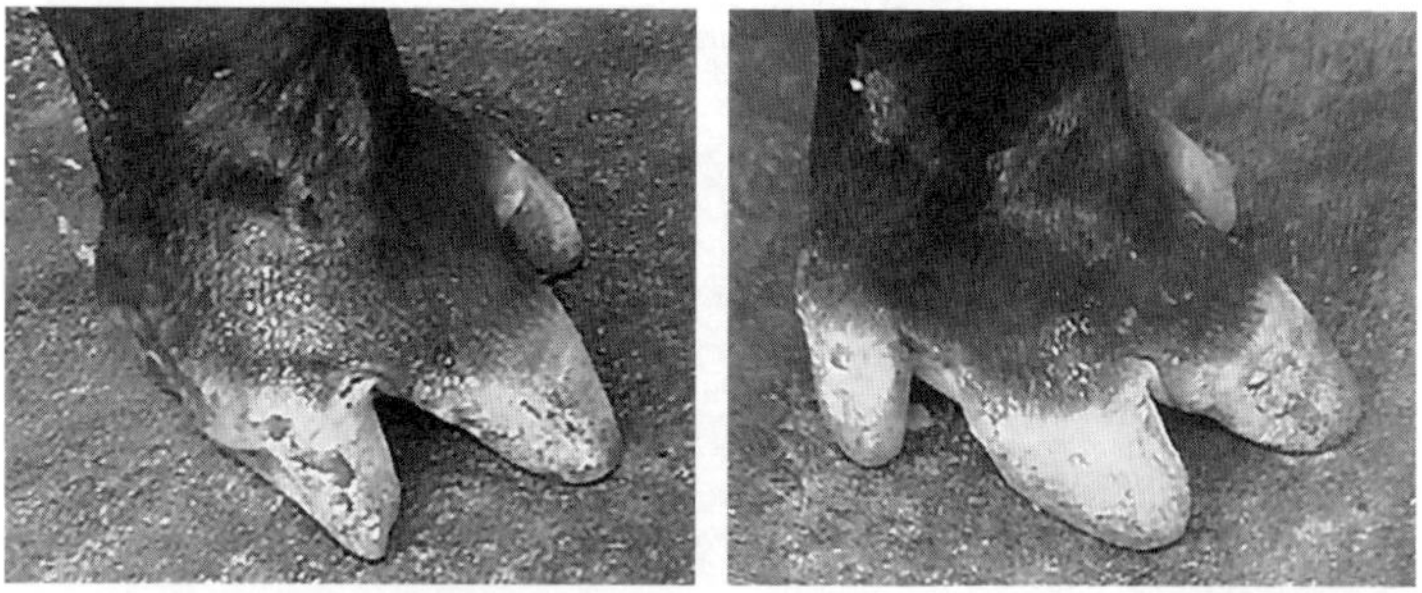

マレーバクの後足背面観（左）と前足背面観（右）（デュシット動物園）

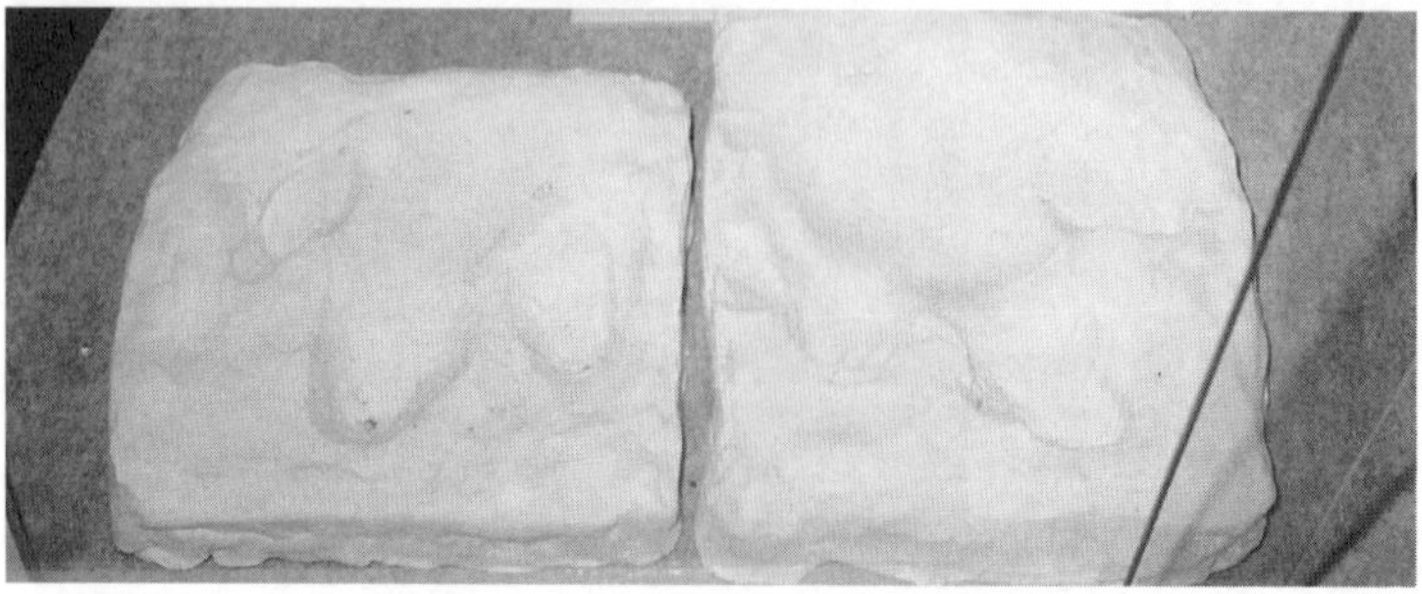

バクの前後足の石膏型（鳳来寺山自然科学博物館保管）

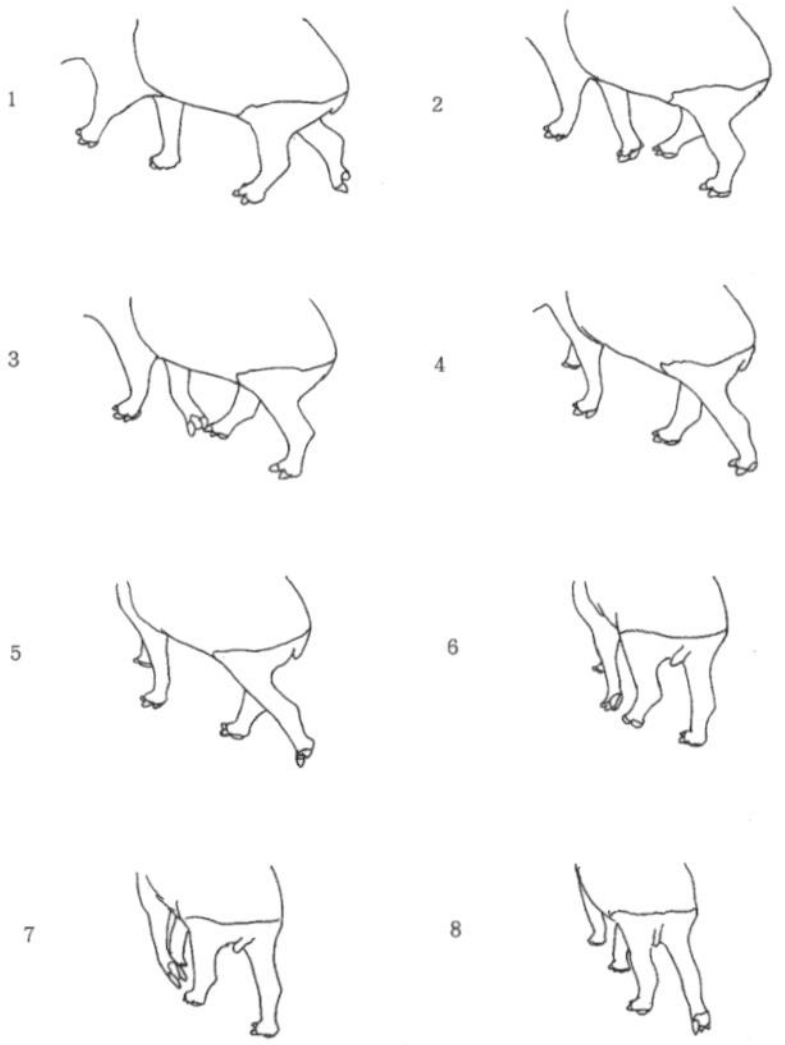

マレーバクの歩行時のロコモーションを左後方からみた図（タイ、サムットプラカーン）

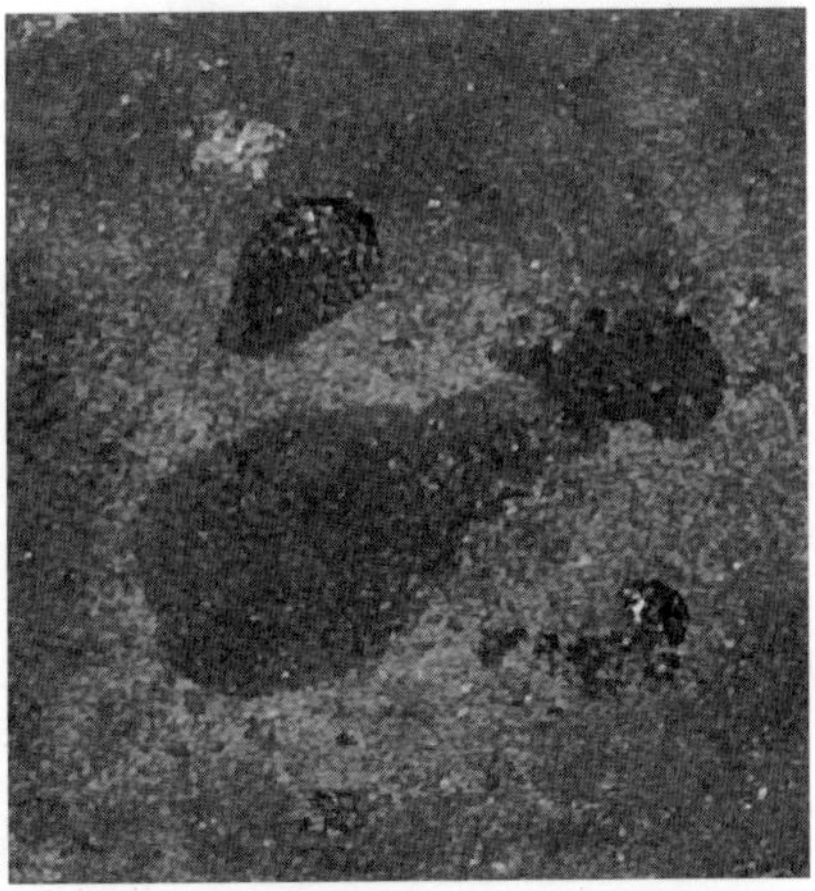

マレーバクの後足跡（デュシット動物園）

前後足部の写真を示す。またその下の写真は、愛知県の鳳来寺山自然科学博物館の展示標本であり、これと同じものが名古屋市の東山動物園にある。右上の図はマレーバクが歩行した時のロコモーションで、前足跡と後足跡は重複しないで後足は少し後方へ着く。右下の足跡はセメントの上に着いたマレーバクの濡れた足跡である。三個の指印がみられることから後足跡である。

なお、同じ奇蹄類のサイ類については、第三章の「奇蹄類の足跡」で書いたので、ここでは省略する。

国内からのバク類の体の化石は、岐阜県可児市で歯のついた下顎骨、踵の骨と愛知県鳳来町で小臼歯がついた上顎骨が発見されている。ともに中新世である。しかし、足跡化石はまだ発見されていない。

齧歯類《げっしるい》

齧歯類の手足部の足型を少しあげておく。齧歯類は切歯が発達し〝かじる歯〟をもつ動物であることは今さらいうまでもなく、リス亜目、ネズミ亜目、ヤマアラシ亜目の三つに分類されている。ここでは王子動物園に保管されているリス科のホンドリス（ニホンリス）、テンジクネズミ科のマーラの足跡の石膏型とカピバラの足跡を示す。

ニホンリスの体長は一八～二二センチで、体重は二五〇～三〇〇グラム、本州、四国、九州の平地から二一〇〇メートルくらいまで

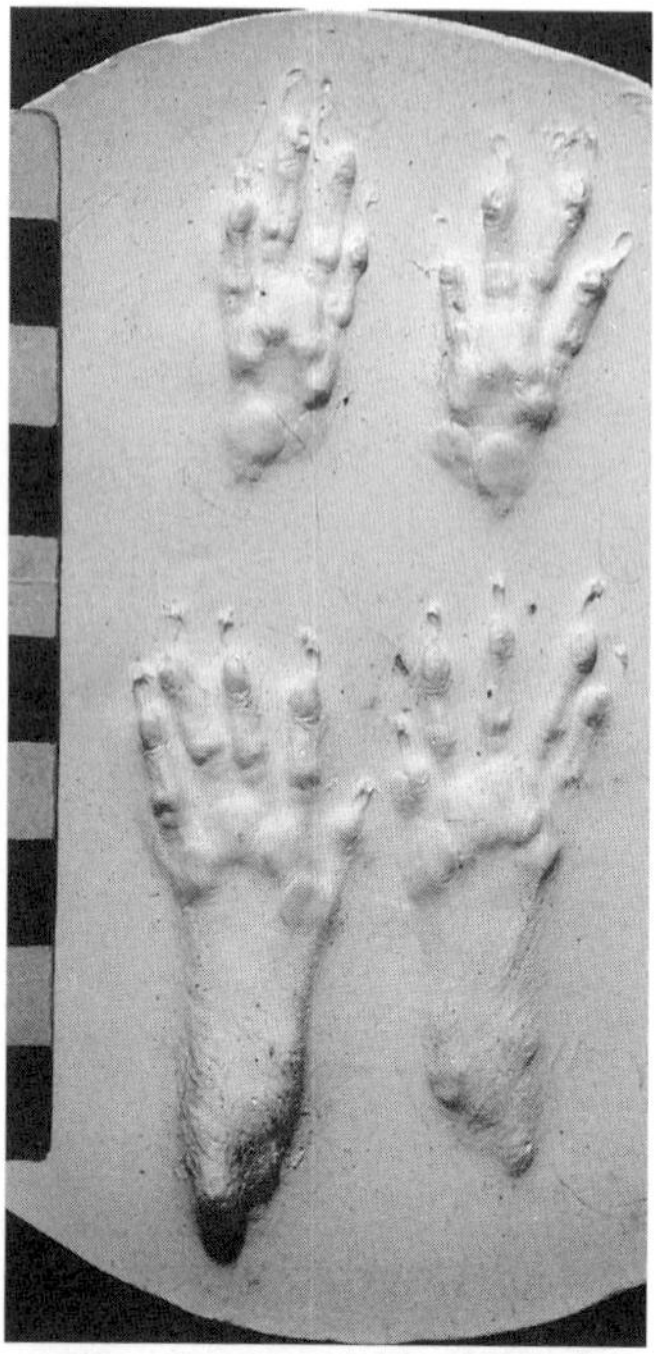

ニホンリスの両前後足の石膏型。上が前足跡、下が後足跡
（王子動物園保管）

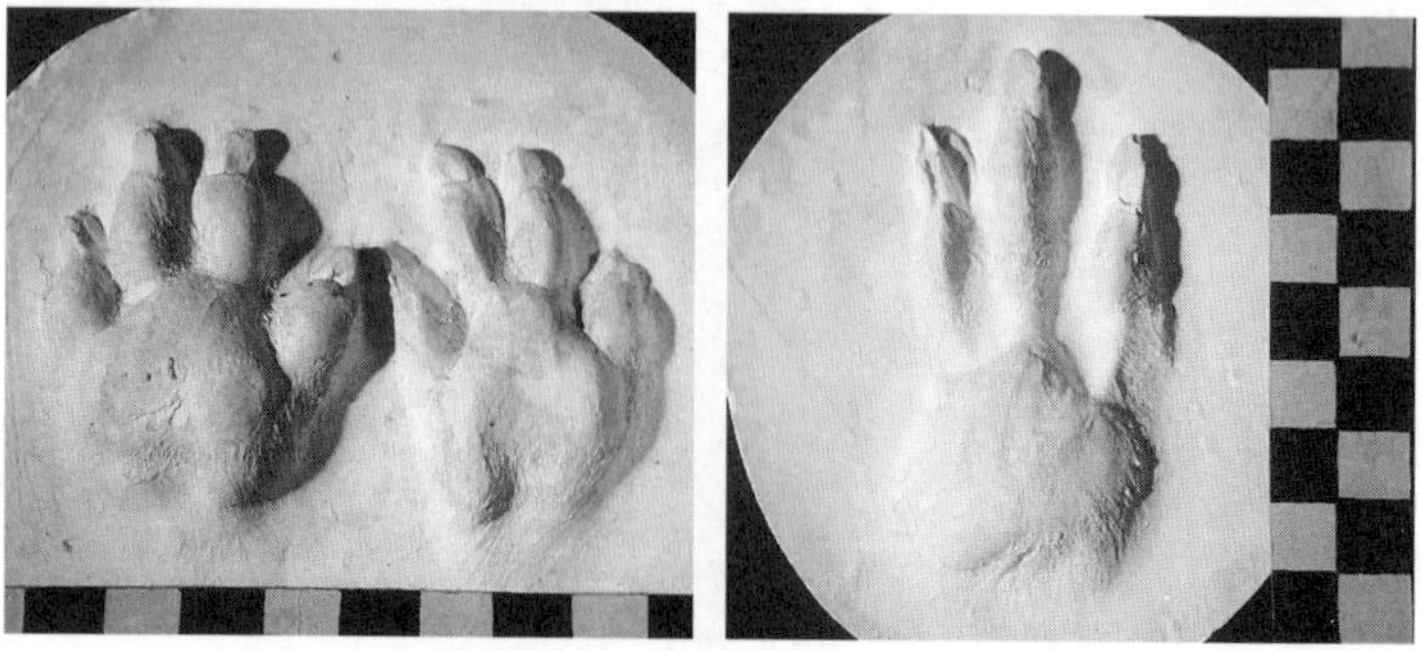

マーラの両前足（左）と後足の石膏型（王子動物園保管）

カピバラとカピバラが泥混じりの砂上を歩いたときの前後の足跡で、不明瞭である（タイ）

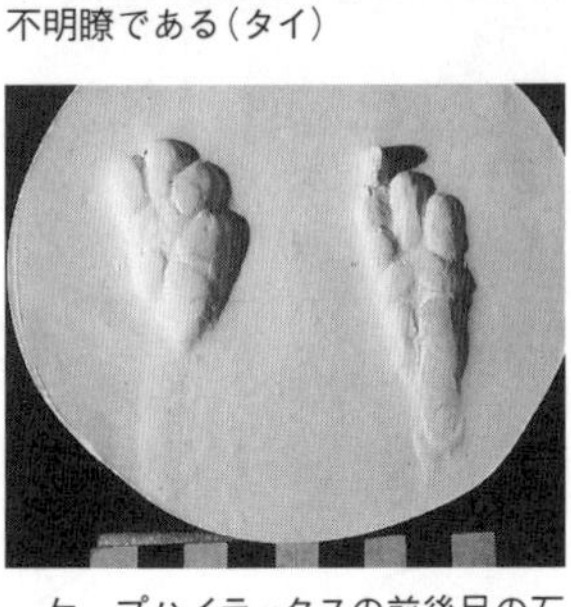

ケープハイラックスの前後足の石膏型。左が前足跡
（王子動物園保管）

の林に生息する。北海道ではシベリアシマリスと同じ種のエゾシマリスやヨーロッパやアジアに生息するキタリス（エゾリス）が有名である。前頁の上の写真はニホンリスの前後足の石膏型である。そして下の二枚の写真はマーラ、一歳、メスの両前足と左後足の石膏の型である。また右上二枚の写真はカピバラ科のカピバラの全身と砂の上に着いた前後の足跡である。カピバラは前足に四本、後足に三本の指をもつが粗粒砂の上なので足跡は不明瞭である。ネズミ類など一般的な齧歯類の足跡は図鑑などにものせられているのでここでは省略する。

イワダヌキ類

ハイラックス科のハイラックスは、タヌキやウサギの仲間に似ているが、原始的なひづめをもったゾウに近い動物である。前足に四本、後足に三本の指がある。左前後足の石膏型を右下に示しておく。

有袋類《ゆうたいるい》

カンガルーの前後足部の形態もたいへん興味深い。有袋類にはカンガルー科のほかにオポッサム科、コアラ科、ウォンバット科、タスマニアデビルで有名なフクロネコ科などが属する。ここには王子動物園に保管されているカンガルーの石膏型とコアラの手足部のスケッチを紹介する。有袋類の前後足の形態はそれぞれ違っていて、例えば下に示したスケッチでもわかるようにコアラの手足部の形態はカンガルーの手足部とはほど遠い。それはコアラは樹上生活者であるためである。カンガルーの前足には指は五本あり、後足は前後に長く指は三本である。

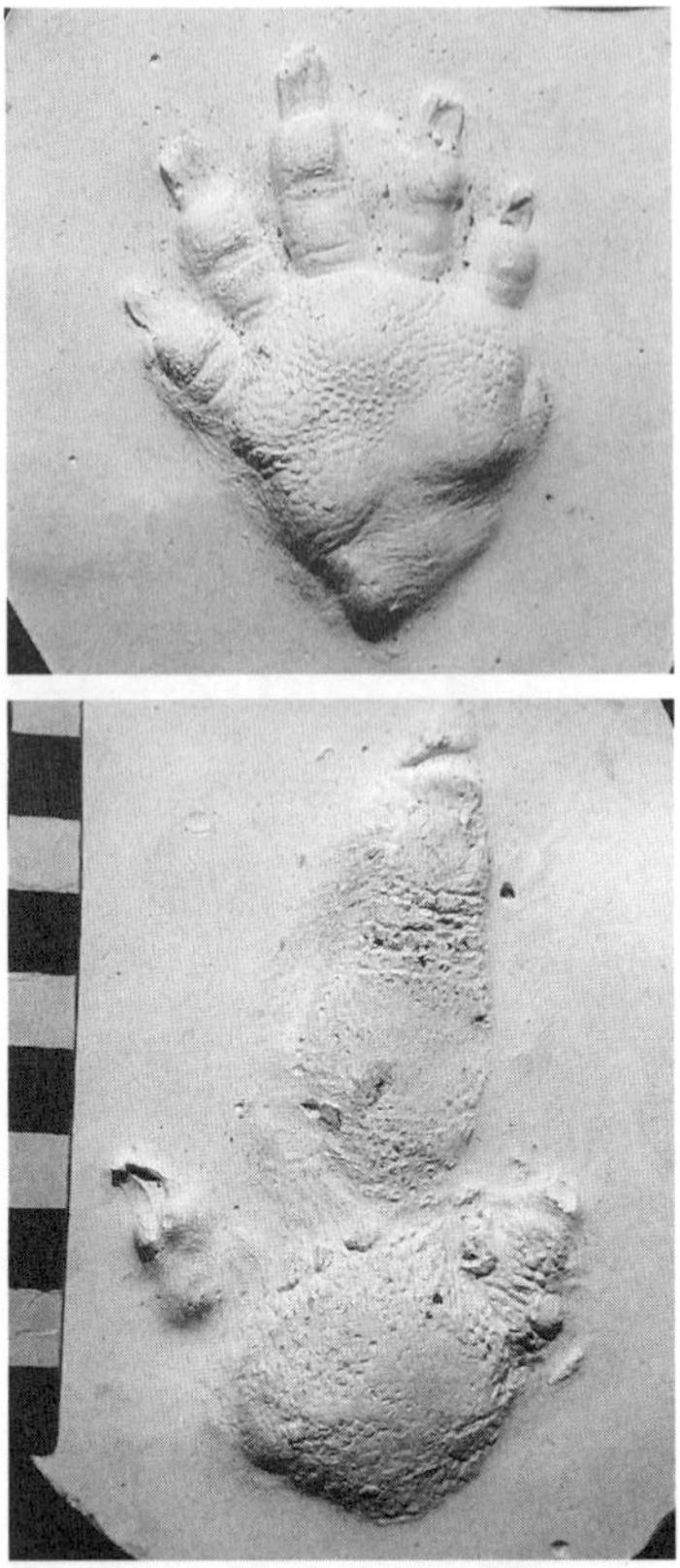

カンガルーの前足（上）と後足の石膏型（王子動物園保管）

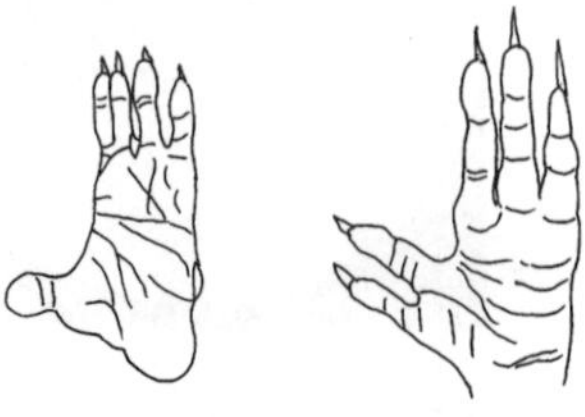

コアラの手掌と足底面のスケッチ

爬虫類

次に爬虫類の話に移る。ワニ類については第三章の「爬虫類の足跡化石」のところで詳しく紹介したので省略し、トカゲ類からはじめる。トカゲといえば、ふだん庭などにいるカナヘビ科のニホンカナヘビやペットとしてよく飼われているイグアナ類（イグアナ科）がすぐ頭に浮かぶ。シッポや下半身をくねらせて素早く動くカナヘビの足部の動きや足跡はゆっくりと眺められない。動物園のイグアナは木の枝の上にいてなかなか地面を歩いてくれない。タイミングよく移動した時のためにぜひビデオを持って行くとよい。

下にオオトカゲ科のマレーオオトカゲ（ミズオオトカゲ）の剥製標本を示す。これはタイのサムットプラカーンワニ園のものである。これがおいてある小屋の横には大きな囲いがいくつもあって、そのなかには大蛇が飼育されていたり、数頭のマレーオオトカゲがノソノソと歩いている。そのトカゲの前後の足部をみると次頁上の写真のように前後足ともに指は五本あり、細く先端に鋭い爪をもっている。特に第四指は長い。下のマレーオオトカゲの全長は約一七〇センチぐらい、大型のものは二六〇センチにもなるという。またこのマレーオオトカゲ（ミズオオトカゲ）のほかにコモドオオトカゲ（コモドドラゴン）、

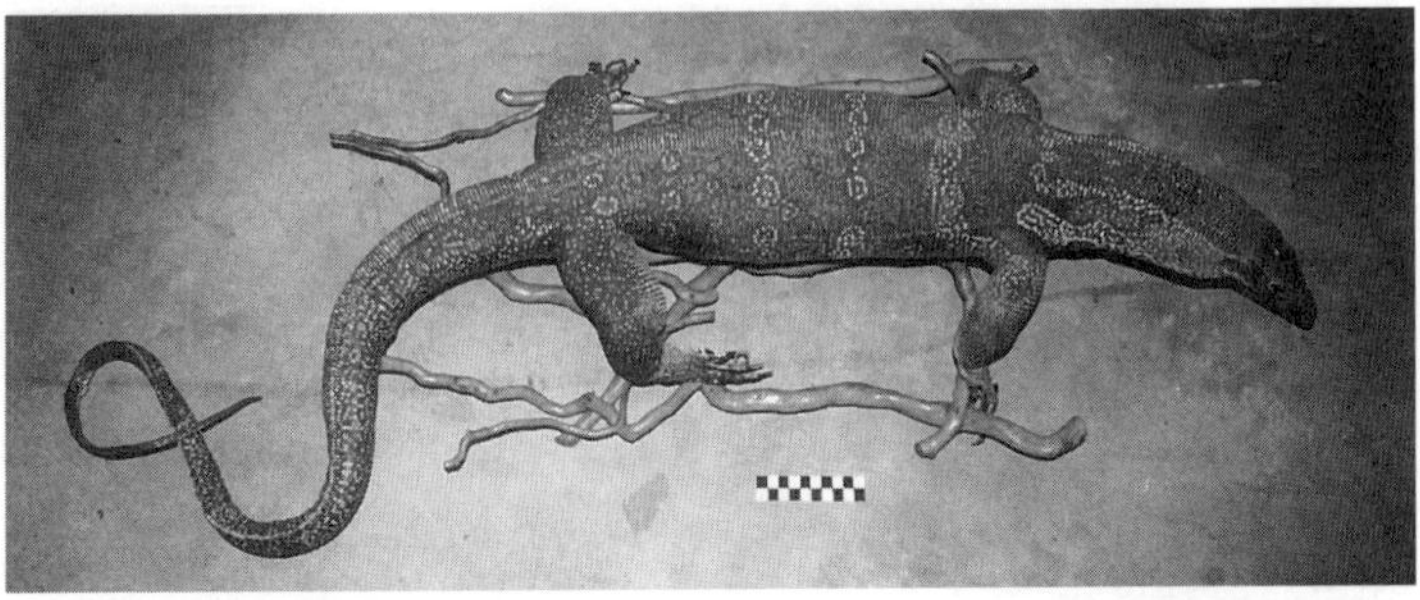

マレーオオトカゲの剥製（タイ、サムットプラカーンワニ園保管）

ナイルオオトカゲ、ベンガルオオトカゲなど大型のトカゲ類が有名であるが、中型や小型のトカゲのほうが多く熱帯や温帯に三〇〇〇種ほど生息しているといわれている。下に王子動物園に保管されているマレーオオトカゲの前後足の石膏型を示す。

では、これらのトカゲ類はどのような歩き方をするのだろうか。次頁にサムットプラカーンのワニ園で飼育されているマレーオオトカゲのロコモーションを示す。これはマレーオオトカゲの移動のようすを後方からビデオ撮影し、それを図化したものである。図の左下から上へ一～一二の順にみていくとマレーオオトカゲが前進する時の前後足と頭部、躯幹の動きがよく分かる。一の時期は左前足が地面から離脱していく時期と同時に右後足が離脱する。その時の前後足

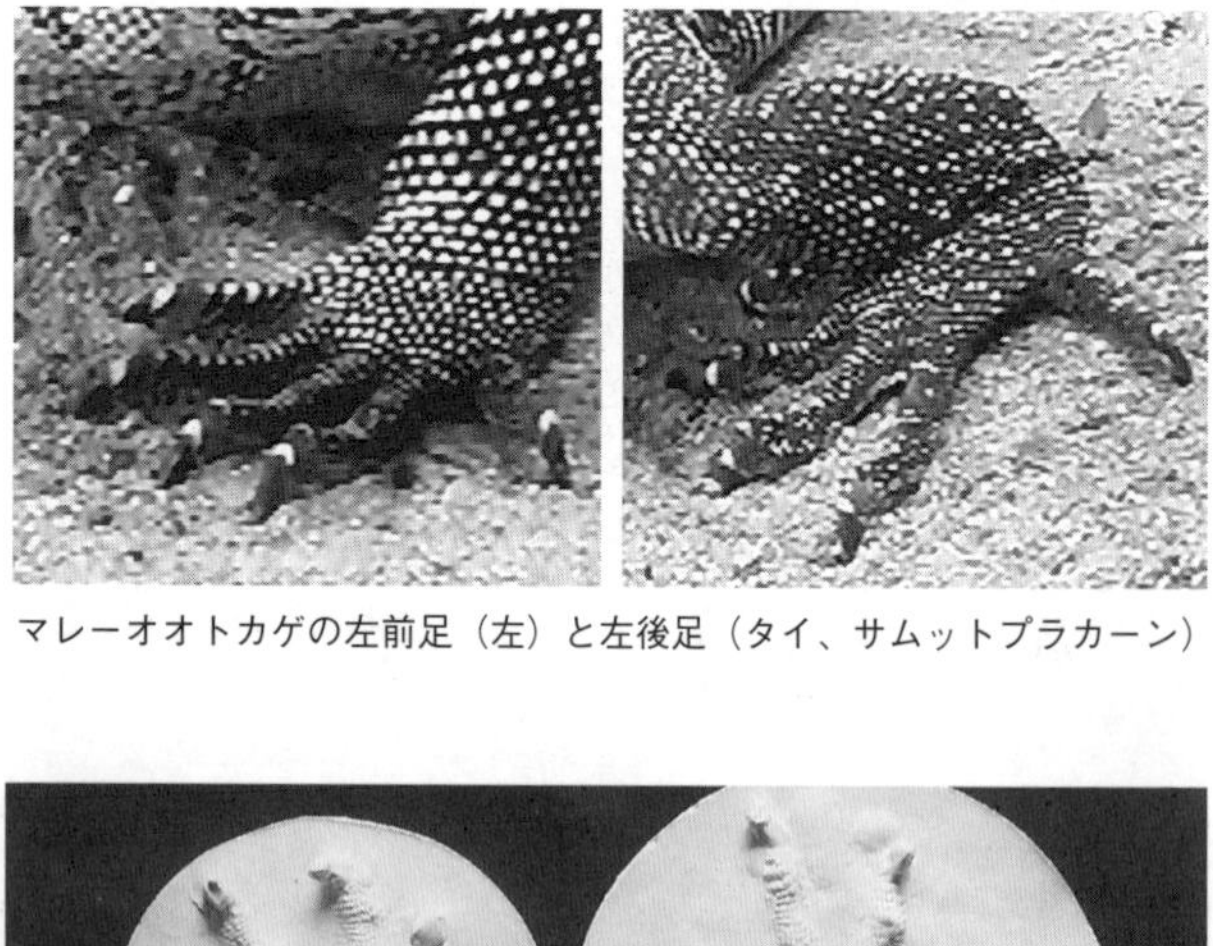

マレーオオトカゲの左前足（左）と左後足（タイ、サムットプラカーン）

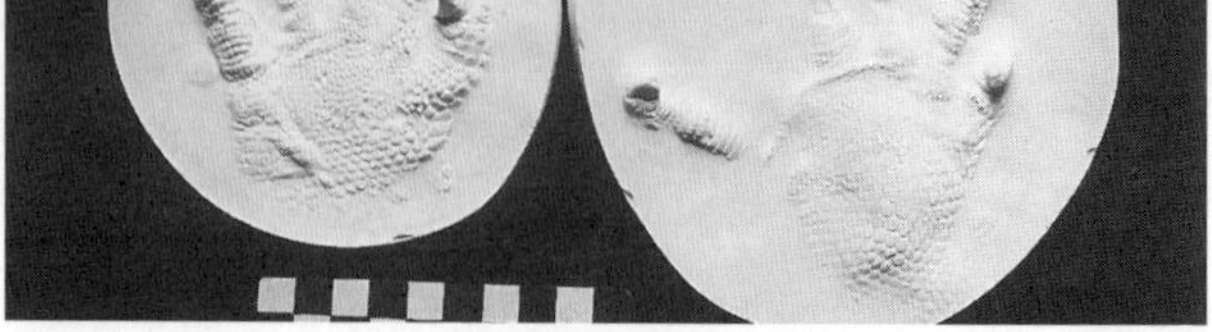

マレーオオトカゲの前足（左）と後足の石膏型（王子動物園保管）

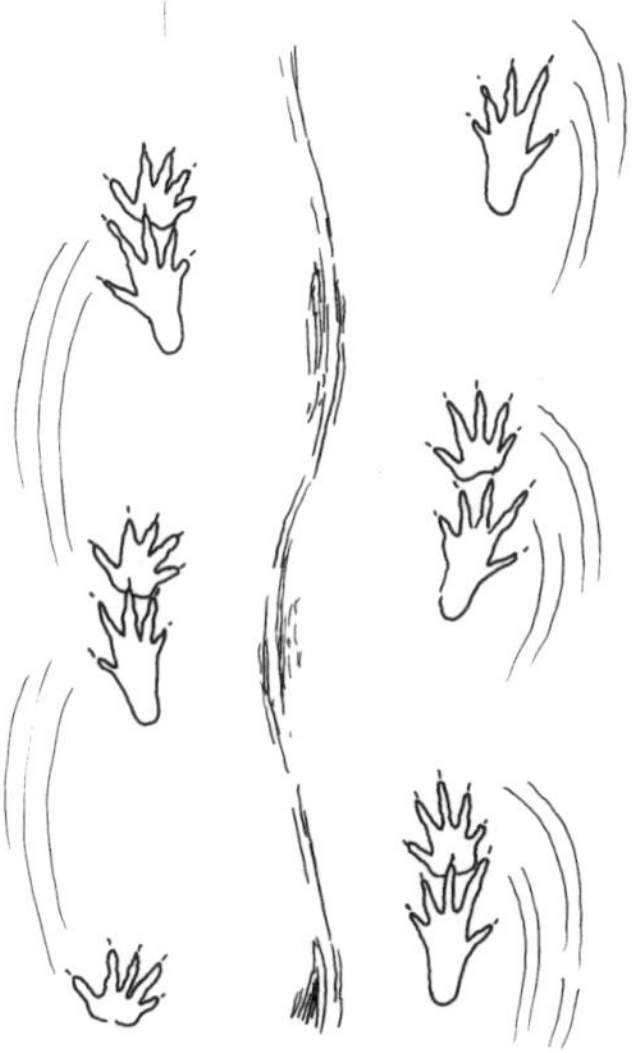

オオトカゲの行跡のスケッチ

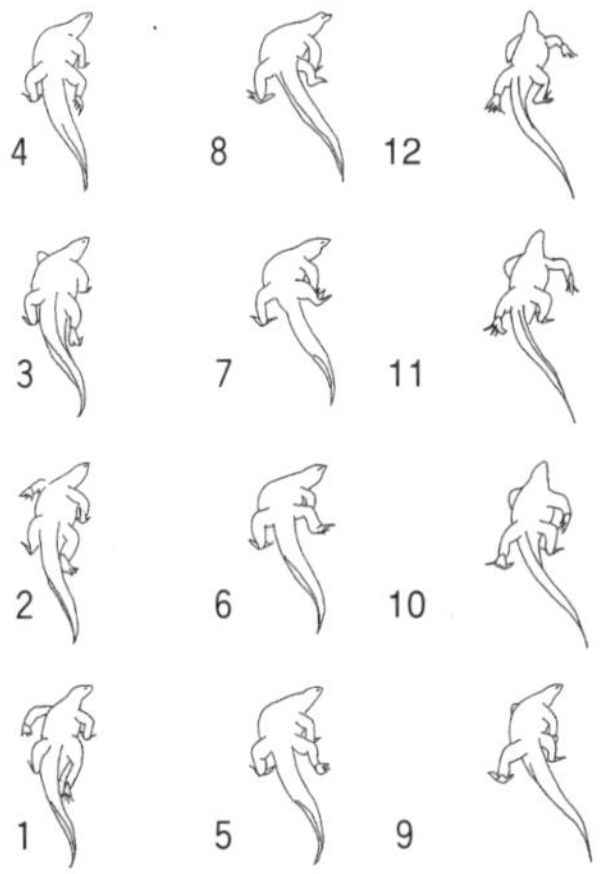

マレーオオトカゲの歩行をうしろからみたもの

は大きく外方へ廻すように振り出す。四の時期で右後足は完全に離脱し、五で足底を後ろへみせながら外方へ後肢を廻し、七〜八の時期で右前足のすぐ後方へ右後足が着地する。九の時期から右前足が離脱し、それとともに左後足が踵から離脱しはじめる。一〇〜一二の時期は一の時期と左右がまったく反対にあたるもので、左後足とともに右前足が離脱、前肢を外方へ廻して前進する。頭と胴部の動きは一〜一二の図のように「く」の字形に曲がり、左眼で前方をみていたのが、徐々に右目で前方をみるように動いていく。尾部を左右に振る動きは、この図のようなやや緩慢な移動の場合はさほど変化しないらしいが少し湾曲する。左上の図は、W. Auffenberg が一九九四年に書いた『The Bengal monitor』に載せられているオオトカゲ類の行跡図を描きなおしたものである。この行跡図からもわかるように前後足の着地する位置はワニ類のそれに似ている。

次にイグアナ類の足部について紹介する。

次頁上の写真は京都市動物園で飼育されているグリーンイグアナである。タイミングよく歩いてくれる時はその移動のようすを観察できる。その時の前後足の着く位置は前頁のオオトカゲと変わらないし、ワニ類にも似ている。中段の写真は前後足の石膏型で王子動物園保管の標本である。イグアナ類は前後足にそれぞれ五本の指があり、非常に細く先端には鋭い爪をもつ。

次にカメ類の話に移る。カメ類の足部は、海に生息するウミガメ類がヒレ状になっているほかは川、池、沼などに棲むものも陸をすまいにするものも五本の指があり爪もある。ただ陸ガメ類の五本の指ははっきりと分かれていないものが多い。それらの足部の形態を次頁の下に図示する。

本州でよくみられるカメ類は、ニホンイシガメとクサガメである。このカメ類の足跡は河原の泥や砂の上にしばしばみられ、草むらから川へ往復していることもある。移動している時に出くわすとその足跡とカメの大きさがわかるが、そっと近づかないと逃げてしまったり止まってしまう。二〇八頁の上に三重県立博物館館長の冨田靖男さんが撮影されたきれいなイシガメの行跡の写真を、その下に同じくイシガメの陸上でのロコモーションを載せる。これらの写真をみると左右前後の足を交互に出して進むことがよくわかる。

このカメ類の前足跡はほぼ円形、後足跡はやや前後に長い。小さい爪印が明瞭に着くが、それは前足跡に顕著である。後足跡では離脱時に足跡前部をこすってしまうのか前方へこすった跡だけが残ることがある。尾痕はS字状に蛇行して着く場合と直線の場合がある。体を高くせずに移動した時や軟かい泥の上を移動する場合は腹甲の跡が着くこともある。

グリーンイグアナの全身（京都市動物園）

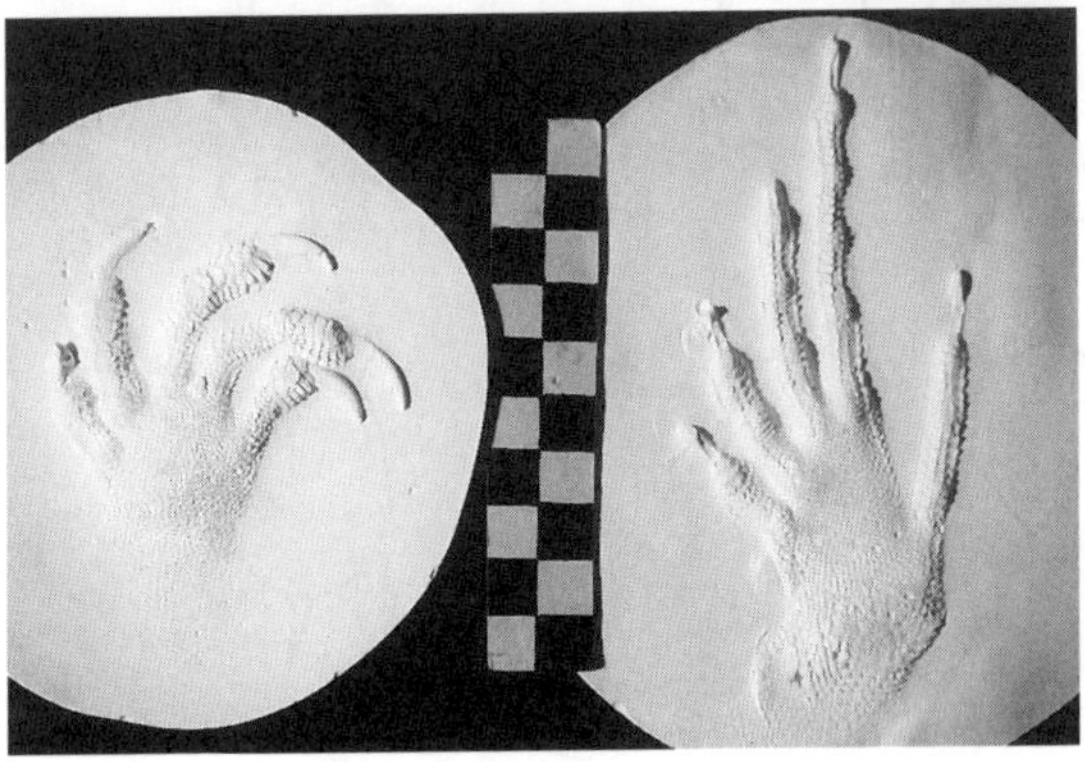

グリーンイグアナの前後足の石膏型（王子動物園保管）

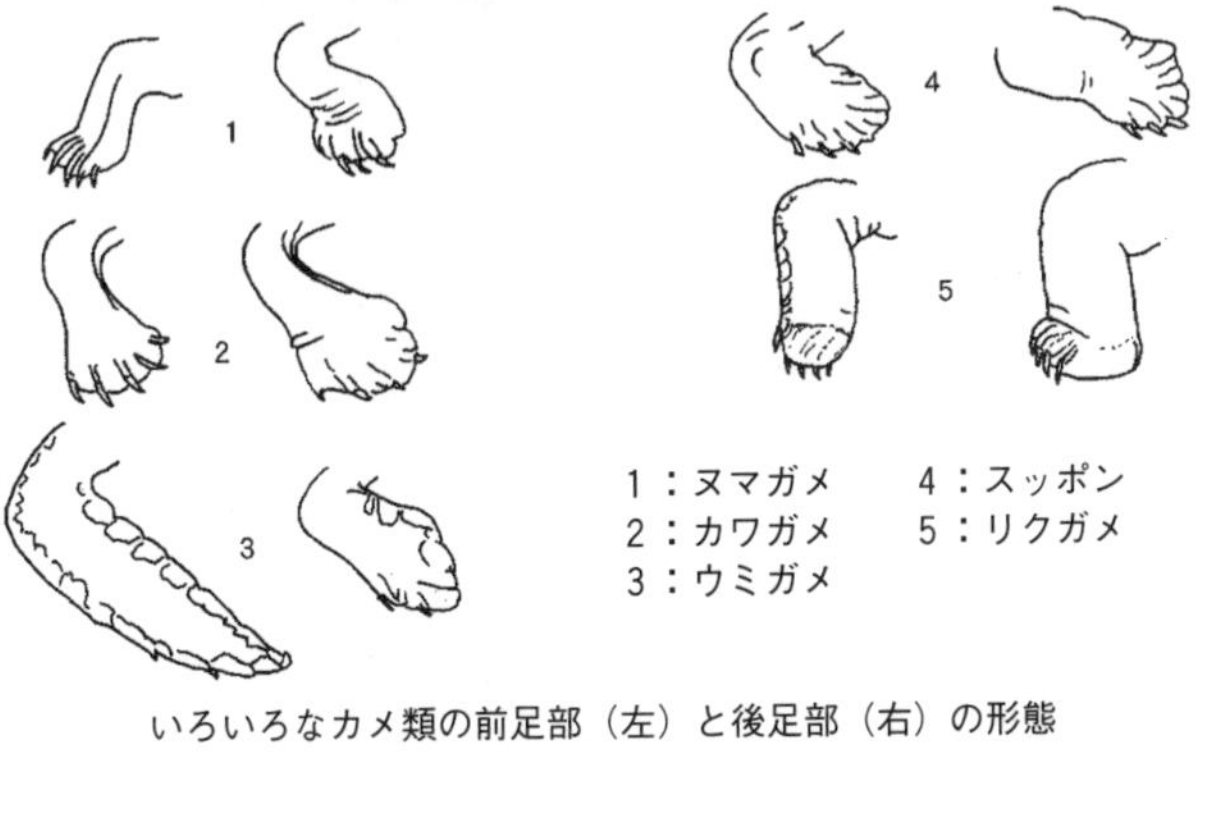

いろいろなカメ類の前足部（左）と後足部（右）の形態

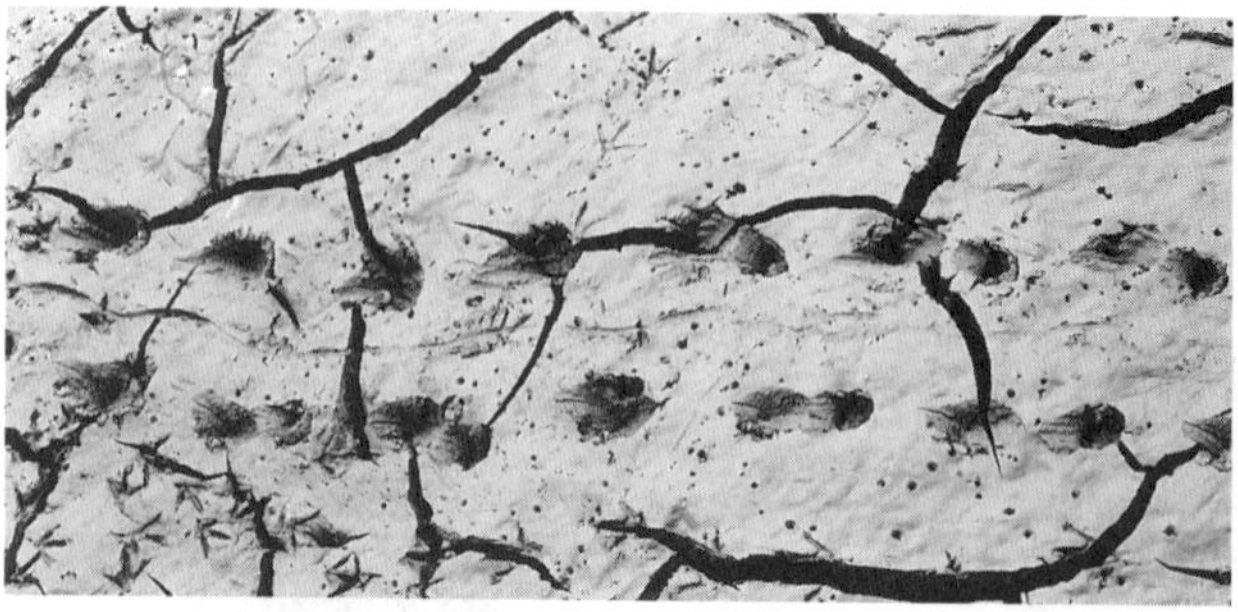

干上がった池でみられた軟泥上のイシガメの行跡
（冨田靖男さん撮影）

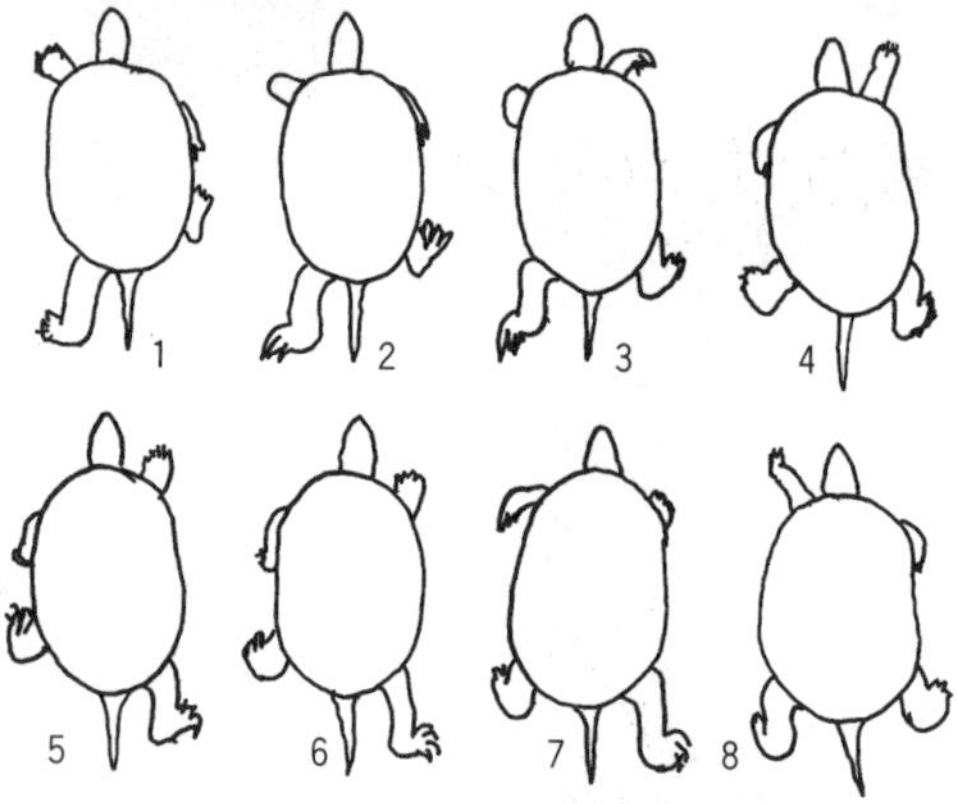

甲長が20センチのイシガメのロコモーション

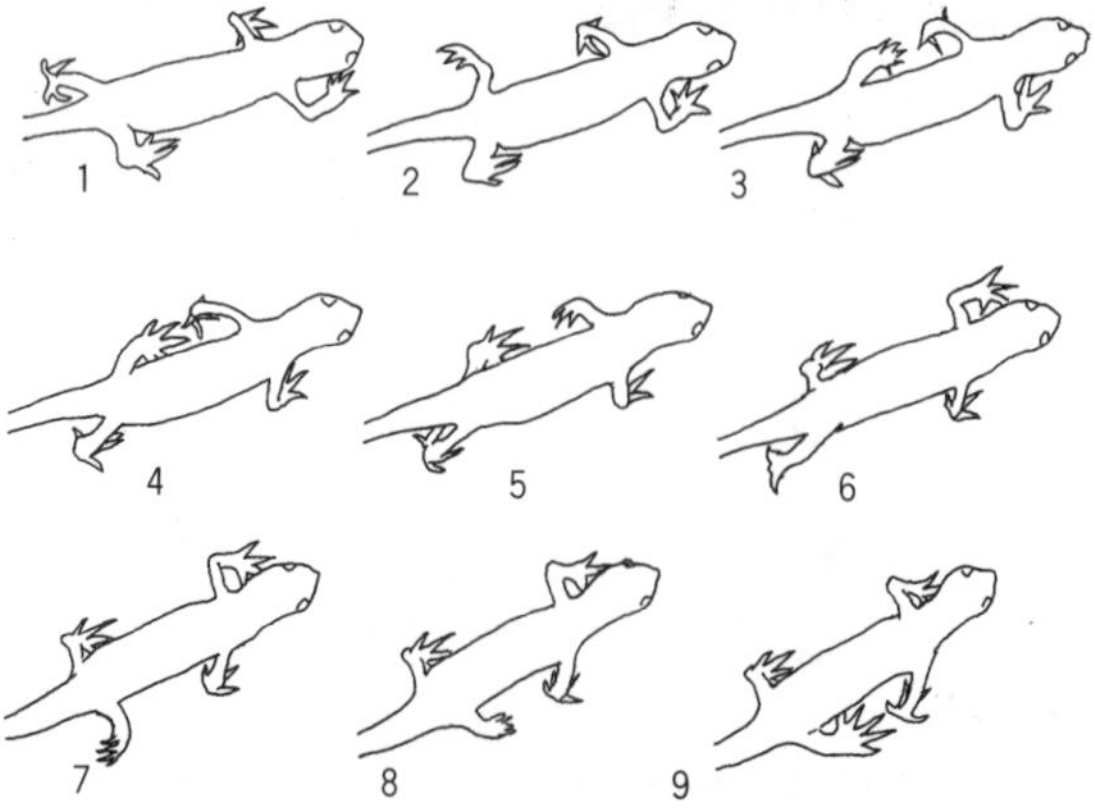

体長が10センチのイモリのロコモーション

両生類

両生類は有尾目のオオサンショウウオ科、サンショウウオ科、イモリ科と無尾目のカエル類などで代表される。トカゲ類と違ってからだには鱗がなく、世界中でサンショウウオの仲間は約三六〇種、カエルの仲間は約三五〇〇種、無足類は約一六〇種いるといわれている。ここではニホンイモリ、カエル、オオサンショウウオの足部について紹介する。

まず体長が約一〇センチのニホンイモリの陸上でのロコモーションを前頁の下にビデオの分割映像を図化して示した。これをみると後足は前足の着地位置のすぐ後方に着き、後足の指が前足後部に当る前

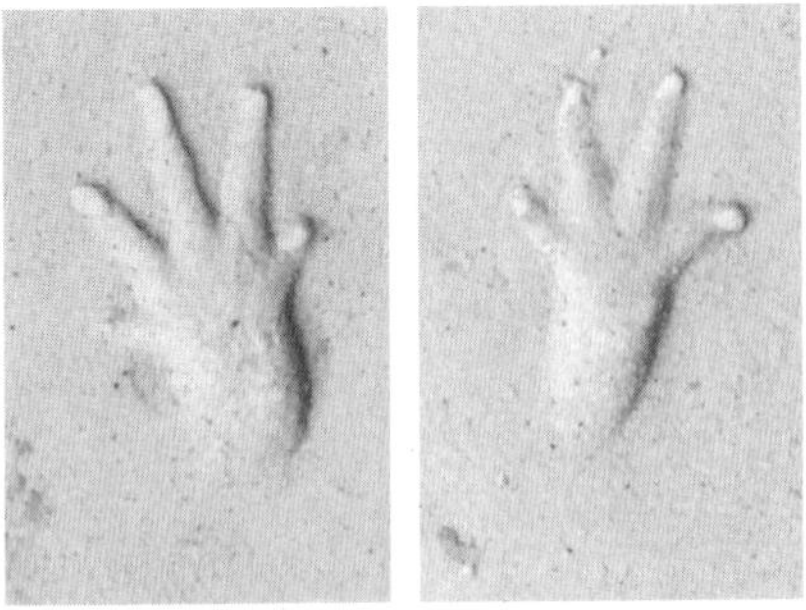

後足　前足

体長が10cmのイモリの左前後足の石膏型

イモリが移動時に指尖をこすった弧状の跡

河原でみたおそらくウシガエルの足跡

に前足があがりはじめる。そして、その時期から他側の後足が離脱しはじめる。またこのイモリの移動を泥上でみると前頁中段の写真のように前後足ともに離脱、遊離して前進する時に外側へゆるく弧を描き指尖を地面にこする跡が着く。なおニホンイモリにはミズカキはない。

次にカエル類の足跡を示す。前頁下の写真は、川岸でやや細粒の砂を含む泥の上に着いた両前後の足跡である。かなり大きいのでおそらくウシガエルであろう。カエル類の前足には、イモリと同じく指が四本、後足には五本あり、指間膜（ミズカキ）は後足で著しく発達する。

次にオオサンショウウオの足部について書こう。オオサンショウウオ、すなわちジャパニーズ　ジャイアント　サラマンダーは日本がほこる巨大両生類である。かの有名な話、それは一七二六年、スイスの博物学者J・J・ショイヒツアーがボーデン湖畔のエニンゲンの石切り場（中新世）で発見した頭蓋骨つきの脊椎骨化石のことである。彼はこれをてっきり「ノアの洪水で溺れ死んだ昔の罪深い人間の哀れな骨格」と信じた。しかし、この誰もが疑わなかった化石を一八世紀後半にドイツのヨハン　ゲスナーが大きなナマズの骨であるとした。そしてついに一八一一年、あのキュヴィエがサンショウウオの骨であると確定したのである。

サンショウウオの昔話はさておき足部と足跡の話に入ろう。誰もが知っている特別記念物であるオオサンショウウオは日本の各地で手厚く保護されていて手足部を詳しく観察する機会は少ない。しかし、石川県白峰村の手取川上流の泥岩層（手取層群・白亜紀前期）からサンショウウオの仲間であろうと考えられる足跡化石が発見されたこともあり、ぜひともこの類の足部を詳しく観察したいと滋賀県立琵琶湖博物館で飼育されているオオサンショウウオを前畑政善さんに頼んで計測した。上のオオサンショウウオは全長が一〇二センチ、胴長が四一センチある。そしてその手掌と足の裏をみると、前足には指が四本、後足には指が五本ある。指の骨も四本と五本である。そして各指の先には爪はなく丸い肉球のようになっていて赤ちゃんの手のようにみえる。粘土で足型を取ったがつるつるしていてなかなかむずかしい。移動の仕方と行跡は、爬虫類のワニなどとよく似ていて（一三一頁参照）、陸上では前後の足跡は重複しない。白峰村産の足跡化石は前後の重複足印で足跡間に指尖でこすった跡がある。水中移動時のものかもしれない。

全長が102cmのオオサンショウウオ（琵琶湖博物館飼育）

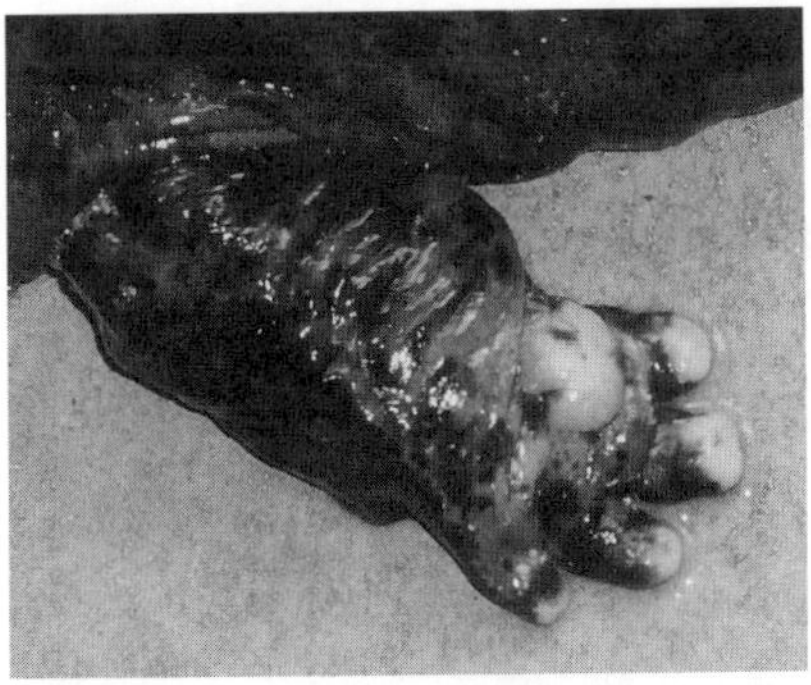

上のオオサンショウウオの左前足底面（手掌面）観

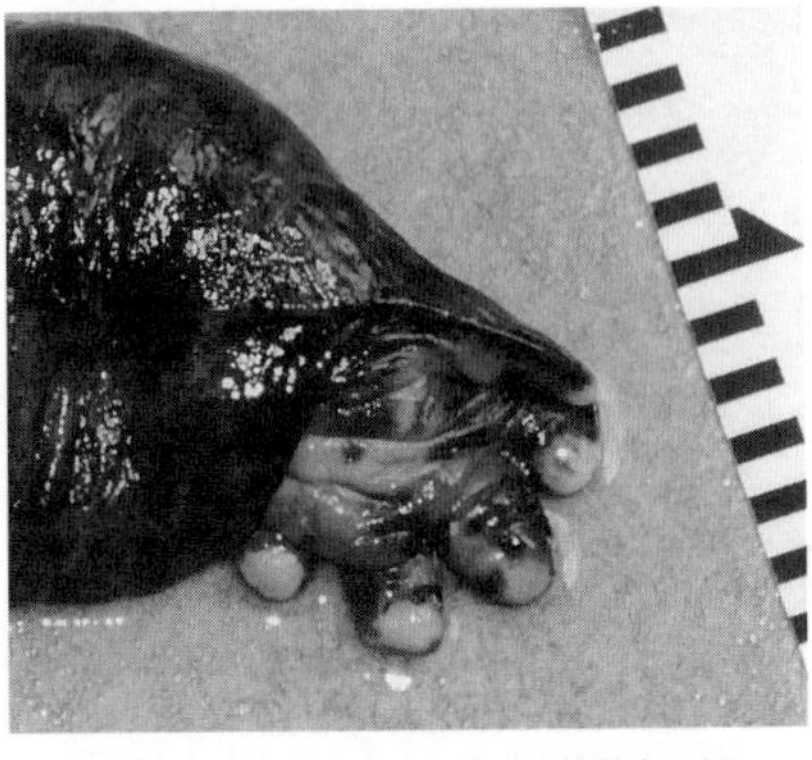

上のオオサンショウウオの右後足底面観

石川県白峰村で発見された小型の両生類、おそらくサンショウウオの仲間であろう足跡化石で、足跡は前後が重複している。
また、二つの足跡間には水中で前進する時に指尖でこすった溝がいくつもみられる
（白山恐竜パーク白峰化石研究会提供）

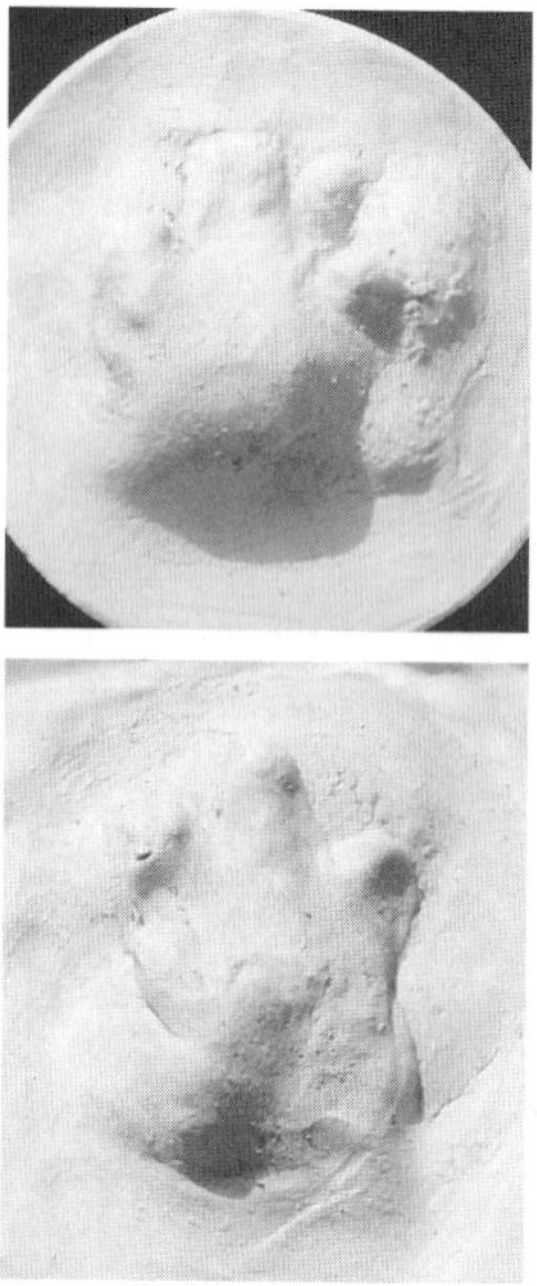

オオサンショウウオの左前足の石膏型（上）と左後足の石膏型（下）
（岡村保管）

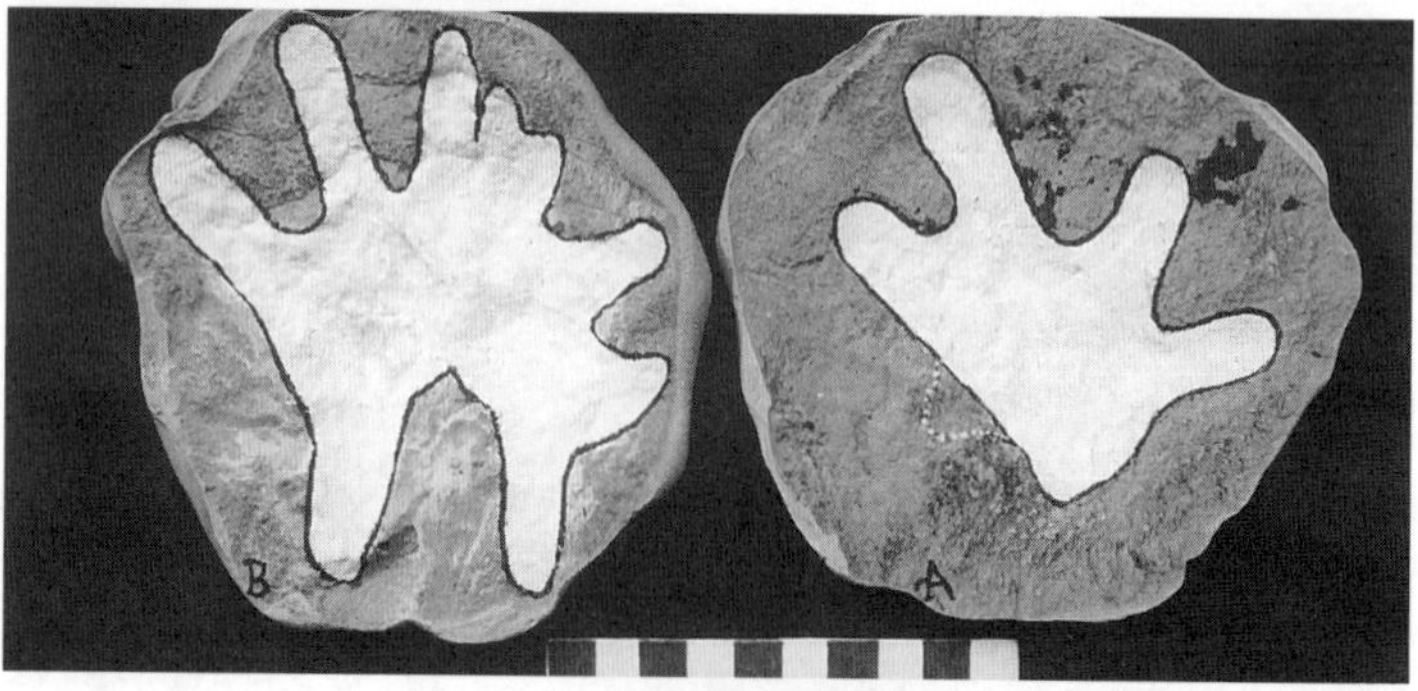

石川県白峰村で発見された両生類足跡化石の樹脂の凹型
（白山恐竜パーク白峰化石研究会提供）

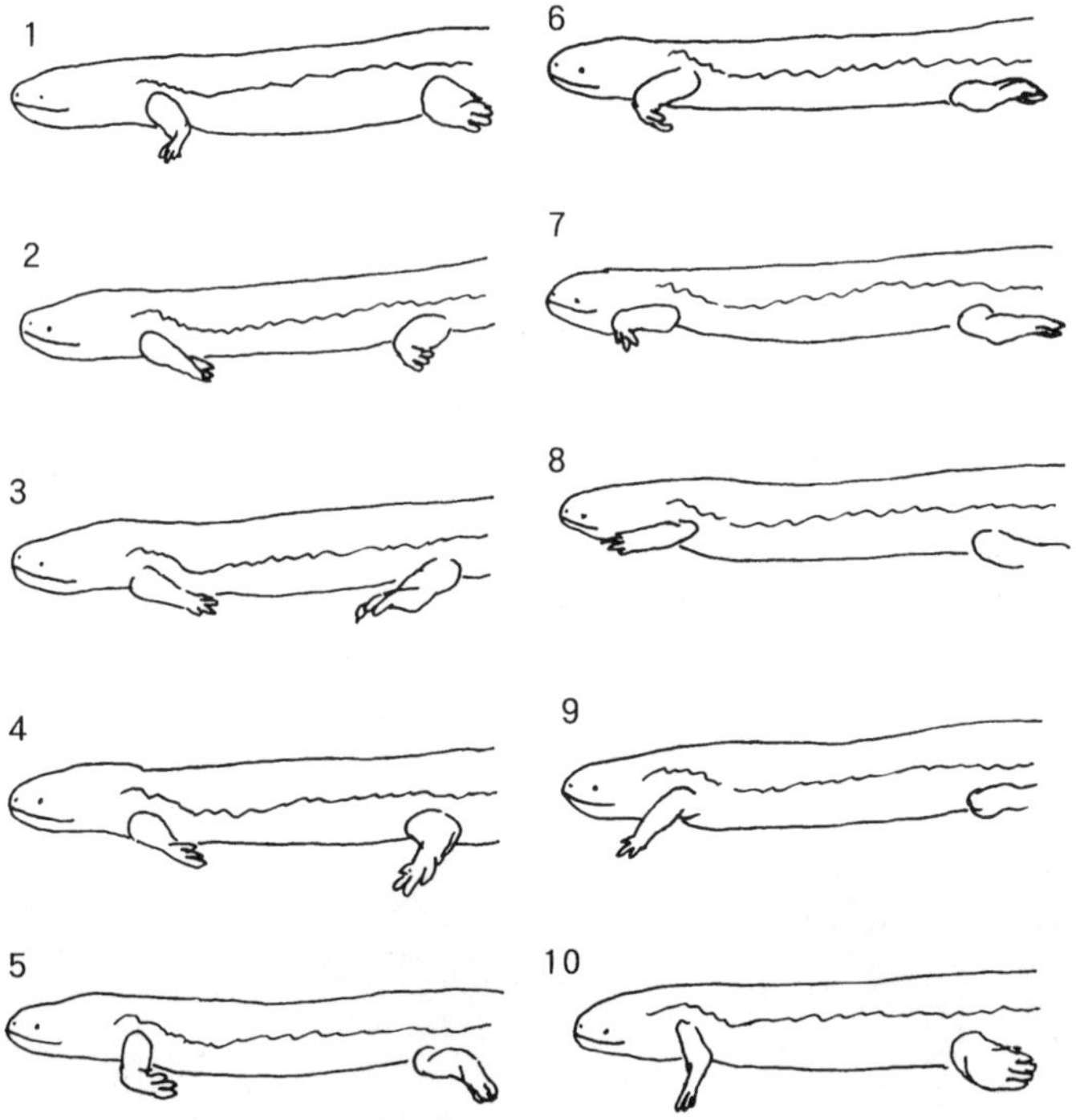

オオサンショウウオが水中で足部を川底に着けて移動した時の前後足の動き

前足が離脱する時期から着地までをみると、離脱・前進時期に指尖を地面にこする。これは前足に顕著？である

後足の動きはワニ類の場合とよく似るが、ヒレの役目がつよく、よく推進するように水をかく。浅い場合は水底面をこする

コーヒーブレイク（5）

なんでもかんでもワニジャラケー

伊豆の熱川温泉には世界中のワニを飼育していることで育名な熱川バナナワニ園がある。飼育課長の山本恒幸さんは慣れた手つきで体長が二メートルもあるナイルワニをつかんでガムテープで口をぐるぐる巻きにした。私はこわごわそのワニのシッポを押えてスケールで計ったり粘土に手足の型を採ったりした。ワニは歯もすごいがシッポも力がある。はねられたら吹っ飛ぶと言う。特にクロコダイル科のシャムワニやナイルワニやイリエワニは見るからにどう猛である。飼育池はいくつもあって、ゴン太などと名づけられた2メートルを越えるミシシッピーワニがいっぱいいる池のフェンスのなかへはじめて入る時はさすがにしりごみをした。もちろん山本さんが一緒でないと入れない。

おかげで、このバナナワニ園ではアリゲータ科とクロコダイル科の多くのワニのからだを計測したり、手足の型を採ることができた。こんな経験ができたのもワニの足跡化石が発見されたお蔭であろう。

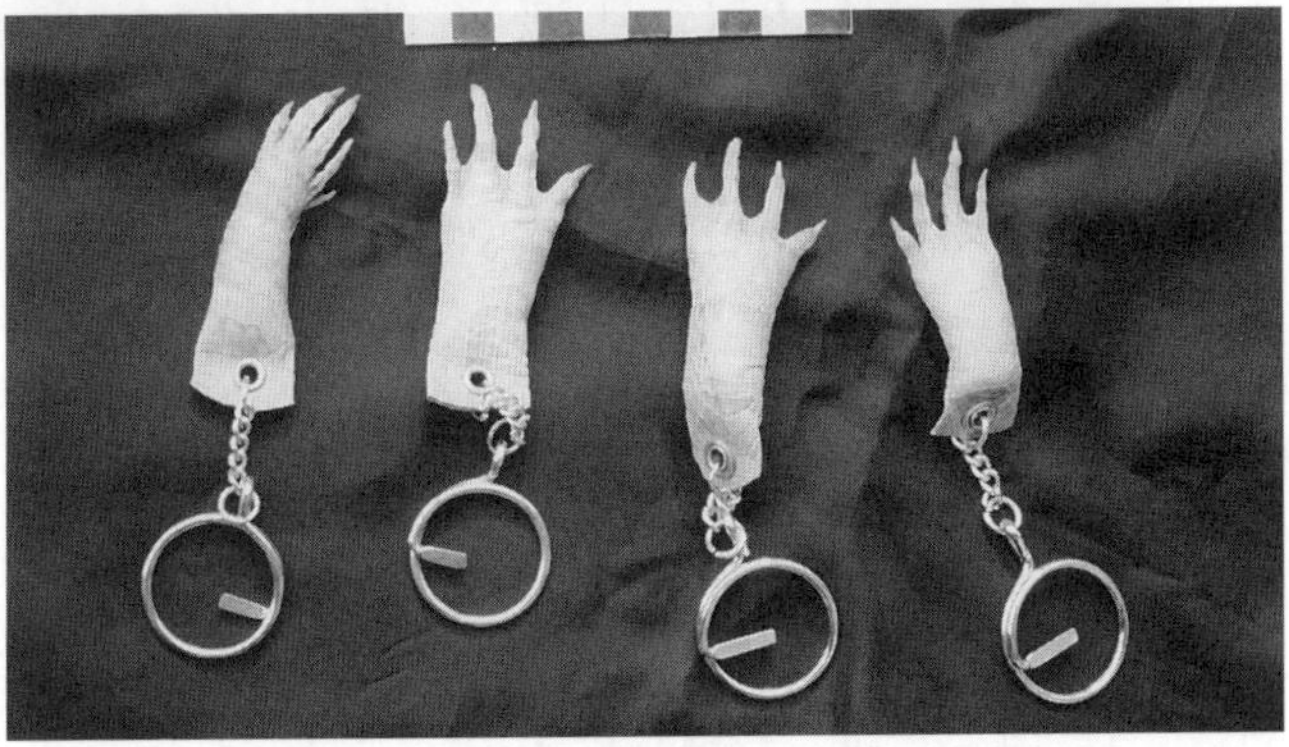

タイのサムットプラカーンにあるワニ園はもうワニ、ワニ、ワニとワニだらけ。ワニのことをタイ語でジャラケーと言う。まさにワニジャラケー、いやワニだらけーだ。そこの売店にはシャムワニのシャレコウベや子ワニの手足で作ったキーホルダーや卵を売っている。もちろん卵は空であるが。極めつけはハンドバッグではない。ワニのスープの缶詰である。ガイドのニターヤさんの旦那さんはそれはそれはこれが大好物であると言う。しかし、彼女は嫌いである。私は旦那の土産に3缶買った。彼女はしぶしぶもって帰った。その夜、旦那さんの首が伸びてあんどんの明かりのもとでジャラケーのスープをすする音がホテルまで聞こえた。明朝、彼の顔は長くなり爪が尖っているかも。

鳥類

次に鳥類の足部の話をする。鳥類は今さら言うまでもなく中生代ジュラ紀の頃、恐竜から進化したと考えられている。そののちほかの生物と同じく栄枯盛衰をくり返し、今地球上には八五〇〇種以上の鳥類が生息している。国内には野鳥だけでも約五五〇種いるといわれている。

国内で新生代の地層からの足跡化石は、今までに発見されているのはツル類、サギ類、コウノトリ類などである。それについてはすでに詳しく書いた。ここではそれ以外の鳥類で足跡化石が発見されることも期待して、できるだけ多くの足部と足型や足跡を紹介してみる。

ここまでの話のなかで「足跡化石はどんなところにあるのか」を詳しく書かなかった。その理由はほかでもない。一頁からこの鳥類の足部と足跡まですべてを読んでもらえばおのずとわかってくると考えたからである。すなわち、足跡化石をみつけるには、今われわれがみられる多くの動物の生態、生息地、環境、地面の状態、着いてから目に触れるまでの条件、言い換えれば足跡が残る条件、へこみを足跡と決める方法、変形した足跡化石をもとに復元する方法などを追求していかなければならない。これらのことを総合的に理解してはじめて足跡化石を発見し、研究する道が開かれるのである。著者の意図するところはそこにある。

バードウォッチング書では、よく陸鳥、水辺鳥、水鳥の三つに大別し、写真や図などで解説しているが、われわれの必要とする足部が描かれたものは少なく、ましてや足跡の図鑑はまれである。また生息地別に分けている書もある。例えば（一）市街地、村落。（二）草原、低木林。（三）平地、山地の森林。（四）亜高山林、亜寒帯林。（五）高山帯。（六）渓流、河川。（七）湖沼、湿地。（八）干潟、海岸。（九）

海上など。これらの地に生息するすべての鳥類の足部と足跡を網羅することは、紙面の都合もあるし著者の知識では不可能である。ここではおもに王子動物園などの標本や著者が河原で採取した足型などをあげて話を進めていくが、鳥類の足跡化石の研究には何といっても、移動の様式もさることながらその形態の観察が先決である。なぜなら鳥類の移動の様式はおもにウォーキングとホッピングしかないからである。そこで鳥類の足跡の形態を左下の図のように六つのパターンに分類した。鳥類の足指の形態は、言うまでもなくその鳥の生活の場に適応した形に進化したもので、樹上生活をする鳥は枝につかまりやすくできているし、水鳥には指間膜が発達していて泳ぎやすくなっていたり、指がからだの割には長くて浮き草などの上を歩きやすくなっているものもいる。

◆タイプ一

このタイプは大小の指間膜をもったもので、これに属するおもな鳥類にはガンカモ類、ウ類、カモメ類、ミズナギドリ類、フラミンゴ類などがいる。これらはどれも水辺や海に生息する鳥類であり、足跡化石になる可能性が高い。

まずガンカモ類から示す。この類の足跡のきれいなものは野鳥の書、足跡ウォッチング書などに載せられていることもあるので詳しいことは省略

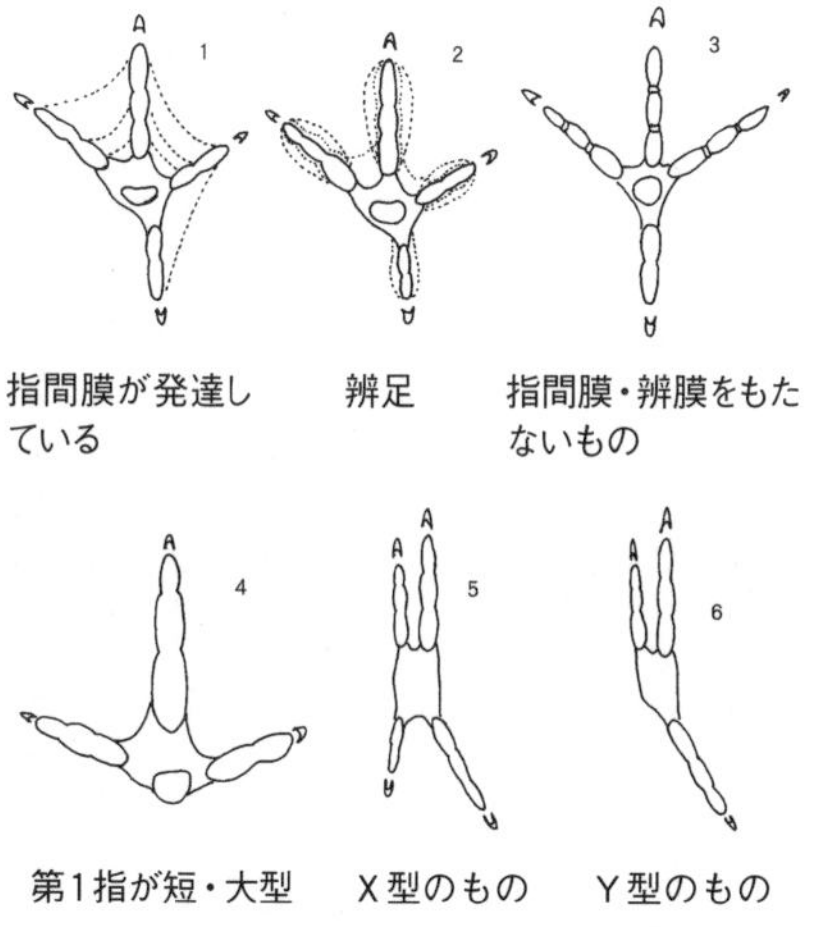

鳥類の足跡の6分類
(B. Brown et. al 1992)

する。左上の行跡をみてほしい。琵琶湖畔の河口の片すみに堆積した薄い有機質を含む少し湿った泥の上に着いた足跡である。下位にはやや荒い砂が堆積していて深く印跡しない。指間膜印は明瞭で三本の指印が確認できる。これらの足跡の指印は細く、下の写真のガチョウ類の足部をみてもわかるように第二指印、第四指印が外方へ直線的でなく弧を描いていることからガンカモ類の足跡とわかる。このほかに王子動物園に保管されているガチョウの足部の石膏型を次頁の上に、フラミンゴのそれを中段に、ハシボソミズナギドリの足型を下に示す。

タイプ一に属する鳥類の足部の指間膜にはいろいろある。最も多いのは第二指〜第三指〜第四指の二つの指間に膜をもつもの。そしてその発達している範囲にも指の先端まであるものや中間位までのものやもっと指の基部（いわゆる指の股）に近い部分のみのものがある。これらをそれぞれ遠位指間膜、中位指間膜、近位指間膜という。またこれらの指間膜も二指間ともに同じ大きさであるものと第三指〜第

有機質を含む泥上に着いたガンカモ類の行跡（琵琶湖畔）

ガチョウ類（人間がガンカモ類を改良したもの）の足部

ガチョウの足の石膏型
（王子動物園保管）

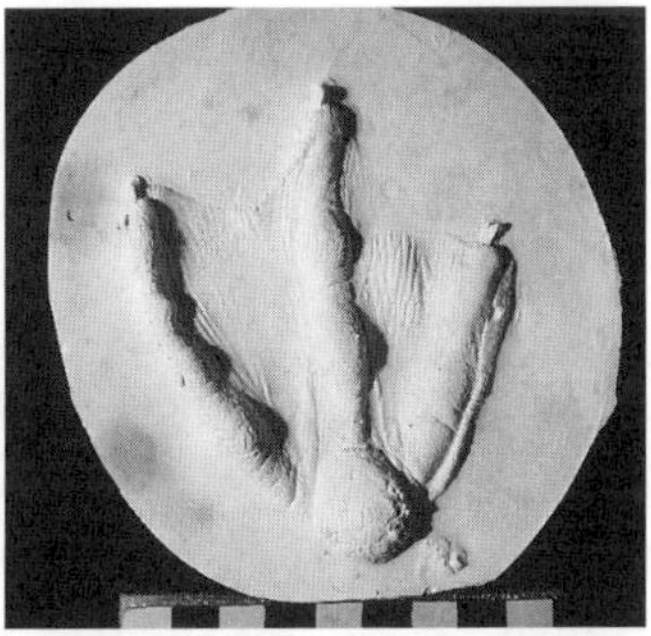

フラミンゴの足の石膏型
（王子動物園保管）

ハシボソミズナギドリの足の石膏型
（王子動物園保管）

四指間にのみ発達するものもある。また足部の図はあとで示すがペリカン類やウ類は、第一指〜第二指間にも、すなわち三指間ともに指間膜をもっている。

次に琵琶湖畔でみたガンカモ類の足跡の三態を説明する。次頁の写真をみてほしい。上の写真はやや水分が多く軟らかい泥の上を歩行して間もない足跡で指印、指間膜印ともに明瞭に印跡されている。しかし少し崩れかけている。時間が経過すると特に水分の多い所や泥が軟弱なところの足跡は、中段の写真のように足跡の壁が溶けるように崩れ始める。波や流れがあればなお一層それに拍車がかかる。下の写真は流れや波によって足跡が破壊されてもとの形をとどめず、ただ丸いへこみだけになったものである。このように足跡は印跡後どんどんとその形態が変化していくものであることを忘れてはならない（一七七〜一七八頁のイヌの足跡参照）。

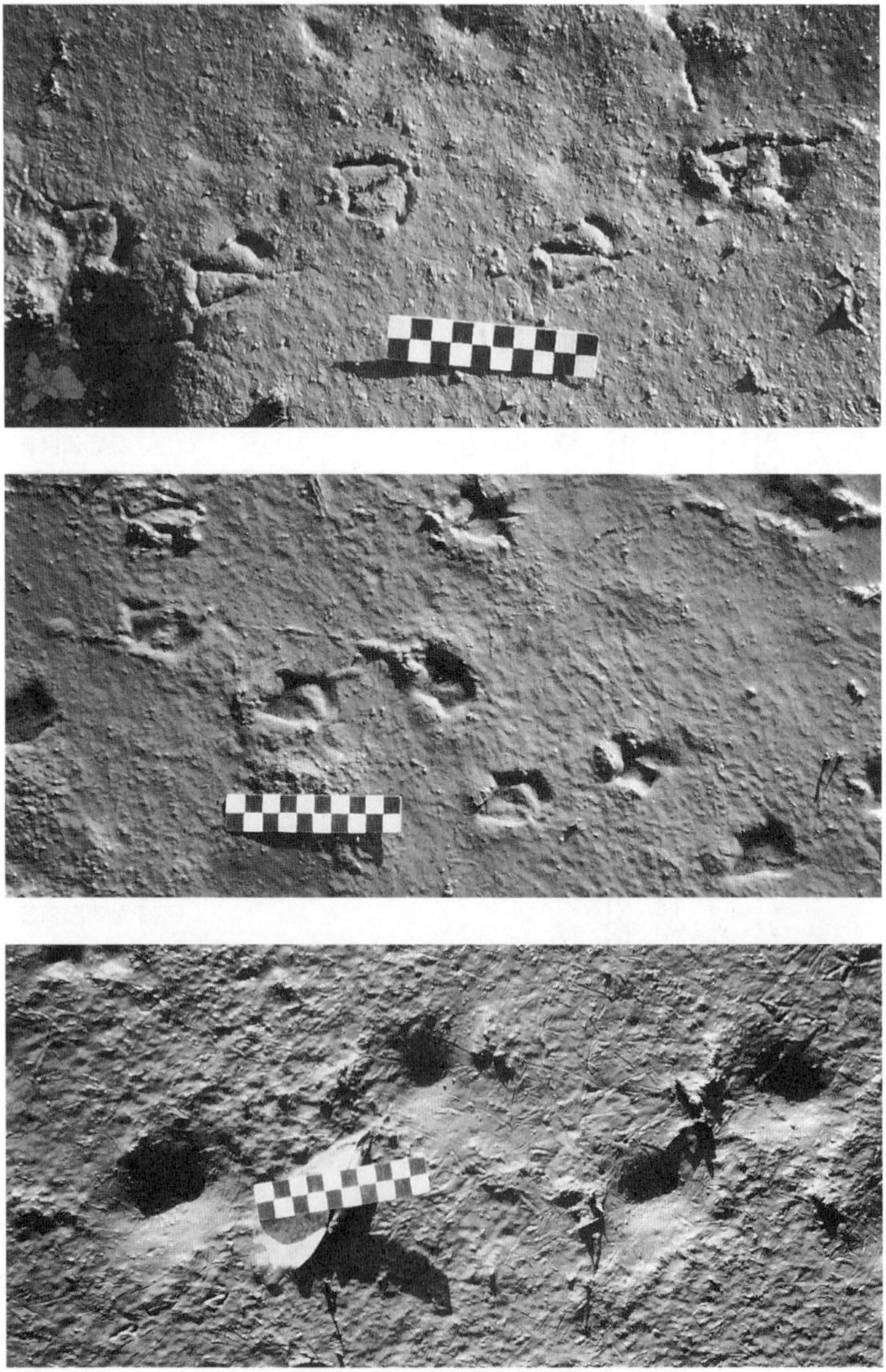

琵琶湖畔でみたガンカモ類の足跡の３態

◆タイプ二

この辨足に属する鳥類は、カイツブリ科のカイツブリ、クイナ科のオオバンなどがあげられる。下に示したように三本の指の両外側に辨膜状の水かきをもち、水をける時には指を広げ、戻す時にはすぼめる。写真上がオオバンの足部で滋賀県の多賀の自然と文化の館に保管されている標本である。下がカイツブリの足部のスケッチである。著者はいまだこれらの足跡をみていないので、足跡は省略せざるを得ない。

◆タイプ三

これに属するものは指間膜があまり発達せず、後方へまっすぐに第一指が、ほかの三本の指が前方、前外方へ出るものである。その代表的な鳥類はサギ類である。長い第一指は枝などにつかまりやすいためと湿地などの軟弱な地面や水面の浮き草、水草の上などを忍者の〝ミズクモ〟のように歩くためである。したがって前方へ出る三本の指は広い角度に開くことができる。サギ類の足跡の石膏型は一四六頁にすでに示したが、王子動物園に保管されているサ

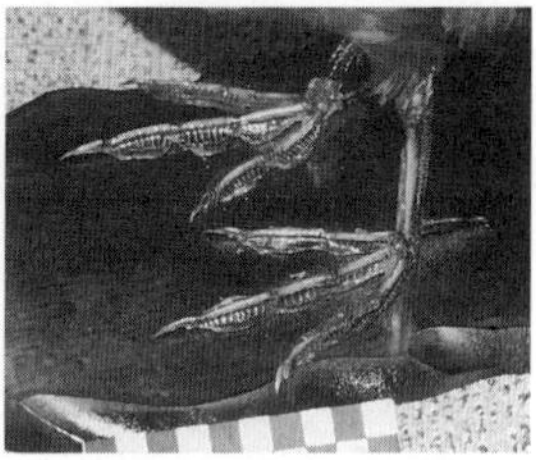

オオバンの足部（多賀の自然と文化の館保管）

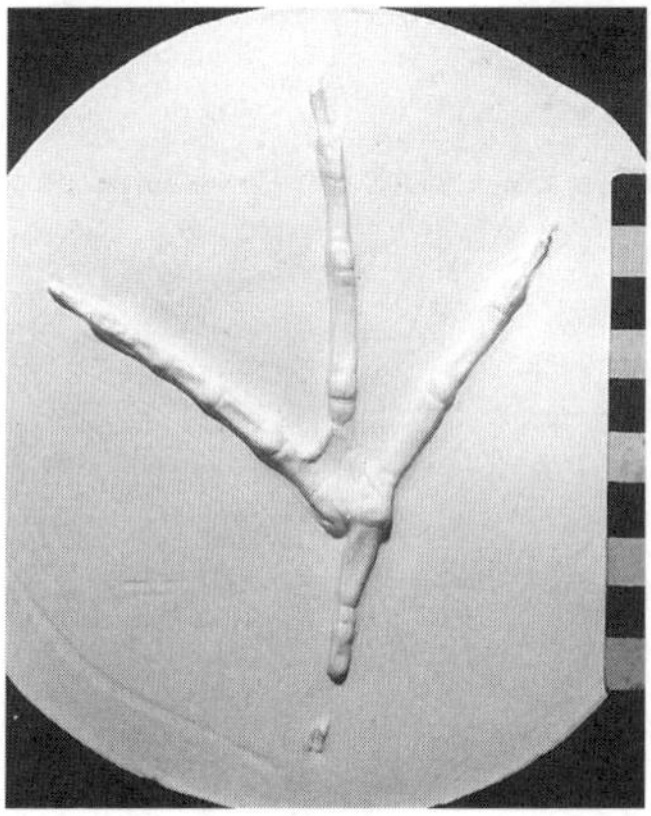

サギ科の足の石膏型（王子動物園保管）

右はカイツブリの足部のスケッチ

ギ科の石膏型を前頁の下左に示す。よく観察すると第三指間と第四指間に小さな近位指間膜をもち、各指印は関節印が明瞭で非常に細くまっすぐである。

前々頁にガンカモ類の足跡の三態を示したが、野洲川の河床でみたサギ類の足跡のいくつかを上に示して説明する。一番上の写真は、小さな水溜まりに印跡されたものであるが、まだ水分が多い左方の泥上の足跡はやや硬い右方の泥上の足跡が明瞭であるのに比べて不明瞭になっている。中段の写真は、同じような水溜まりの泥上に印跡されたものであるが、溜っていた水が減りつつある時期に印跡されたためと泥がやや厚かったので明瞭に残っているが指印の壁が軟弱な所では狭くなってきている。一番下の写真は、印跡面の泥の性質は全面で大差がないが、左方が高

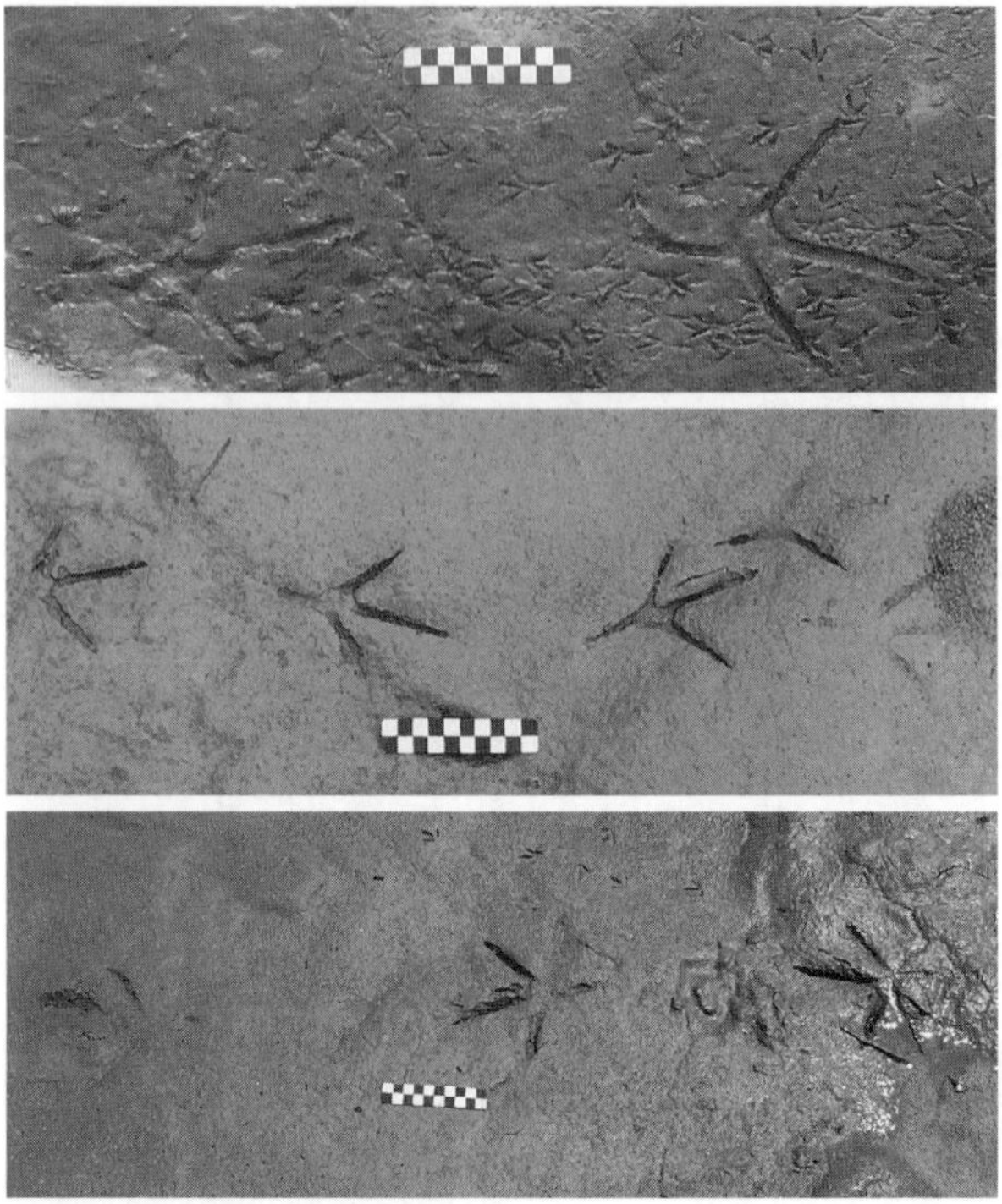

水ぎわでみたサギ科の足跡で、条件のちがいで足跡は変化する

く早く水が減り、やや硬い泥状であったので深く印跡されていない。中央と右方の足跡はまだ軟弱な泥であったが足跡が崩れるほどの軟らかさではなかったために深く明瞭に印跡されている。

タイプ三の代表的なサギ類の足跡について説明した。このほかにこれに属する足部をもつ鳥類は、スズメ、ヒヨドリ、ツグミ、ムクドリ、ハクセキレイ、ハト、ニワトリ、カラスなどのスズメ目、ハト目、キジ目など多い。これらはほとんどが陸鳥で水辺を歩くものは少ないが、河原などでいくつかの足跡をみることができる。

次にカラスの足跡について説明する。鳥類の歩き方には、前にも書いたように両足を交互に出すウォーキングとぴょんぴょん歩きのホッピングがある。カラス類やツグミ類は両方の歩き方をする。カラスの足跡は非常に特徴的で、泥の上に印跡された足跡をみると指関節印が明瞭である。王子動物園に保管されている石膏型を左上に、ツグミの足の石膏型を左下に示す。また次頁にカラス、ツグミ以外のタイプ三に属する鳥類の足型をあげておく。

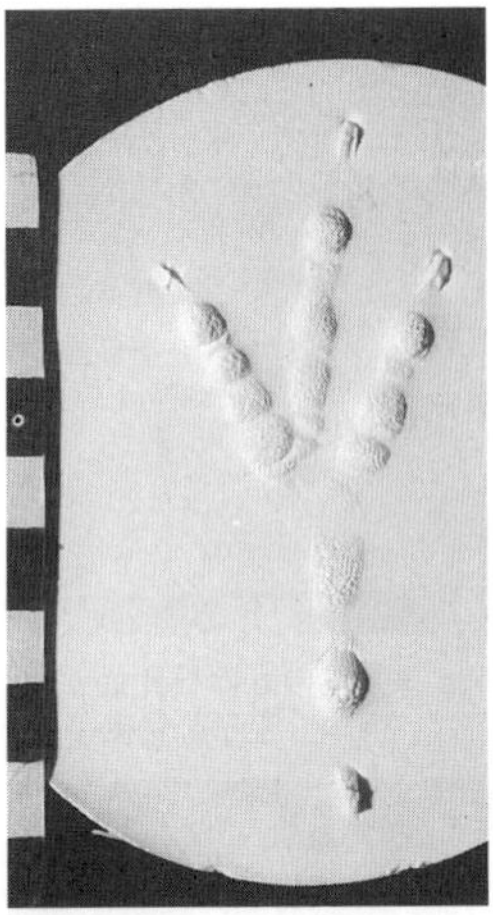
カラスの足の石膏型
（王子動物園保管）

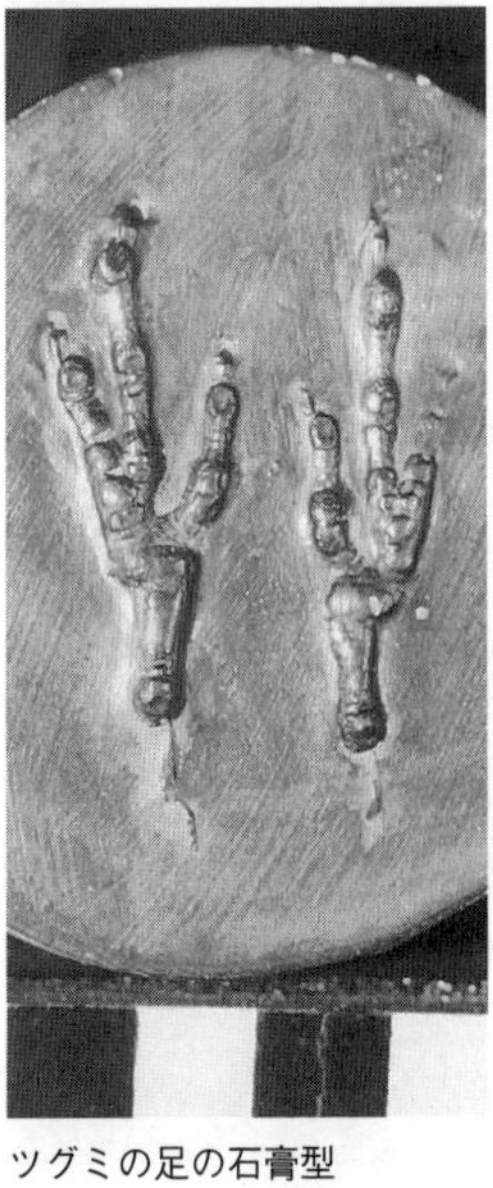
ツグミの足の石膏型
（王子動物園保管）

ノゴマの足の石膏型
（岡村保管）

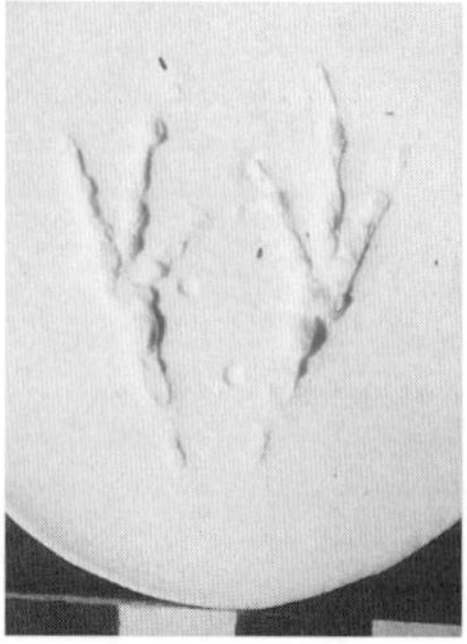

スズメの足の石膏型
（王子動物園保管）

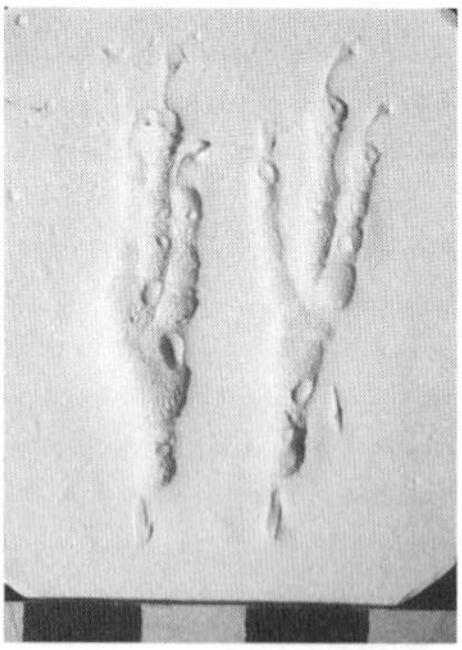

ヒヨドリの足の石膏型
（王子動物園保管）

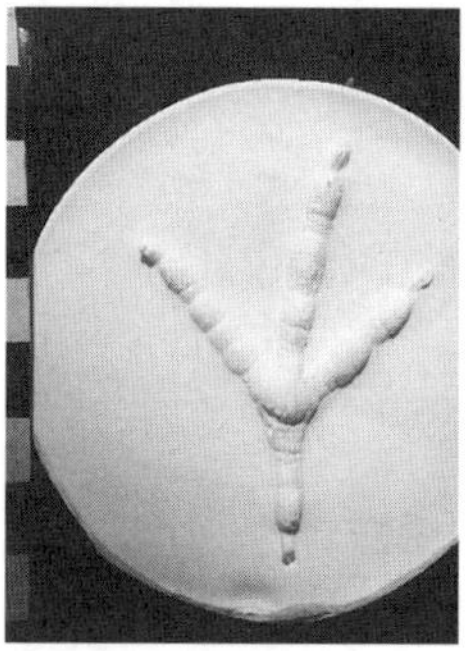

ドバトの足の石膏型
（王子動物園保管）

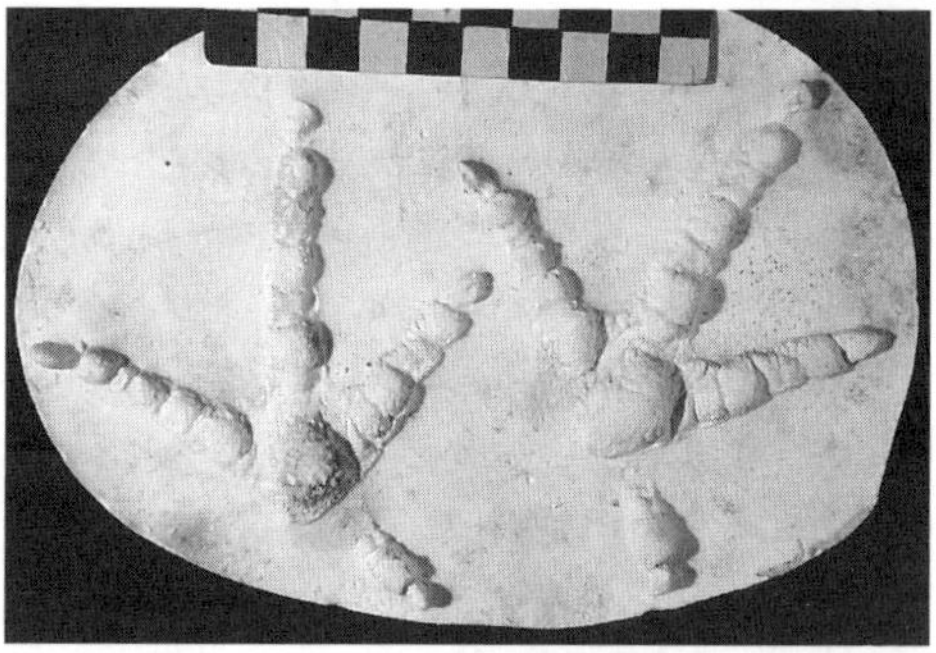

ニワトリの足の石膏型（王子動物園保管）

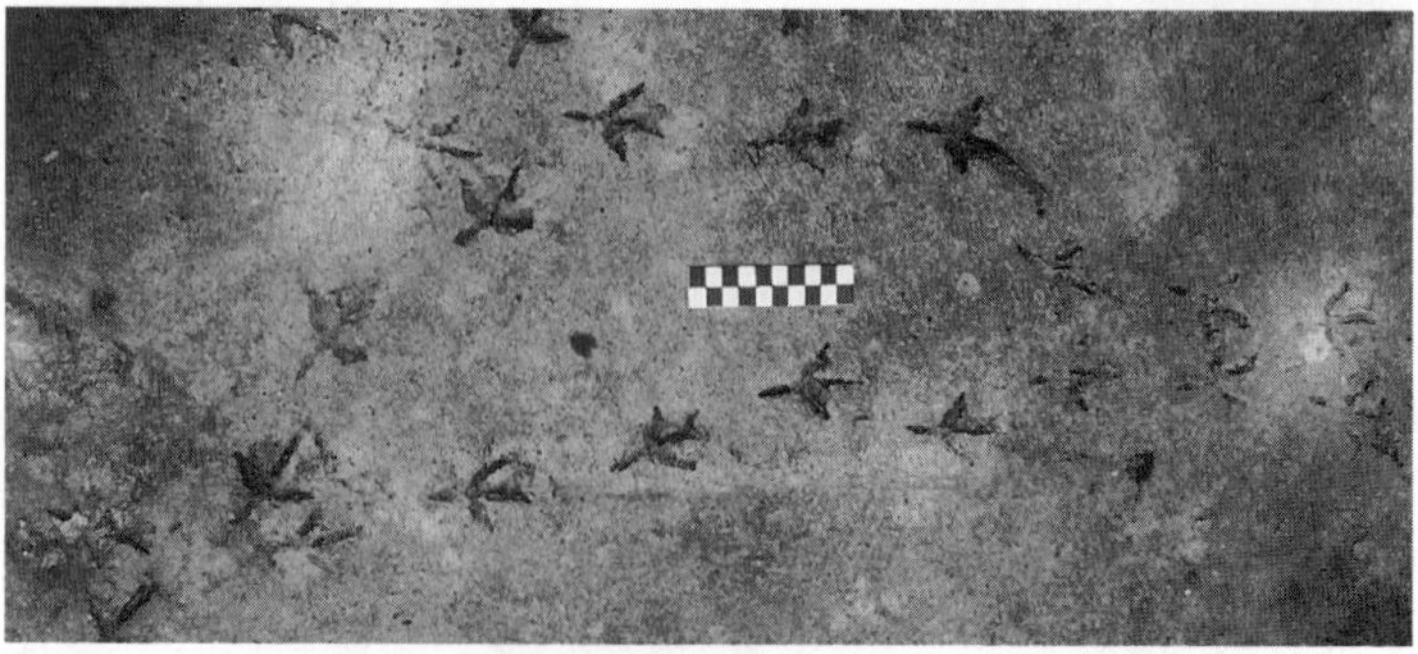

コンクリートの上に着いたハト類の行跡（バンコク、デュシット動物園））

◆タイプ四

このタイプはタイプ三に似るが、それより大型で指もやや太い。第一指が高い位置から出ていて硬い地面の歩行では印跡されない。これに属する鳥類の代表的なものはツル類やコウノトリ類である。しかし、コウノトリ類の第一指はツル類より長いものが多く、また後方へ出る高さも低いものが多い。したがって第一指印が印跡されることがあり、厳密に分類するとタイプ三と四の中間に入れた方がよいかも。ここでお断りしておくが、今著者がこのようにタイプ分けをしたのは、あくまでも足跡の形態的な観点から便宜上したもので、鳥類の種類別の分類とは一致しない。

また、指間膜は近位指間膜で一見すると両者ともに第二指と第三指間の両方に少しあるようにみえるが、コウノトリ類の剥製標本などでは二指間に同じ大きさであり、ツル類の方が第三〜第四指間に顕著である。

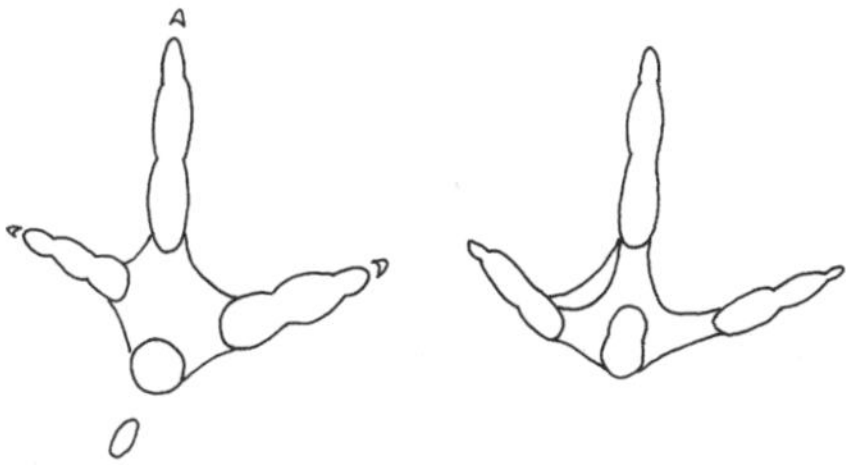

コウノトリ類の足跡（左）とツル類の足跡のスケッチ

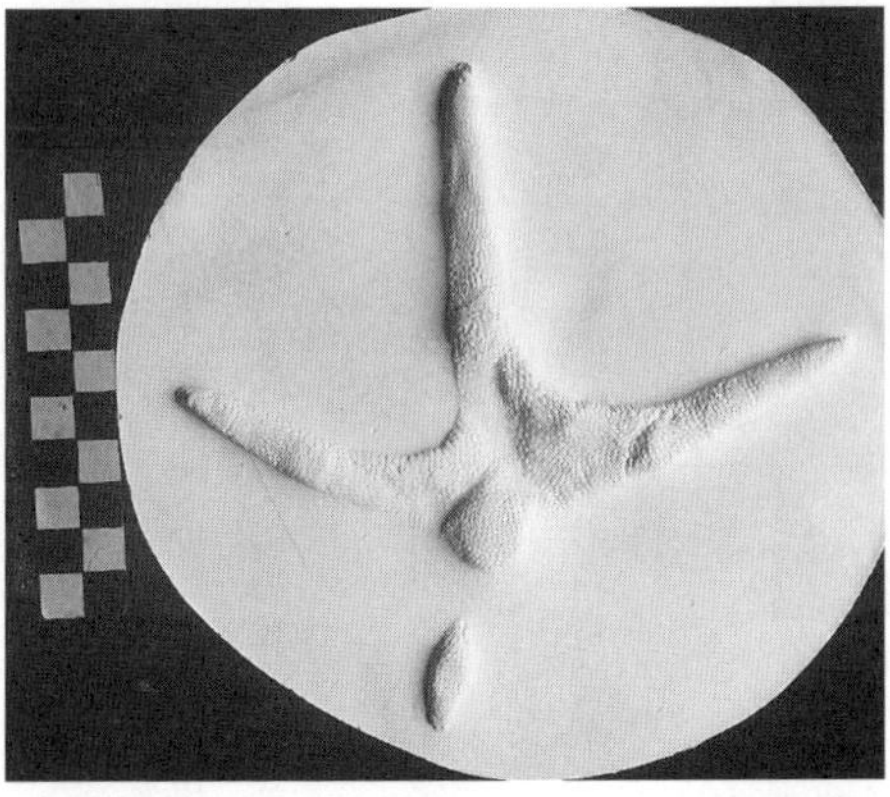

ニホンコウノトリの足の石膏型（王子動物園保管）

　ツル類の足跡については第三章の「鳥類の足跡化石」で触れたので詳しいことは省略し、ニホンコウノトリの石膏の型を示す。

◆タイプ五と六

タイプ五に属する鳥類の足部の形態は指の配列が前方、後方へそれぞれ二本ずつでているので、足跡の形態はX形、あるいはH形になる。このような足部の形態の鳥類はオウム類や四趾型のキツツキ類が属する。

◆タイプ六は三指型で、前方へ二本、後方へ一本出るY形である。三趾型のキツツキ類が該当する。

フクロウ類の足部は四趾型であるが、その配列が少し変わっている。このアオバスクの石膏の型もインコ類のものとともにあげておく。

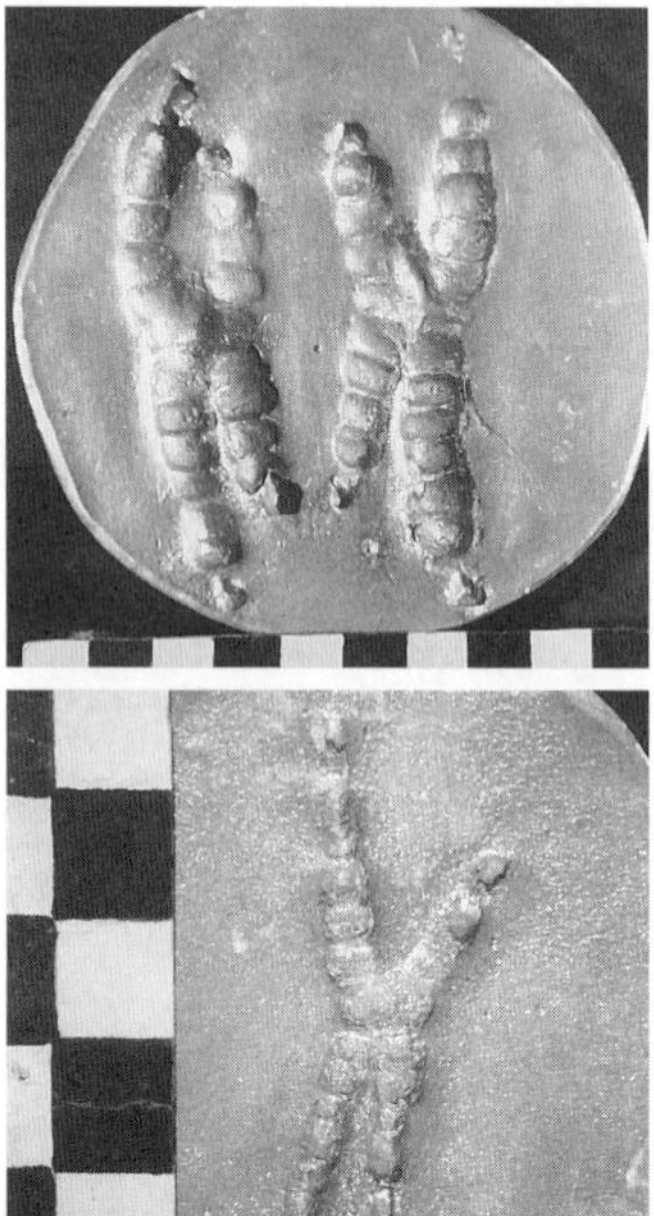

上の２枚は、インコ類の足の石膏型、下はフクロウ類のアオバスクの両足の石膏型

（王子動物園保管）

次にこれまでにあげた六つのタイプに属さないダチョウ類の足部と足跡をみてみよう。

◆ダチョウ類は、鳥類のなかでは最大である。体高は二五〇センチ、体重は一五〇キロにもなる。顔はかわいいが、すぐ近くでみると突かれそうで怖い。左上に示した王子動物園に保管されている八歳、オスのマサイダチョウの足底の墨標本（拓本）をみると、その足印長は約一六センチ。指の数は二本ある。それは太く長い第三指とやや太く短い第四指である。第一指と第二指はどうなったのか著者は知らない。歩行時の指の動きはほかの鳥類と同じく離脱時には二本の指を閉じ、着地時には広げる。タイのサムットプラカーンでみたダチョウの足部と砂を含んだ泥の上の足跡を示す。

マサイダチョウの足底の墨標本
（王子動物園保管）

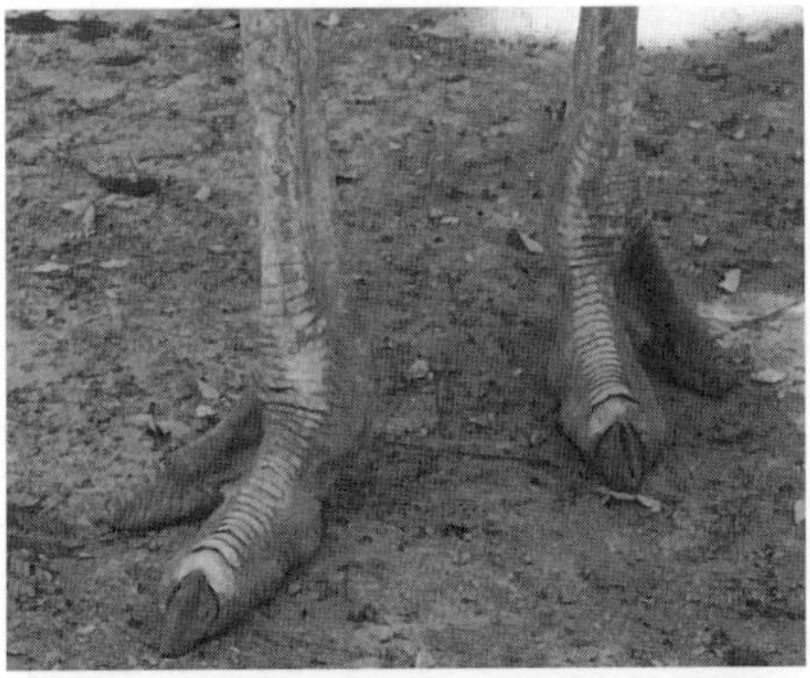

中段の写真はダチョウの足部で、下はその足跡
（タイ・サムットプラカーン）

ここまで鳥類の足部を形態別におおざっぱに分類して、その足部、足の石膏型、墨標本（拓本）、足跡などを紹介した。はじめにも断ったように足跡化石の研究に役立つものもあればそうでないものも含んでいる。しかし、古足跡学をはじめるにはできるだけ多くの〝鳥類の足部に関すること〟をみておいた方がよいと考えたからである。

これでこの章を閉じようとしたが、著者にはもう一つ知りたいことがあった。それは、もしいろいろな動物の足跡を観察する時にその場にそれを着けた主がいない場合、いったいどのくらいの大きさの動物が着けたのであろうか。足跡化石においてはもちろんその主をみるすべもない。そこで最後にいくつかの動物の体格と足部の大きさについて計測してみた。これらは主に剥製と骨格標本から計ったもので、有蹄類のヒヅメの計測は誤差が少ないが、そのほかの動物の足部についてては乾燥や萎縮などで変形しているので誤差があることをあらかじめ断っておく。でも足跡をみて推定した足部の大きさから、それを印跡した動物の大きさを頭に浮かべるのに多少なりとも参考になるであろう。

まず哺乳類、鳥類、両生類、爬虫類の順に略図に計測値を示すが、動物図鑑などに載せられている動物の全長、体長、頭胴長、胴長、尾長、体高、肩高などいろいろな計測部位は種類や著者によってまちまちであり、判断はその図鑑に描かれている図をみなければならない。ここでは足跡の大きさからその動物のおおよその大きさを知ることが目的であるので、体高、体長などは本図に示した部位で判断してほしい。また示した数値はセンチである。

なお、これら計測をした標本は、著者が保管しているもの、琵琶湖博物館、多賀の自然と文化の館、栗東自然観察の森、京都市動物園、王子動物園、タイの動物園などに保管されている標本である。

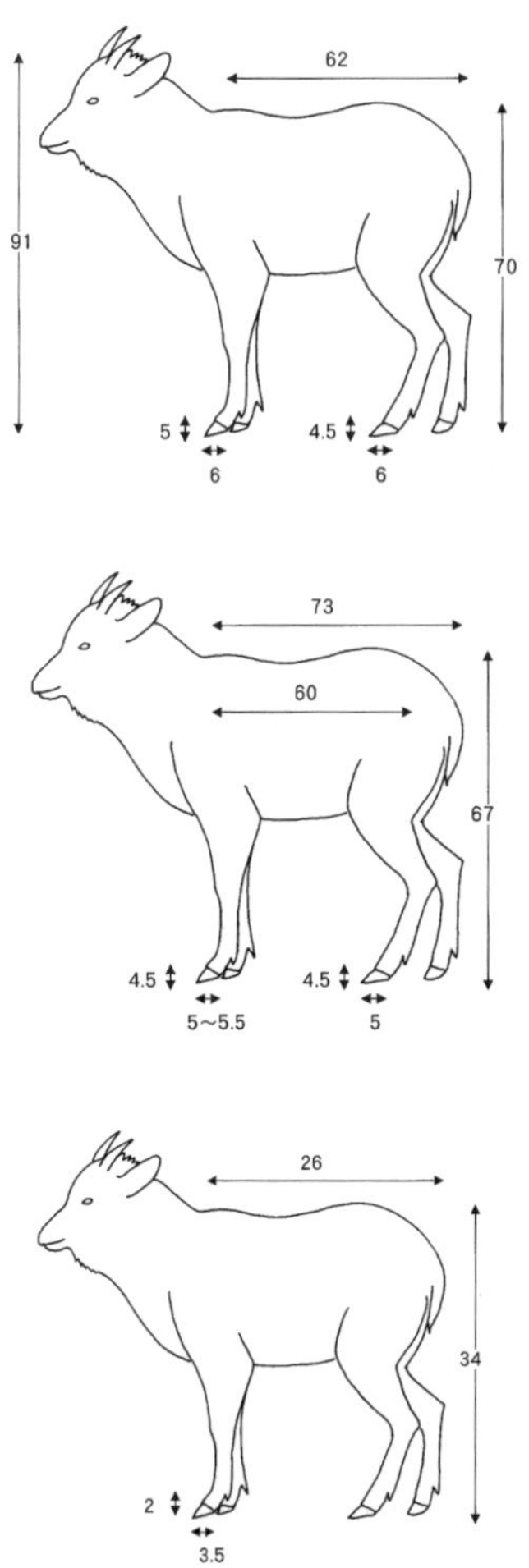

カモシカ

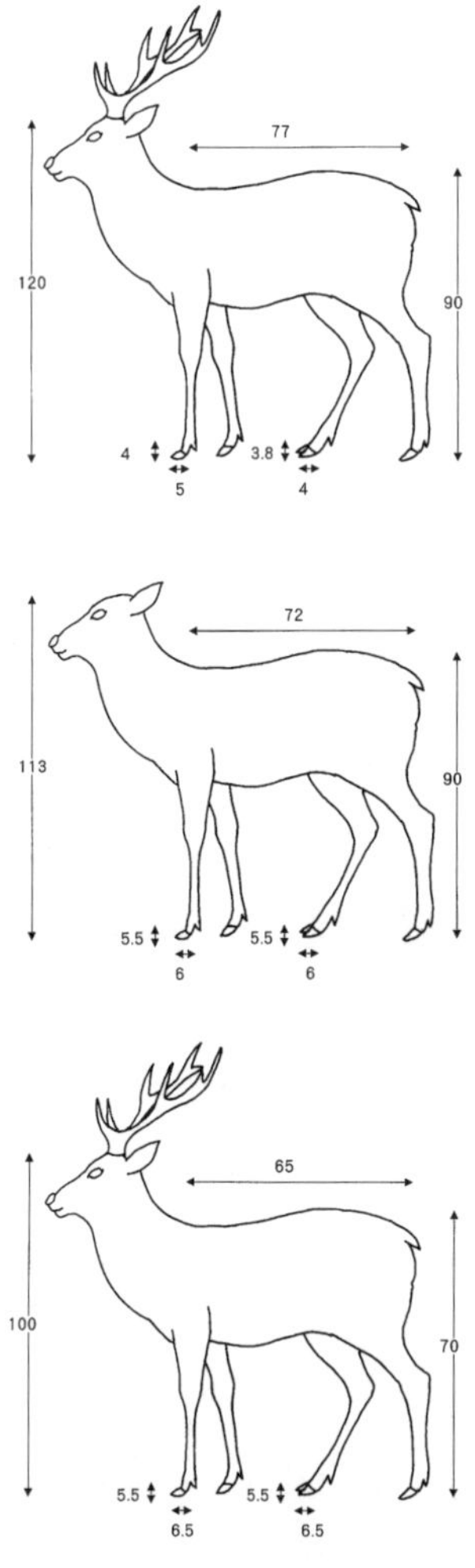

ニホンジカ

上から多賀標本、王子標本、多賀標本　　　　上から多賀標本、王子標本、栗東標本

註：多賀は多賀の自然と文化の館保管、王子は王子動物園保管、栗東は栗東自然観察の森保管をあらわす

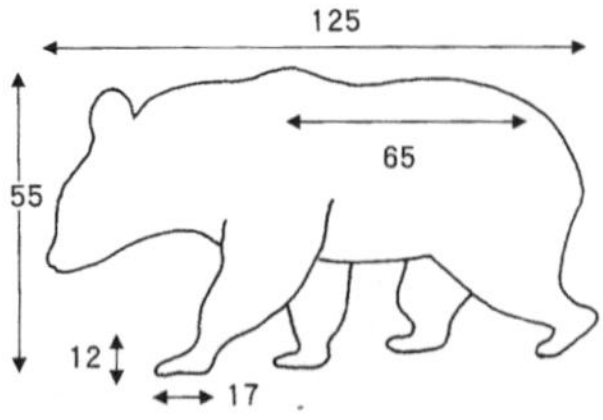

ニホンツキノワグマ

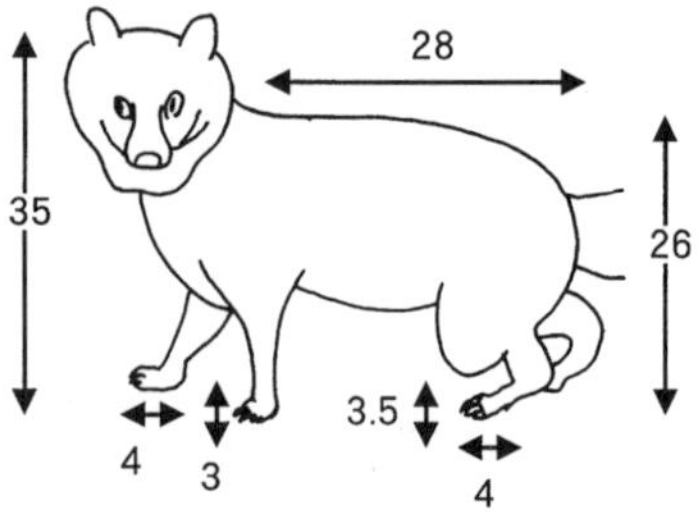

タヌキ

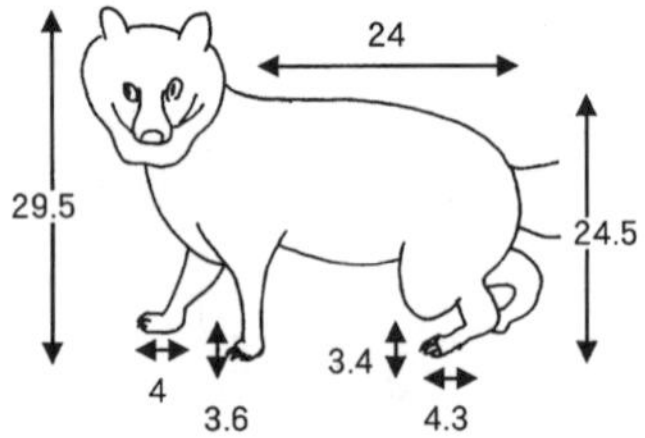

タヌキ

上から岐阜県某家標本、多賀標本、岡村標本

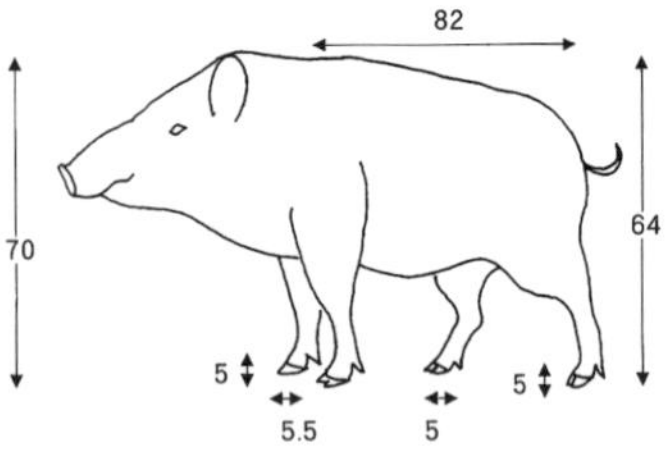

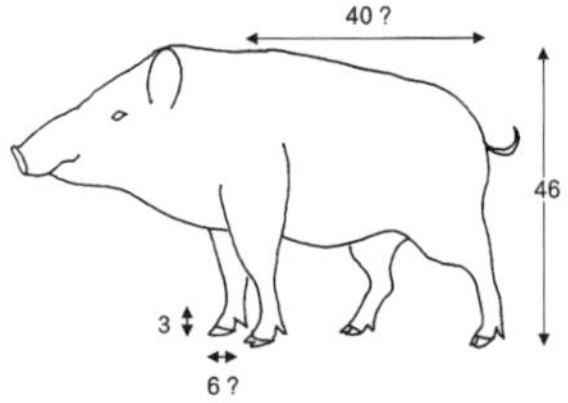

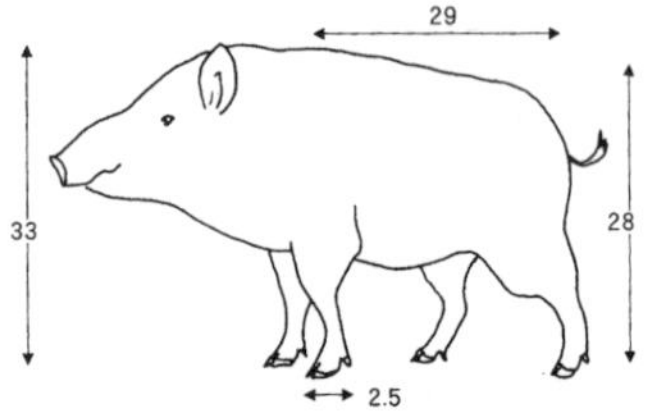

イノシシ

上から栗東標本、多賀標本、栗東標本

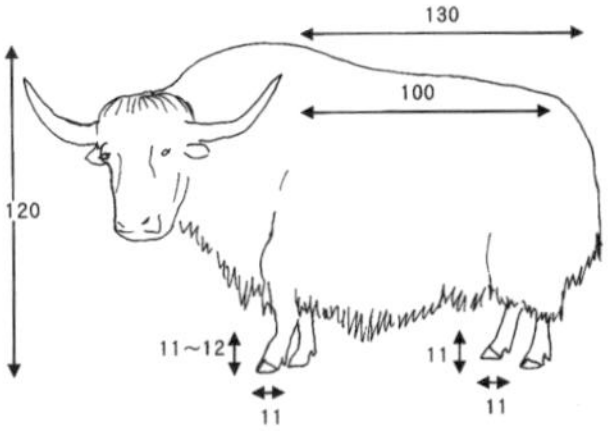

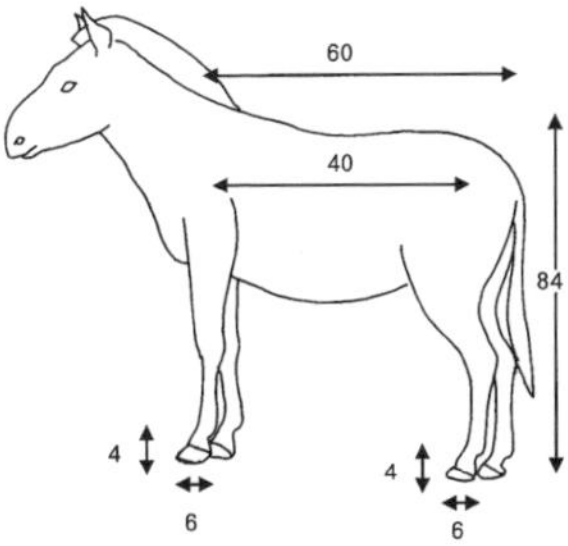

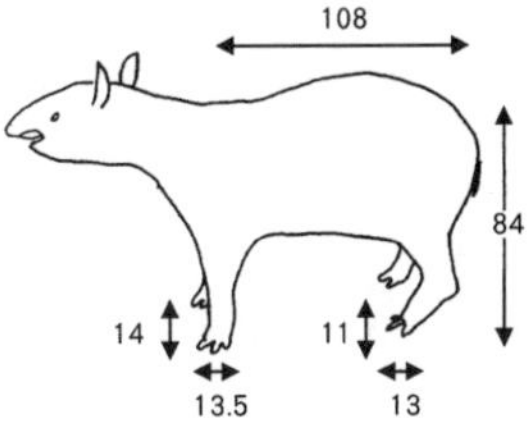

上からヤク（王子標本）、幼グレビーシマウマ（王子標本）、マレーバク（デュシット動物園標本）

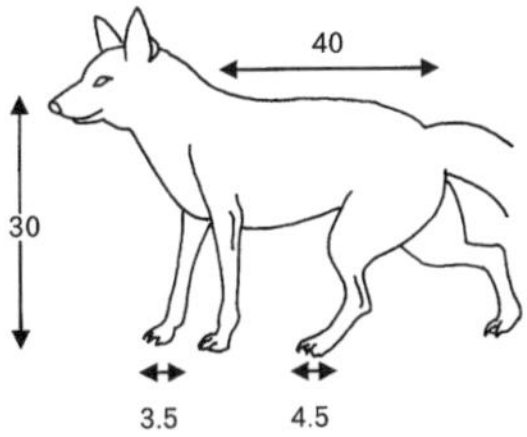

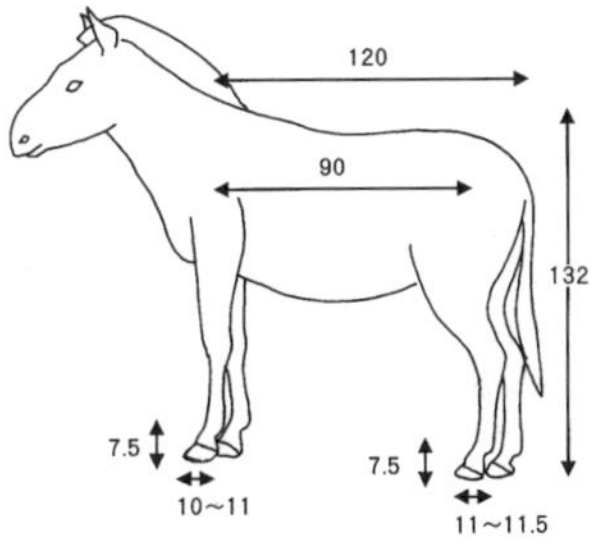

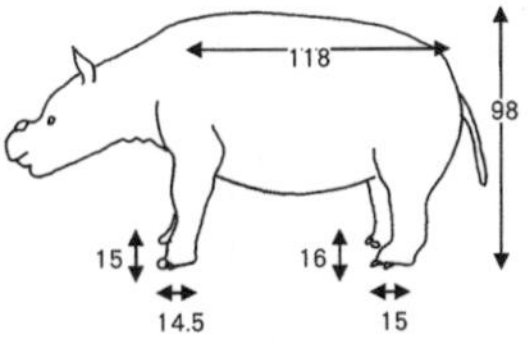

上からキツネ（栗東標本）、シマウマ（王子標本）、サイ（デュシット動物園標本）

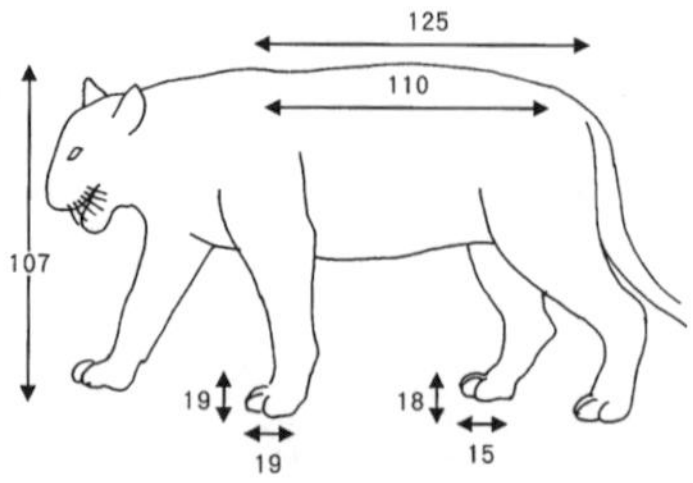

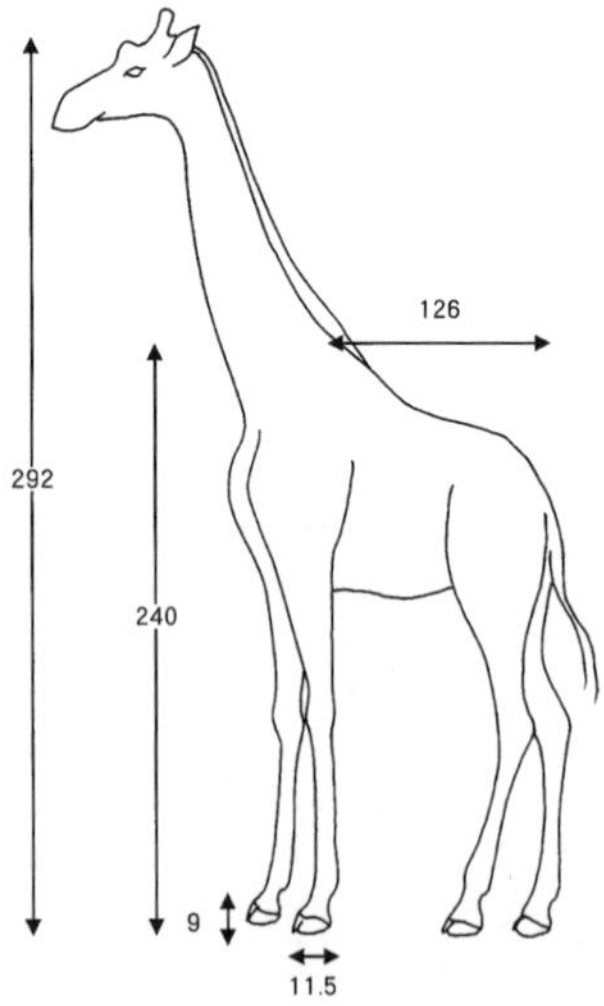

上はトラ（王子標本）、下はキリン骨格（王子標本）

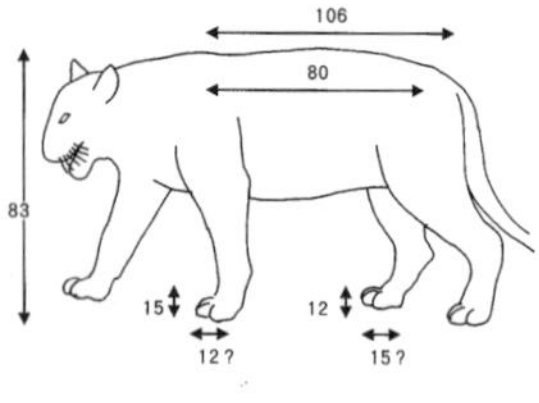

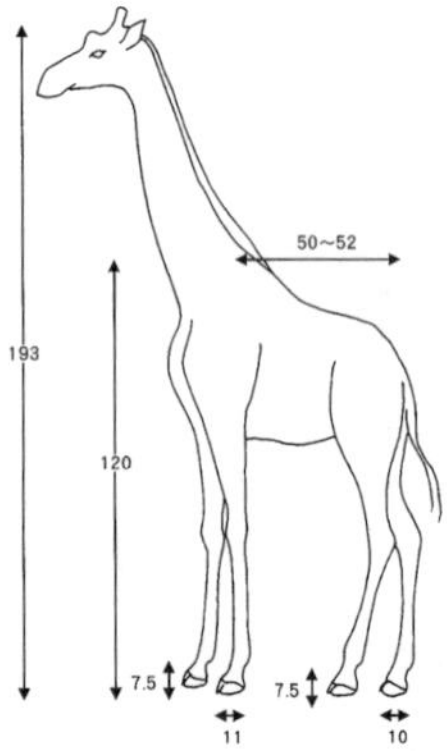

上は幼トラ（王子標本）、下は幼アミメキリン（王子標本）

10.8歳オス　2600kg　（タイ）

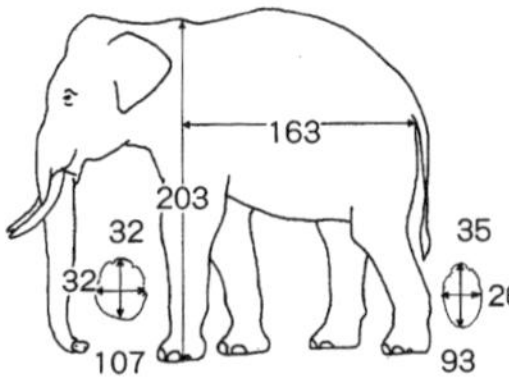

20歳メス　2500kg　（タイ）

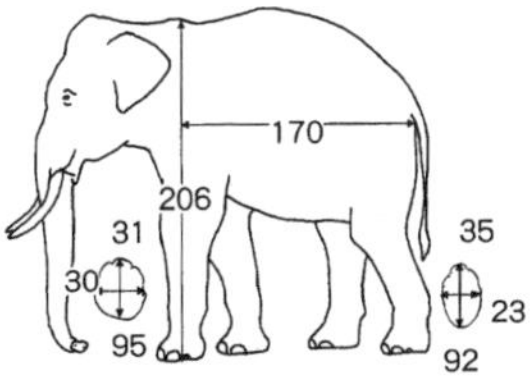

32歳オス　3500kg　（タイ）

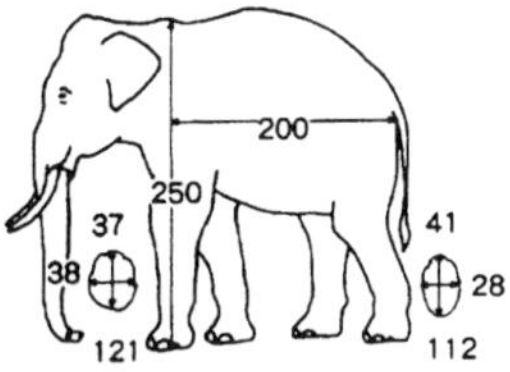

50歳オス　3000kg　（タイ）

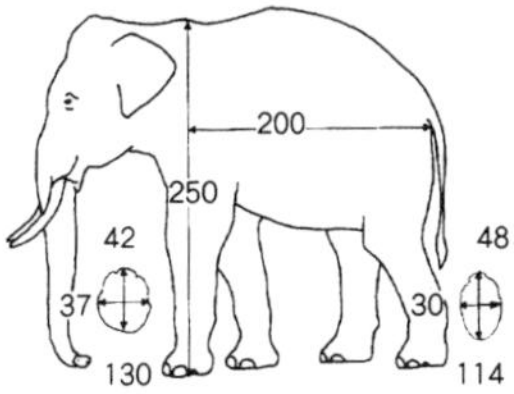

0 歳オス　133.3kg　剥製（宝塚）

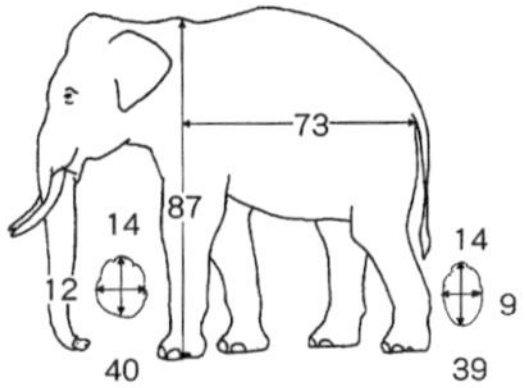

1.5歳メス　300kg（タイ）

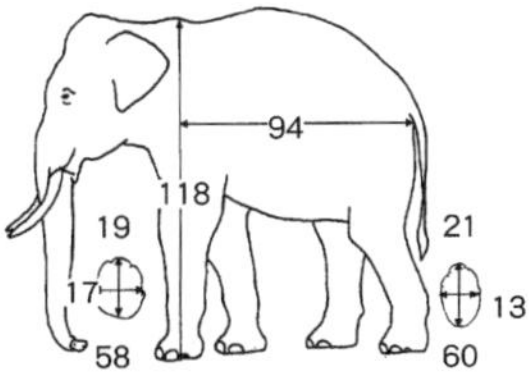

2歳？メス　体重？kg　剥製（タイ）

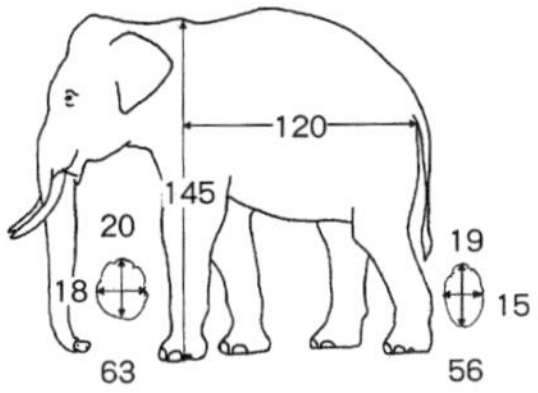

3 歳オス　500kg　（タイ）

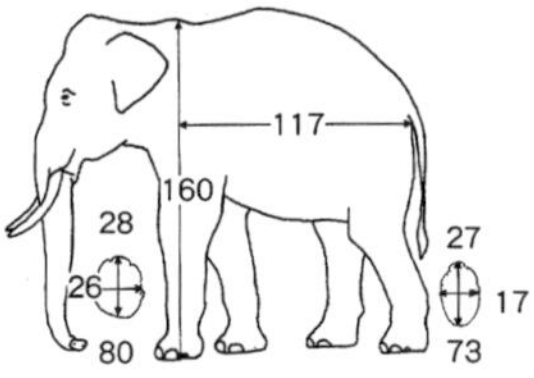

アジアゾウ

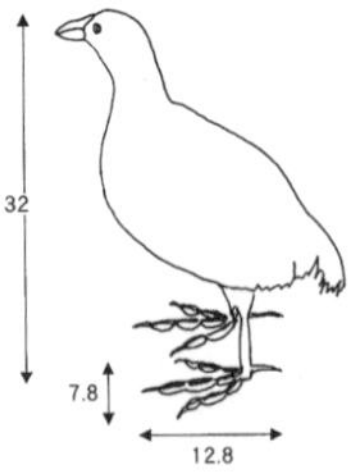

オオバン

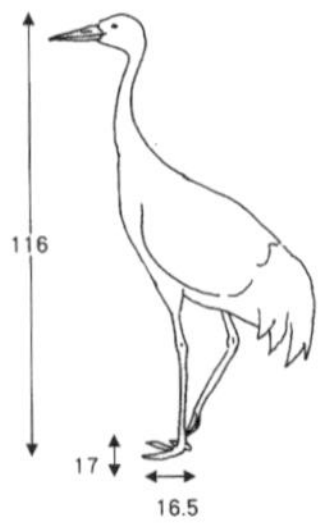

タンチョウヅル

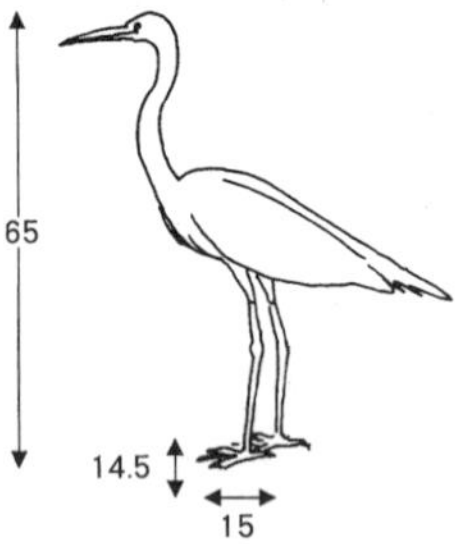

サギ類

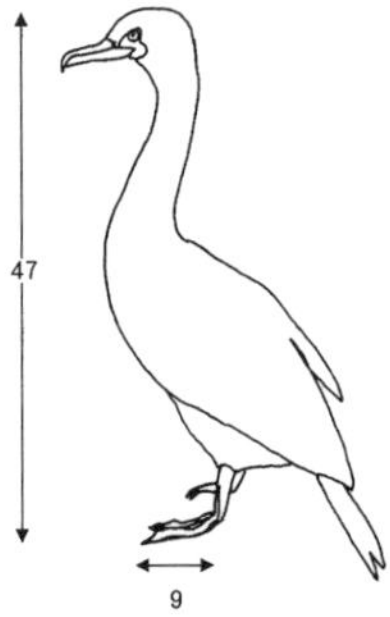

カワウ

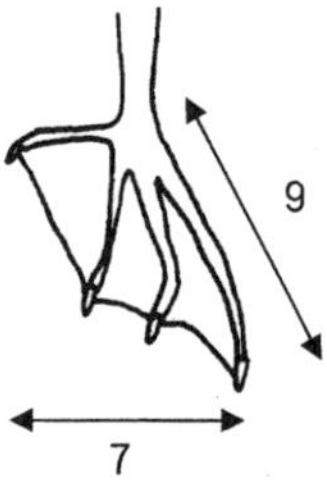

カワウの足部

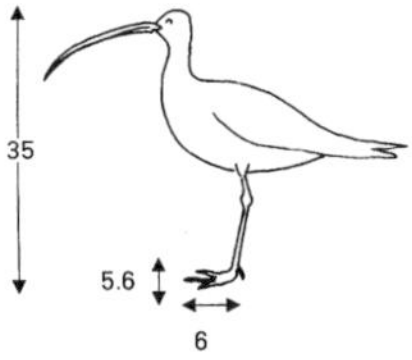

ダイシャクシギ

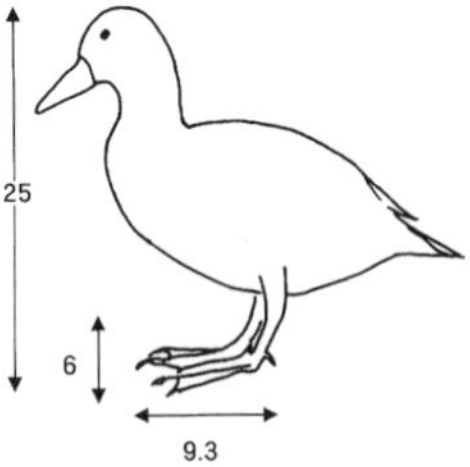

オシハジロ　オス

オシドリ　オス

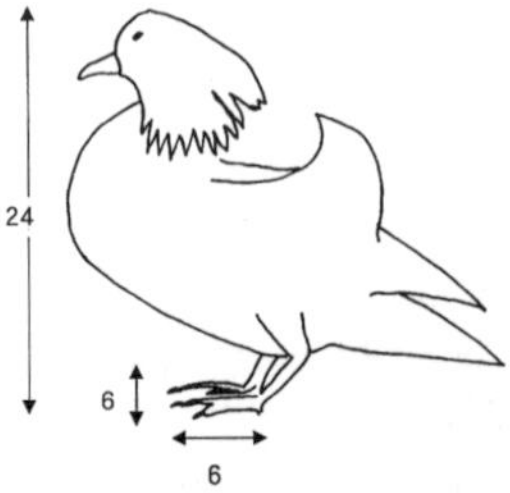

マガモ　オス

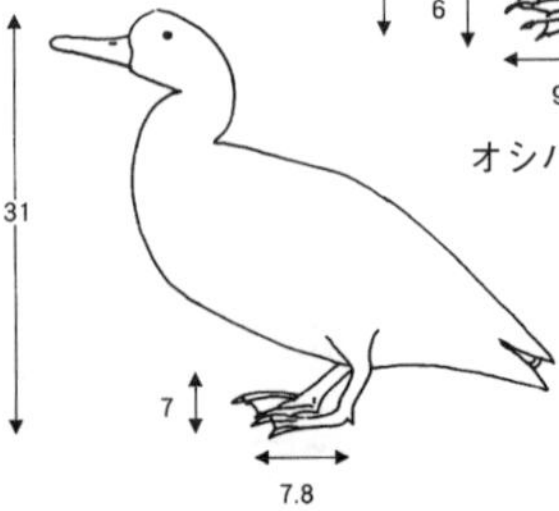

上図の標本は、多賀、琵琶湖博物館、岡村保管

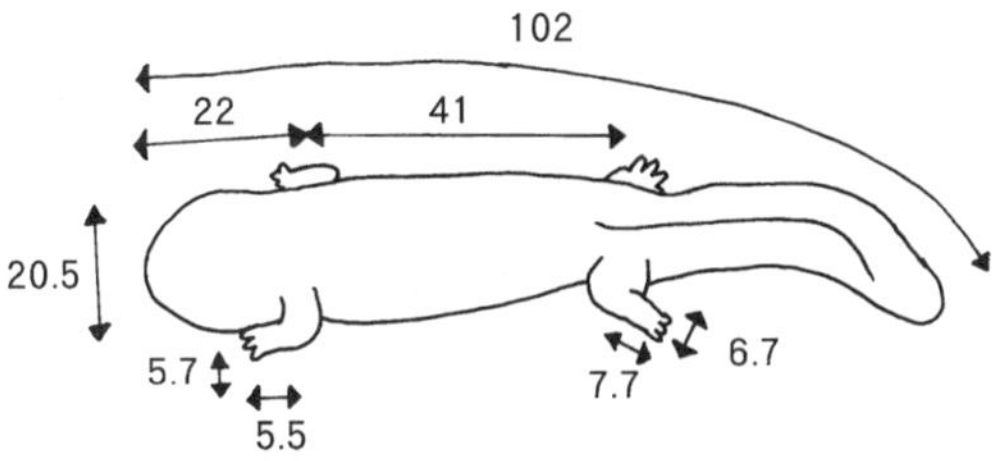

オオサンショウウオ（琵琶湖博物館飼育）

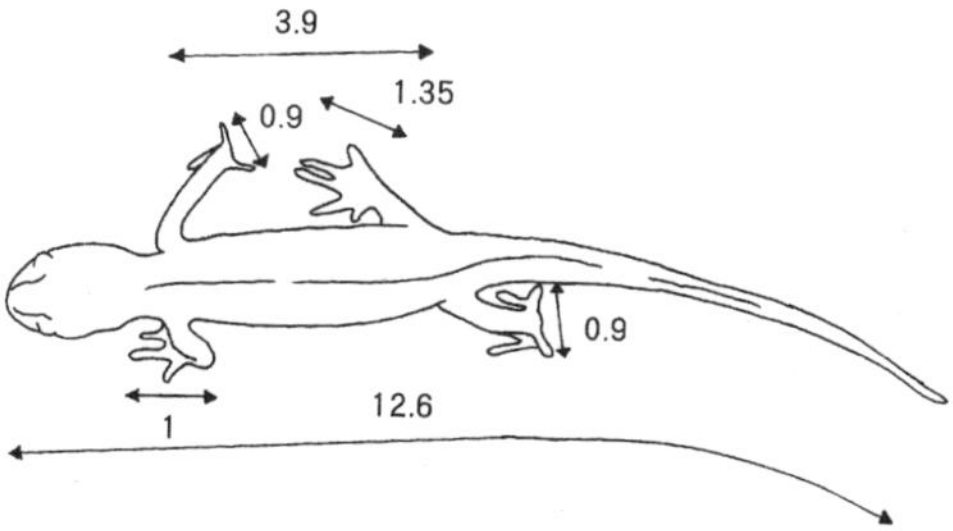

イモリ（滋賀県土山町で捕獲）

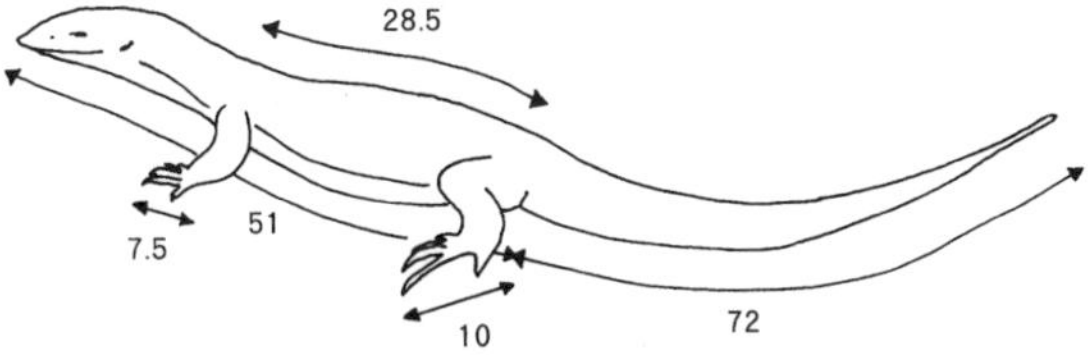

ミンダナオオオトカゲ　―マレーオオトカゲの亜種―　（多賀標本）

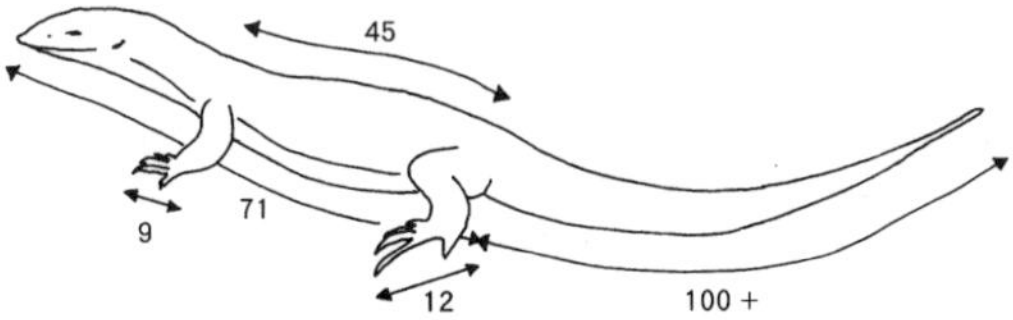

マレーオオトカゲ（タイ、サムットプラカンワニ園）

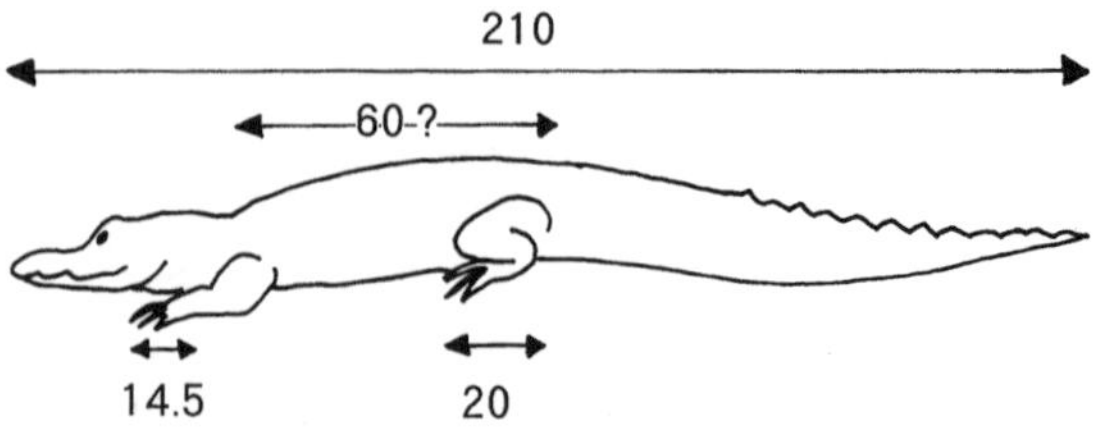

ミシシッピーワニ（熱川バナナワニ園飼育）

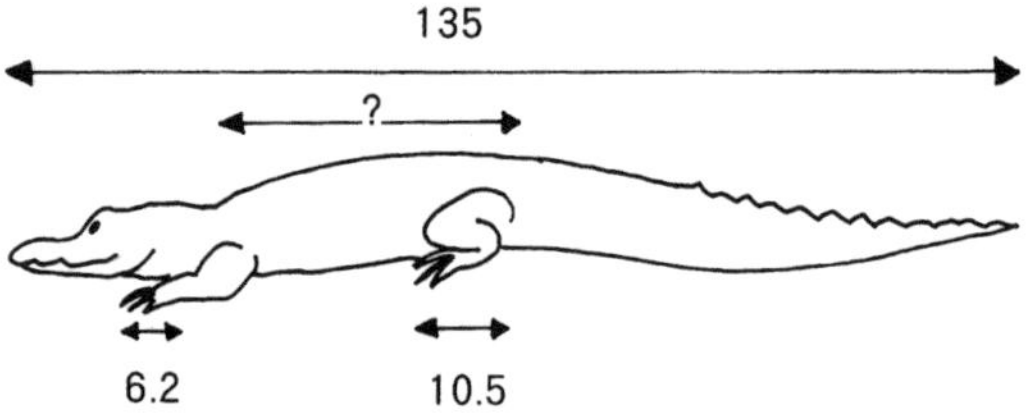

ヨウスコウワニ剥製（北京自然博物館保管）

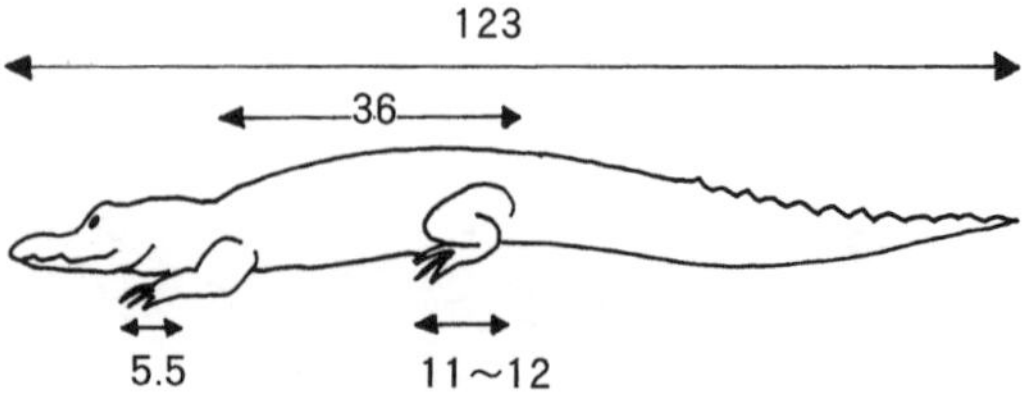

メガネカイマン剥製（京都市動物園保管）

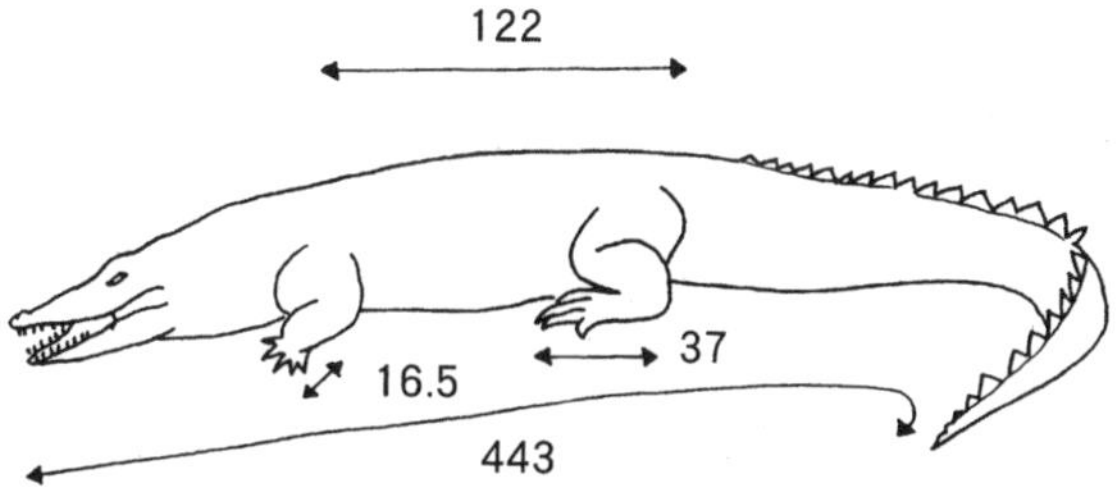

イリエワニ剥製（京都市動物園保管）

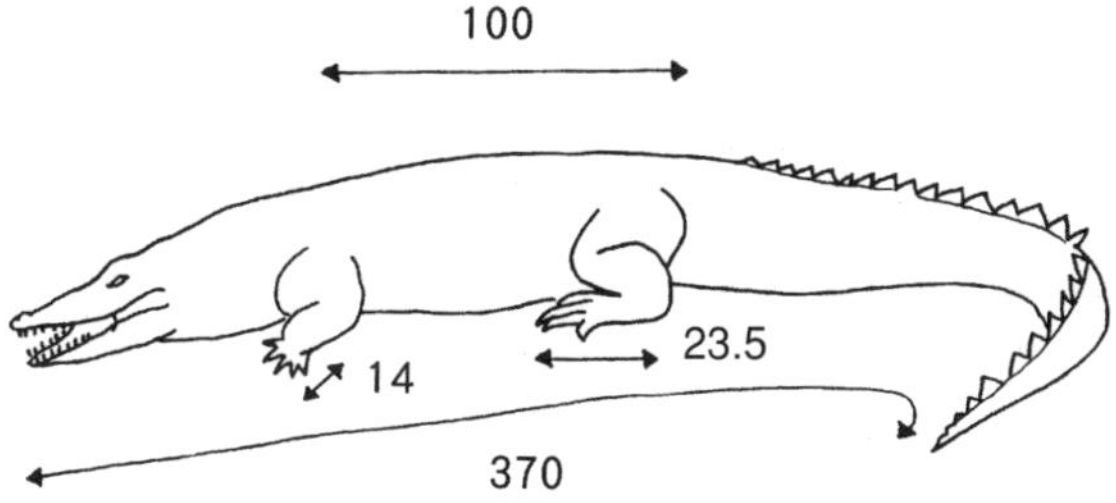

ナイルワニ剥製（滋賀サファリ博物館保管）

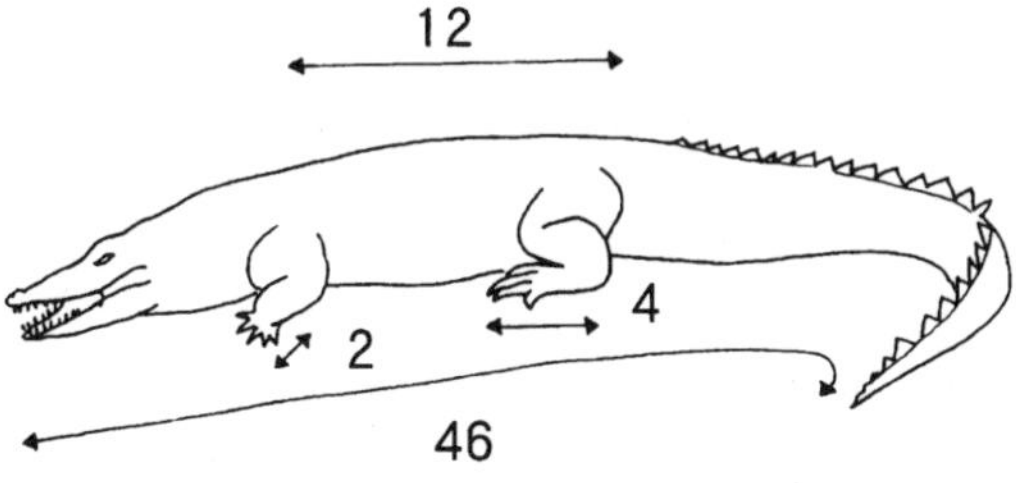

幼シャムワニ剥製（岡村保管）

第5章　足跡化石に出会うには

われわれのまわりにはたくさんの野生動物が棲息している。山や森林だけでなく人里にも、谷川や川原にも野原にも。でも、それらのどこに行っても彼らの足跡がみられるわけではない。そう、足跡が残る条件があるからだ。雪の上や海岸の砂の上に着けられた足跡は雪が解けたり、波に洗われれば消えてしまう。うっそうとした森林のなかやケモノ道では落ち葉や苔、草が多くて、泥でないと地面に足跡は着きにくい。川岸や湖岸の荒い砂の上では足跡は明瞭に着かないが、湿った細かい砂や泥の上であればきれいな足跡がみられる。でも、日照りが続いたり増水があればその足跡は流されてなくなってしまう。つい先ほど塗ったばかりの軒下のコンクリートの上をネコが歩いたらどうだろうか。セメントが固まればきれいな足跡がいつまでも残る。軟らかいコンクリート面に着いて、そののちに硬く固まった足跡はいつまでもそのままの形を保つことは言うまでもない。

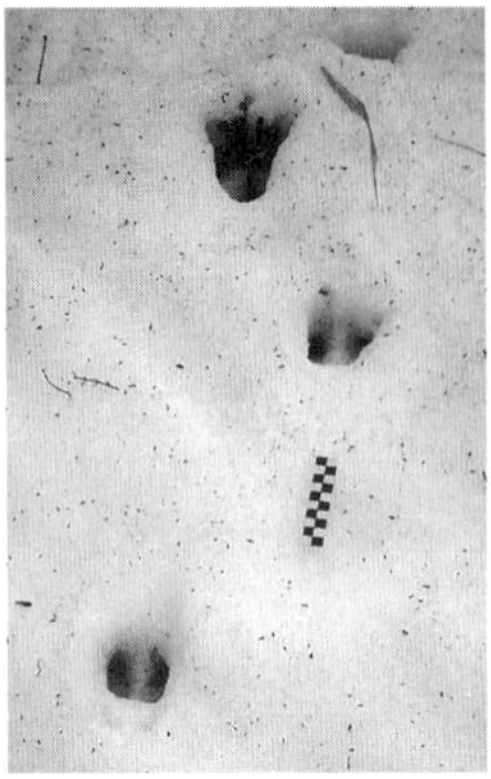

雪上に着いたニホンジカの足跡

このように、足跡は動物が移動する地面の性質やその場所の状況によって着く場合と着かない場合があったり、着いても残る場合と残らない場合がある。それを左右するのは、動物の棲息地域ともいえる生活、行動の場が足跡を残す条件に当てはまるところであること。このことは着いた直後の足跡、すなわち原足印がそのまま残るには非常に限られた条件が必要となる。地質学的、堆積学的な条件もふくめて足跡化石のタフォノミーについての詳しいことはすでに書いた。足跡や足跡化石は、地質時代も今も日時が経つにつれて変化、変形し消滅していくのものである。ぜひこのことを念頭において、今も地層のなかに眠る足跡化石を探してほしい。

第一章から第四章まで、国内の新生代の地層から目覚めた足跡化石や現生の動物の足部と足跡、足型などについて多くの機関から提供された標本と著者のささやかな経験をまじえてひも解いてきた。少しは足跡化石に興味をもってもらえたであろうか。その興味をより大きくふくらますには何といってもやはり身近で現生の動物が生活して残した足跡をもっと探してみることと足跡化石の産地に足を運んで自分の目で「へこみやその周辺」をみることであろう。そうすればあらたな足跡化石と出会うことができるし、未知の産地を探す方法がおのずと見当づけられると考える。まずは現場からである。

そこで、次に国内の新生代の地層からの産地をあげてみる。第二章の「開化前夜」のところでも書いたように、大正一二年八月、宮沢賢治さんが岩手県花巻市の北上川河床で偶蹄類の足跡化石を発見して以来、平成一二年で七六年が経過した。その間、国内では多くの産地が発見、確認、調査されている。その数は著者が把握している限りでは、二〇〇〇年一二月現在、次頁の図に示したように三九箇所である。しかし、この数は、古琵琶湖層群などでごく近い産地、ほぼ同じ年代、層準と考えられるところは一箇所としてあげた。東北地方から順に、産地名、層群名・累層名、時代、推定された印跡動物名、標本の保管場所、報告者、報告年などを記す。ただし中生代からの恐竜などの足跡化石については産地図のみにした。そして、これらやそのほかの外国産の足跡化石などがみられる資料館や博物館についてはそのあとにあげる。

国内の新生代の地層から発見された足跡化石の主な産地図（2000年12月現在）

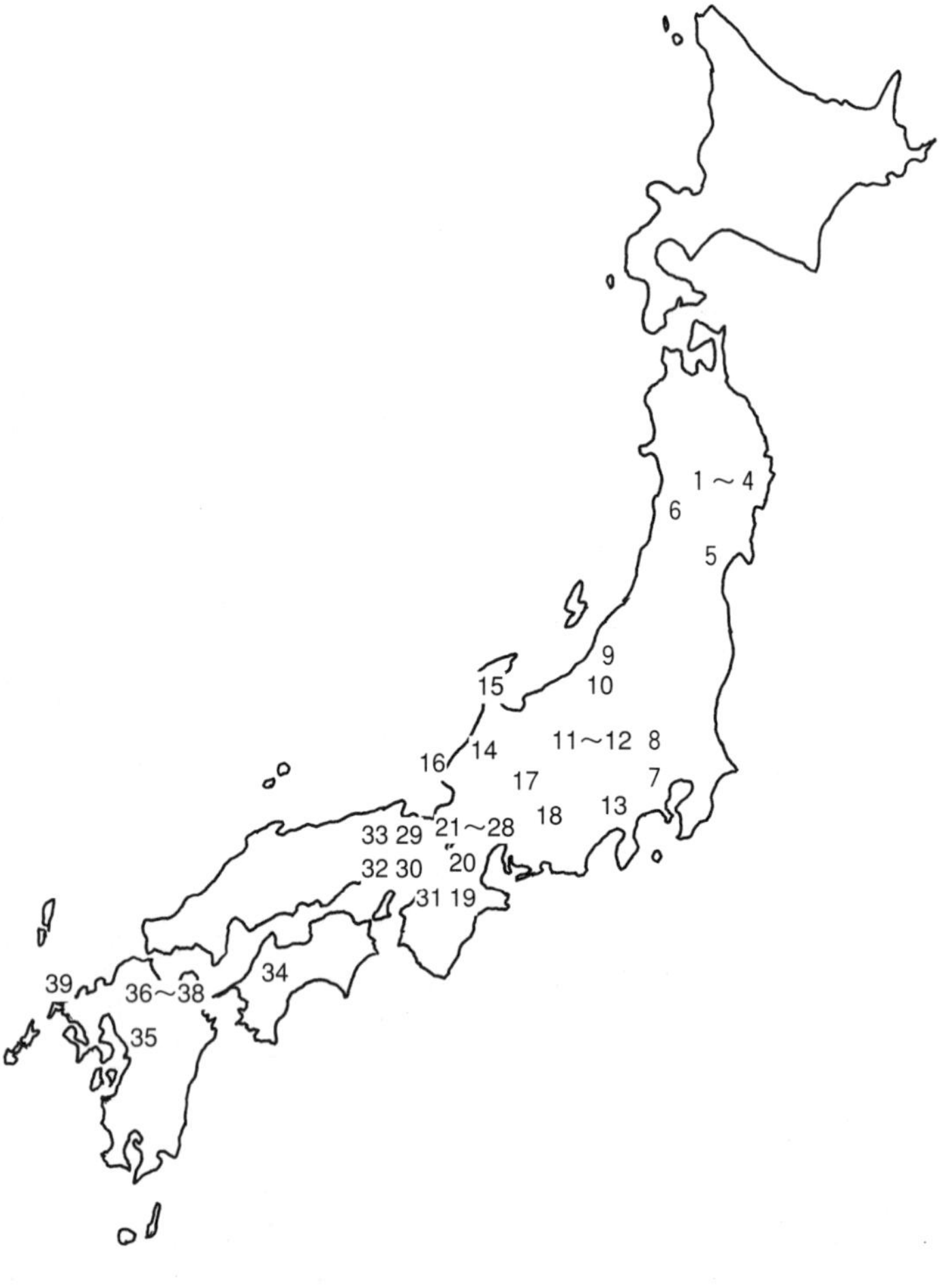

古琵琶湖層群産の足跡化石産地図
（2000年12月現在）

国内の主な足跡化石産地（新生代の地層のみ）

一、岩手県花巻市小舟渡（イギリス海岸）、本畑層、（鮮新世）、偶蹄類、長鼻類、標本の一部は東北大学。斎藤文雄（一九二八）、木下・都鳥（一九九一）。

二、岩手県和賀郡湯田町和賀川支流の鈴鴨川河床、本畑層、偶蹄類、食肉類?、北上市立博物館。木下・都鳥（一九九一）。

三、岩手県北上市和賀川河床、本畑層、偶蹄類、北上市立博物館。木下・都鳥（一九九三）。

四、岩手県胆沢郡金ケ崎町の胆沢川河床、本畑層、長鼻類、偶蹄類、食肉類?、鳥類ほか。北上市立博物館、岩手県立博物館、水沢市、金ケ崎町。木下・都鳥（一九九一）、胆沢川動物足跡化石発掘調査団（一九九三）。

五、宮城県栗原郡若柳町の北上川支流、本畑層、偶蹄類、東北大学、京都大学。文献は不詳。

六、山形県新庄市二ッ屋の最上炭田、本合海累層・川口爽炭部層、（鮮新世）、ツル科、山形大学、山形県立博物館、吉田（一九六五）、Yoshida（一九六七）。

七、東京都昭島市拝島町の多摩川河床、上総層群、加住礫層上部（更新世）、長鼻類、偶蹄類、二〇〇〇年六月現在調査中（次頁の写真参照）。

八、埼玉県入間市野田の入間川河床、上総層群、仏子層、（下部更新世）、長鼻類、入間市博物館、狭山市立博物館、埼玉県立博物館、入間川足跡化石発掘調査団（一九九三）、入間市博物館（一九九五）。

九、新潟県三島郡越路町塚野山の渋海川河床、魚沼層群上部、（下部更新世）、長鼻類、ラクダ類?、偶蹄類、ウシ類?、長岡科学博物館、渋海川足跡化石団体研究グループが調査。中村（一九六八）、松本、森、北目（一九六八）、堀川（一九九〇）。

一〇、長野県上水内郡信濃町野尻立ヶ鼻の野尻湖湖底、上部野尻湖層、（上部更新世）、ナウマンゾウ、偶蹄類（オオツノジカ）、野尻湖ナウマンゾウ博物館、野尻湖生痕グループ（一九九〇）、野尻湖発掘調査団足跡古環境班（一九九二）。
一一、長野県小県郡東部町滋野の千曲川河床、小諸層群大杭累層、（下部更新世）、長鼻類、調査中。

東京都昭島市の多摩川河床で発見された長鼻類の足跡化石（多摩川足跡化石調査団提供）

一二、長野県北佐久郡北御牧村大字羽毛山の千曲川河床、小諸層群大杭累層、（下部更新世）、長鼻類、調査中。この他、飯田市近郊で長鼻類の足跡化石が発見されている（未発表）。
一三、静岡県富士宮市沼久保の富士川河床、庵原層群、（中部更新世）、長鼻類?、柴・ほか（一九九二）。
一四、石川県金沢市大桑町の犀川河床、大桑砂岩層上部、（下部更新世）、長鼻類、偶蹄類、松浦（一九九二）。
一五、石川県鳳至郡門前町浦上の竹州谷、縄又層、（中新世）、ワニ類、一九九八年五月、門前町教育委員会が調査、門前町教育委員会、石川県門前町足跡化石調査報告（一九九九）。
一六、福井県丹生郡越廼村の海岸、国見累層下部、（中新世）、偶蹄類、長鼻類、奇蹄類、越廼村教育委員会が二〇〇〇年八月に調査、福井県立恐竜博物館、安野（一九九七）、現在も継続調査中。
一七、岐阜県美濃加茂市木曾川河床、瑞浪層群中村累層、（中新世）、サイ類、岐阜県博物館、鹿野・美濃加茂市教育委員会（一九九五）。
一八、愛知県北設楽郡東栄町奈根、設楽層群北説亜層群・玖老勢累層、（中新世）、哺乳類?、鳳来寺山自然科学博物館、松岡・柄津・吉村・家田・設楽団体研究グループ（一九九三）。
一九、三重県阿山郡大山田村中村〜平田〜真泥までの服部川河床、古琵琶湖層群上野累層。伊賀累層、（鮮新世）、シンシュウゾウ、偶蹄類、ツル類、ワニ類、三重県立博物館、琵琶湖博物館および大山田村教育委員会、奥山・落合（一九九三）、岡村・高橋・琵琶湖博物館資料調査協力員（一九九三）、奥山（一九九四）。
二〇、三重県阿山郡伊賀町西之沢の柘植川河床、御代周辺の柘植川河床、上野市佐那具町の柘植川河床、

小杉地先の崖、古琵琶湖層群伊賀累層、（鮮新世）、シンシュウゾウ、偶蹄類、琵琶湖博物館、田村（一九九一）、岡村・ほか（一九九五）、（足跡化石ニュース四六号）。

二一、滋賀県甲賀郡甲西町吉永〜朝国周辺の野洲川河床、古琵琶湖層群甲賀累層、（鮮新世）、アケボノゾウ、偶蹄類、ネコ科?、京都大学、甲西町文化ホール、琵琶湖博物館、みなくち子どもの森自然館、栗東自然観察の森、土山町山之内資料館、京都市立科学館、明石市文化博物館、亀井・石垣・田村（一九八九）、石垣・野洲川足跡化石学術調査団（一九八九）、田村・ほか（一九八九）、川辺・ほか（一九八九）、神谷・ほか（一九八九）、象のいたまち編集委員会（一九九〇）、田村（一九九一）、野洲川足跡化石調査団（一九九五）、岡村ほか（一九九七）、野州川朝国河床足跡化石調査団（一九九八）。

二二、滋賀県甲賀郡甲西町らいらの崖、水口町岩坂、水口町杣中の杣川河床、水口町宇田の野州川河床、甲南町深川の杣川河床、古琵琶湖層群甲賀〜蒲生累層、（鮮新〜下部更新世）、長鼻類、偶蹄類、ワニ類、トリ類、琵琶湖博物館、みなくち子どもの森自然館、田村（一九九一）、岡村ほか（一九九五）、岡村ほか（一九九七）。

二三、滋賀県蒲生郡日野町小井口と周辺の日野川河床、日野川ダム上流の日野川河床、木津橋下流の日野川河床、別所の日野川河床および日野町中之郷・佐久良・野出の佐久良川河床、古琵琶湖層群蒲生累層、（下部更新世）、長鼻類、偶蹄類、トリ類?、琵琶湖博物館、田村（一九九一）、岡村ほか（一九九五）、足跡化石ニュース一七号。

二四、滋賀県蒲生郡竜王町小口の名神自動車道竜王インターチェンジ拡張工事現場、古琵琶湖層群蒲生累層、（下部更新世）、長鼻類?、偶蹄類、琵琶湖博物館、岡村ほか（一九九五）、足跡化石ニュース六号、七号。
二五、滋賀県犬上郡多賀町四手の工業団地造成地、古琵琶湖層群蒲生累層・上部四手粘土層、（下部更新世）、長鼻類?、偶蹄類、多賀町教育委員会（一九九三a、一九九三b）。
二六、滋賀県彦根市大堀町の芹川河床、後期更新世、（姶良火山灰層近）、偶蹄類、調査中。
二七、滋賀県愛知郡永源寺町山上の愛知川河床、古琵琶湖層群蒲生累層、（下部更新世）、長鼻類、偶蹄類、琵琶湖博物館開設準備室が調査・研究、多賀町自然と文化の館、琵琶湖博物館、岡村（一九九三）、岡村ほか（一九九五）。
二八、滋賀県大津市雄琴付近、苗鹿、小野、南庄の堅田丘陵、古琵琶湖層群堅田累層、（更新世）、長鼻類、偶蹄類、鳥類、琵琶湖博物館、南庄町資料館、本書（二〇〇〇）、藤本（一九九七）。
二九、京都市左京区岡崎の京都市動物園構内、後期更新世、偶蹄類、神谷英利らにより調査、地学団体研究会京都支部（一九九一）で報告。
三〇、大阪市住吉区浅香の山之内遺跡、平野区長吉川の長原遺跡、一九九一年に発掘、約七万年前の粘土層の上面、（上部更新世）、ナウマンゾウ、大阪市文化財協会長原分室において趙哲済・清水和明らが調査・研究、趙・京嶋・高井（一九九二）、清水（一九九二）、趙（一九九二）。
三一、大阪府富田林市の石川河床、大阪層群下部、（下部更新世）、一九八九年夏に富田林高校理化部の調査によって発見、富田林市石川化石発掘調査団が発掘調査、アケボノゾウ、シカマシフゾウ、カズサシカ、ウシ科?、トリ類　富田林市石川化石発掘調査団（一九九二、一九九四）。
三二、兵庫県明石市林崎、大久保中八木および西八木の海岸、大阪層群下部、（下部更新世）、偶蹄類、

標本の一部は京都大学、徳永・直良（一九三四）、鹿間（一九三六）、森本・津田（一九三七）。
三三、神戸市伊川谷、長鼻類?の断面がアケボノゾウの骨の化石とともに産出、詳細は不詳。
三四、愛媛県上浮穴郡久万町、久万層群、（中新世）、偶蹄類、奇蹄類?、鳥類、成田耕一郎・岡村が一九九五年に発見、京都大学、本書（二〇〇〇）。
三五、熊本県球磨郡球磨村、長鼻類、偶蹄類の可能性あり、未発表。
三六、大分県玖珠郡久珠町一帯、黒法師層、（鮮新世）と太田川層（下部更新世）、宇佐郡安心院町一帯、津房川層、（鮮新世）、下毛郡耶馬渓町金吉、黒法師層、（鮮新世）。
三七、大分県大分郡挟間町下市の大分川河床、碩南層群判田層、（鮮新〜更新世）。
三八、大分県東国東郡姫島村丸石鼻の崖、丸石鼻層（上部鮮新〜下部更新世）。
三六〜三八までは、岡村ほか（一九九七）、岡村（二〇〇〇）。
三九、長崎県松浦市御厨（みくりや）海岸、佐賀県東松浦郡の海岸と周辺、野島層群、（中新世）、ワニ類、鳥類ほか、一九八九年鹿児島大学の学生加藤敬史ほかによって発見、姜ほか（一九九七）、河野（一九九八）。

以上が、今までに著者が把握している新生代の地層からの足跡化石産地である。しかし、本書でも少し触れたが、最近では中生代の地層からの足跡化石も増えてきている。そこで、次頁に二〇〇〇年九月現在の恐竜などの骨格、歯と足跡化石の産地図を示しておく。未報告の産地もあるので引用は避けてほしい。

国内の恐竜化石・足跡化石産地図

2000年9月現在

国内で足跡化石がみられる主な資料館・博物館

一九九九年五月、国内のおもな大学、資料館と博物館、一二六機関に国内外の古生代、中生代、新生代の地層からの足跡化石やレプリカ資料の保管状況を尋ねた。その時回答を寄せていただいた保管されている機関と著者が把握している資料館や博物館をあげる。なお、これらは前項の産地リストのなかにあげたものと重複するところもある。また、足型・足部、骨格などの標本の保管についても回答のあったもののみあげる。

北海道

足寄動物化石博物館、アジアゾウの足部と全身骨格。

北海道大学総合博物館、種属不明の哺乳類?の足跡化石、不明の鳥類の足跡化石、熱河竜の足跡化石。

秋田県

秋田県立博物館、ユーブロンテス(恐竜)の足跡化石。

山形県

山形県立博物館、ツル科の足跡化石。

山形大学教育学部地学教室、ツル科の足跡化石。

岩手県

岩手県立博物館、長鼻類・偶蹄類の足跡化石、恐竜の足跡化石。

北上市立博物館、本畑層産の足跡化石多数。

金ケ崎町教育委員会、本畑層産の足跡化石多数。

宮城県

東北大学理学部自然史標本館、種属不明の恐竜の足跡化石。

福島県

福島県相馬郡鹿島町産の恐竜の足跡化石が県立博物館に保管?。

茨城県

筑波大学地球科学系、山口県産の甲殻類の足跡化石。模式標本は、山口県立博物館に保管。

筑波大学学校教育部、インドネシア・バンドン第四紀研究所の偶蹄類の足跡化石のレプリカ。

ミュージアムパーク茨城県自然博物館、恐竜の足跡化石、古生代の爬虫類の足跡化石、新生代の鳥類の足跡化石。

千葉県

千葉県立中央博物館、アメリカ産の鳥類の足跡化石。

東京都

国立科学博物館、明石市産の偶蹄類の足跡化石、イグアノドンの足跡化石。

埼玉県

埼玉県立自然史博物館、入間市産の長鼻類の足跡化石。

入間市博物館、入間市産の長鼻類の足跡化石。

狭山市立博物館、入間市産の足跡化石。

群馬県
群馬県立自然史博物館、新潟県渋海川産の長鼻類・偶蹄類の足跡化石、アメリカ産の鳥類の足跡化石、ディメトロプス・アンキロサウリプス・アクロカントサウルス?・イグアノドン類・アパトサウルスの足跡化石。

中里村恐竜センター、恐竜の足跡化石。

長野県
野尻湖ナウマンゾウ博物館、野尻湖底産のナウマンゾウ・シカ類の足跡化石、アケボノゾウの足跡化石、アジアゾウの足型。

北御牧村教育委員会、同村産の長鼻類の足跡化石。

飯田市立美術博物館、長野県内産の長鼻類の足跡化石。

長野市立博物館、同県小谷村産の恐竜の足跡化石。

新潟県
長岡市立科学博物館、新潟県渋海川産の長鼻類・偶蹄類の足跡化石多数。

越路町資料館、新潟県渋海川産の足跡化石多数。

富山県
富山市科学文化センター、富山県産の恐竜の足跡化石。

大山町教育委員会?、大山町大清水産の恐竜などの足跡化石。

石川県

白峰村の白山恐竜パーク白峰、手取層群産の恐竜、両生類の足跡化石。韓国産、アメリカ産の恐竜の足跡化石。
金沢大学理学部地球学教室、恐竜の足跡化石。
鳳至郡門前町教育委員会、門前町産のワニ類の足跡化石。

福井県
福井県立恐竜博物館、手取層群産の恐竜、両生類の足跡化石多数。

岐阜県
瑞浪市化石博物館、瑞浪層群産のカニ類のはい跡化石。鳥類の足跡化石。
岐阜県博物館、瑞浪層群産の奇蹄類（サイ類）の足跡化石、岐阜県産の恐竜の足跡化石。

愛知県
豊橋市自然史博物館、甲殻類の足跡化石。
名古屋市科学館、恐竜の足跡化石。
鳳来寺山自然科学博物館、設楽層群産の不詳の足跡化石、ヒトデ類のからだの跡（星形）。

三重県
三重県立博物館、古琵琶湖層群産のシンシュウゾウ・偶蹄類・ワニ類の足跡化石。
三重県阿山郡大山田村教育委員会、古琵琶湖層群産のシンシュウゾウ・偶蹄類・ワニ類・ツル類の足跡化石。
三重県鳥羽市教育委員会?、鳥羽市産の恐竜の足跡化石。

滋賀県
県立琵琶湖博物館、古琵琶湖層群産の足跡化石すべて。瑞浪層群産の甲殻類のはい跡化石。
多賀町立多賀の自然と文化の館、古琵琶湖層群産の長鼻類の足跡化石多数。アジアゾウの足型、ウマ類・カンガルー・大型ネコ類の足型や墨標本。
甲西町文化ホール、滋賀県甲賀郡甲西町産の長鼻類・偶蹄類の足跡化石多数。
みなくち子どもの森自然館、古琵琶湖層群産の長鼻類・偶蹄類・ワニ類・鳥類の足跡化石多数。
土山町山ノ内資料館、古琵琶湖層群産の長鼻類・偶蹄類・ワニ類の足跡化石。
京都府
京都市立青少年科学センター、古琵琶湖層群産の長鼻類・偶蹄類の足跡化石。
京都大学理学部地質鉱物学教室、明石市産の偶蹄類の足跡化石、古琵琶湖層群産の足跡化石多数、京都市岡崎産の偶蹄類の足跡化石、愛媛県久万町産の偶蹄類の足跡化石。
大阪府
富田林市すばるホール、同市石川河床産の長鼻類、偶蹄類、鳥類の足跡化石。
兵庫県
姫路市立科学館、恐竜の足跡化石。
明石市文化博物館、滋賀県甲西町の足跡化石レプリカ。
徳島県
徳島県立博物館、アメリカ産のトリ類の足跡化石。

福岡県

北九州市立自然史博物館、佐賀県産のワニ類・サギ類の足跡化石。恐竜の足跡化石。

九州大学理学部、カブトガニのはい跡の化石。

宮崎県

宮崎県立博物館、アメリカ産の鳥類の足跡化石。

熊本県

御船町教育委員会、御船層群産の恐竜の足跡化石。

佐賀県

東松浦郡肥前町教育委員会ほかにはたぶん地元の野島層群からの足跡化石があるはずである。また、鹿児島大学にて研究中でもある。

【註】国内の多くの動物園では、京都市動物園や王子動物園のように現生種の足部や足型標本を保管されているであろうが、今回は動物園には問い合わせをしなかったので詳しいことはわからない。

文献・参考資料

著者が、この書を著そうと思いついたわけは、産地で目を見張るほど大量の足跡化石を前にして、その化石をいかにして研究し活かしていくか。でもその疑問を解決してくれるというか、欲望を満たしてくれる書物は意外に少ないのに気がついた。今までは中生代からの恐竜などの足跡化石の学術的な報告書は多いが、新生代からの報告書は国内のみならず世界的にみても少ない。それは国内の産地を数えてもまだ四〇箇所弱であることからもわかる。そんななかで足跡化石を探っていくのはたいへん魅力的であるが苦労の連続でもある。ここでは動物の生態、足部や足跡、足跡化石について書かれた書物、報告書で著者が収集、所蔵し、参考にしたものをあげる。まだこのほかにもたくさん恐竜関連で出版されたり、学会要旨でのみ報告されているものもあるが別の機会にゆずることとする。

◆現生の動物の図鑑・フィールドガイドブックなど

どうぶつのあしがたずかん、加藤由子、中川志郎、岩崎書店、一九八九。

野や山にすむ動物たち、薮内正幸、岩崎書店、一九九一。

クイズどうぶつの手と足、河合雅雄、福音館書店、一九八七。

ツキノワグマのいる森へ、米田一彦、アドスリー、一九九九。

ゾウの本、カー・ウータン、講談社、一九九〇。

故郷の動物、冨田靖男、三重県良書出版会、一九九〇。

動物　Ⅰ・Ⅱ、林寿郎、保育社、一九九五。

日本動物図鑑、上・中・下、北隆館、一九八二。
学研中高生図鑑　動物、今泉吉典、学研、一九九七・そのほか各動物図鑑。
恐竜の足あとを追え、松川正樹・小畠郁生、あかね書房、一九九一。
新アニマルトラックハンドブック・動物たちの足跡を読む、今泉忠明、自由国民社、一九九六。
フィールドガイド・足跡図鑑、子安和弘、日経サイエンス社、一九九四。
自然ガイド・とり、浜口哲一、文一総合出版、一九九〇。
THE PETERSON FIELD GIUDE SERIES ANIMAL TRACKS OLAUS J・MURIE HOUGHTON MIFFLIN COMPANY 一九七四。
SAFARI GUIDE TO THE MAMMALS OF EAST AND CENTRAL AFRICA STEVE SHELLEY MACMIILLAN PUBLISHERS 一九八九。
A FIELDGUIDE TO THE TRACKS & SIGNS OF SOUTHERN AND EAST AFRICAN WILDLIEF CHRIS & TILDE STUART SOUTHERN BOOK PUBLISHERS 一九九四。
SIGNS OF THE WILD CLIVE WALKER STRUIK PUBLISHERS 一九九三。
TRACKS SCATS AND OTHER TRACES A FIELD GUIDE TO AUSTRALIAN MAMMALS BARBARA TRIGGS OXFORD UNIV. PRESS 一九九六。
LAND MAMMALS OF SOUTHERN AFRICA A FIELD GUIDE REAY H・N・SMITHERS SOUTHERN BOOK PUBLISHERS' 一九九二。
COLLINS FIELD GUIDE MAMMALS OF BRITAIN & EUROPE DAVID MACDONALD・

PRISCILLA BARRETT HARPER COLLINS PUBLISHERS 一九九三。
TRACKS & SIGNS OF THE BIRDS OF BRITAIN AND EUROPE AND IDENTIFICATION GUIDE ROY BROWN et. al CHRISTOPHER HELMA & CBLACK 一九九一。
HAMLYN GUIDE ANIMALS TRACKS TRAILS & SIGNS R・W・BROWN et. al HAMLYN PUBLISHING GROUP 一九九二。
SÄUGETIERE STEINBACHS NATURFÜHRER J. REICHHOLF et. al MOSAIK VERLAG 一九八三。

◆現生の動物の生態、解剖、運動など。

世界の動物／分類と飼育　三　長鼻目、長鼻目編集専門部（中川志郎ほか）、東京動物園協会、一九八三。

これらのシリーズには、このほかに一：霊長目、二：食肉目、四：奇蹄目、五、六、七：偶蹄目、八：コウノトリ目、九：ガンカモ目、一〇：キジ目・ツル目が発行されている。

家畜の解剖と生理、加藤嘉太郎、養賢堂、一九八一。

家畜比較解剖図説、上・下巻、加藤嘉太郎、養賢堂、一九八三。

獣医解剖学、山内昭二ほか、近代出版、一九八七。

骨の博物誌、神谷敏郎、東京大学出版会、一九九五。

タイの象、桜田育夫、めこん、一九九四。

アフリカゾウの骨格の計測結果について、三枝春生ほか、仙台市科学館研究報告、七、一九九七。

LEHRBUCH DER ANATOMIE DER HAUSTIERE (I) NICKEL et. al PAUL PAREY VERLAG 一九六八。

ATLAS OF TOPOGRAPHICAL ANATOMY OF THE DOMESTIC ANIMALS PETER POPESKO W・B・SAUNDERS Co. 一九七七。

THE SUMATRAN RHINOCEROS NICO J・VAN STRIEN 一九八六。

カラーアトラス 牛の解剖、望月公子監修、西村書店、一九八六。

日本動物解剖図説、広島大学生物学会、森北出版、一九七一。

兎の解剖図譜、望月公子訳、学窓社、一九七七。

MILLERS ANATOMY OF THE DOG EVANS & CHRISTENSEN 一九七九。

FOSSIL HORSES BRUCE & MACFADDEN CAMBRIDGE UNIV. PRESS 一九九二。

ヒトの足、水野祥太郎、創元社、一九八四。

基礎運動学、中村隆一・加藤宏、医歯薬出版、一九九四。

恐竜の力学、R・M・アレクサンダー・坂本憲一訳、地人書館、一九九二。

恐竜解剖、クリストファー・マグガン、月川和雄訳、工作舎、一九九八。

恐竜学、小畠郁生ほか、東京大学出版会、一九九三。

現生鹿の足部形態と足印について、(一)、岡村喜明、地学研究、三九 一九九〇。

MAMMALIAN OSTEOLOGY B・MILES GILBERT MISSOURI ARCHAEOLOGICAL SOCIETY 一九八〇。

OSTEOLOGY OF THE REPTILES ALFRED S・ROMER KRIEGER PUBLISHING Co. 一九九七。
ELEPHANT LIFE IRVEN O・BUSS IOWA STATE UNIV・PRESS 一九九〇。
ELAPHANTS J・SHOSHANI SIMON & SCHUSTER 一九九二。
THE ILLUSTRATED ENCYCLOPEDIA OF ELEPHANTS S・K・ELTRINGHAM CRESCENT 一九九一。
ANATOMY AND HISTOLOGY OF THE INDIAN FLEPHANT MARIAPPA INDIRA PUBLISHING HOUSE 一九八六。
DIE WELT DER SCHILDKROTEN FRITZ JURGEN OBST ALBERT MULLER VERLAG 一九八五。
CROCODILES & ALLIGATORS OF THE WORLD DAVID ALDERTON BLANDFORD 一九九八。
CROCODILES RODNEY STEEL CHRISTOPHER HELM 一九八九。
THE ENCYCLOPAEDIA OF REPTILES AND AMPHIBIANS T・HALLIDAY & K・ADLER・GEORG EALLEN & UNWIN 一九八六。
ENCYCLOPEDIA OF REPTILES & AMPHIBIANS G・H・COGGER U・S BY ACADEMIC PRESS 一九九八。
THE BENGAL MONITOR W・AUFFENBERG UNIV. PRESS OF FLORIDA 一九九四。

◆足跡化石（本書にてふれた、あるいは参考にした調査報告書・学術報告を主としてあげる）
ゾウの足跡化石調査法、地学団体研究会、一九九四。

日本の長鼻類化石、亀井節夫、築地書館、一九九一。

古足跡学の可能性、石垣　忍、化石研究会会誌　二〇　一九八八。

足跡学の用語、石垣　忍、生物科学　四〇　一九八八。

恐竜の足あと、井尻正二・真野勝友、築地書館、一九九〇。

デスモスチルスの歩行機能に関する古生物学的研究、平成六年度科学研究成果報告書、犬塚則久、一九九五
FOSSIL FOOTPRINTS OF DESMOSTYLIANS PREDICTED FROM A RESTORED SKELETON NORIHISA INUZUKA ICHNOS 五・一九九七。

APPLICATION OF COMPUTERIZED TOMOGRAPHY TO STUDY INSECT TRACES JORGE F・GENISE ANDGERARDO ICHNOS 四・一九九五。

VARIATION IN SALAMANDER TRACKWAYS RESULYING FROM SUBSTRATE DIFFERENCES LEONARD R・BRAND J・PALEONT・七〇（六）、一九九六。

APPLICATION OF COMPUTERIZED TOMOGRAPHY TO STUDY INSECT TRACES、J・F・GENISE & G・CLADERA・ICHNOS・四・一九九五。

化石が語るロコモーション、犬塚則久、三省堂理科教育、五、一七、一九九二。

イギリス海岸、イーハトーボ農学校の春、宮沢賢治、角川書店、一九九六・これは、彼が一九二三年八

月九日に記したものである。


岩手県花巻胡桃化石産地附近の地質（其一）、齋藤文雄、地学雑誌　四〇　四七一号　一九二八。

上部本畑層の化石・足痕化石、木下　尚ほか、北上市立博物館研究報告八号　一九九一。

本畑層の化石―アケボノゾウの臼歯化石―、木下尚ほか、北上市立博物館研究報告　九号　一九九三。

胆沢川動物足跡化石緊急発掘調査報告・足跡を残した動物たち、水沢市・金ケ崎町教育委員会・胆沢川動物足跡化石発掘調査団、一九九三。

大地を揺るがす象の群れ―東日本足跡化石紀行―、岡村喜明ほか、自費出版、一九九四。

山形県最上炭田より鳥類の足痩化石発見す、吉田三郎、地質学雑誌　七一　四〇号、一九六五。

一九六七年に山形大学紀要、六、（四）に英文でも報告。

東北地方産出の渉禽鳥類の化石（英文）、小野慶一、Mem. Nath. Sci, Mus., Tokyo, 一七, 一九八四。

蒼い地層の足痕、中村孝三郎・松本彦七郎、長岡科学博物館考古研究室・越路町教育委員会、復刻版、一九九二。

新潟県三島郡越路町塚野山、魚沼層産の足跡化石と古環境、渋海川足跡化石団体研究グループ、越路町教育委員会、一九九四。

入間昔むかし・アケボノゾウの足跡、入間川足跡化石発掘調査団、入間市博物館、一九九五。

入間川足跡化石調査報告書、入間川足跡化石発掘調査団、一九九三。

静岡県富士宮市沼久保の富士川河床に分布する礫シルト層（更新世）の層相と化石について、柴　正博ほか、一九九二。

上部更新世の野尻湖層で発見されたナウマンゾウの足跡化石、野尻湖発掘調査団古環境班、地球科学、一九九二。

大地の生いたち・美濃加茂、岐阜県美濃加茂市教育委員会、一九九四。

富山県恐竜足跡化石調査報告書、富山県恐竜足跡化石調査委員会、一九九七。

美濃加茂盆地における中村累層の地層と化石、美濃加茂市教育委員会、一九九五。

石川県門前町の足跡化石、門前町足跡化石調査団、一九九九。

金沢市周辺の大桑層と卯辰山層の研究、金沢地域の大桑層産脊椎動物化石、松浦信臣、北陸地質研究所報告、五、一九九六。

福井県越廼村の中新世哺乳動物足跡化石、安野敏勝、福井市自然史博物館研究報告　四四　一九九七。

アースウオッチング　イン　岐阜、岐阜県高等学校地学教育研究会、岐阜新聞・岐阜放送、一九九一。

東海の自然をたずねて・伊賀盆地の化石、東海化石研究会、築地書館、一九九七。

古琵琶湖層群伊賀油日累層でクロコダイル科のワニの足跡化石を発見、奥山茂美・落合寛道、大山田村教育委員会、一九九三。

古琵琶湖層群でワニの足跡化石を発見、奥山茂美、地学研究、四三、二、一九九四。

滋賀県大津市苗鹿から産出した長鼻類・偶蹄類の足跡化石、藤本秀弘、東山学園研究紀要　四三　一九九七。

開け太古の扉、滋賀県水口町教育員会・同町都市計画課、一九九八。

太古の旅、琵琶湖、横山卓雄、京都自然史研究所、三学出版、一九九九。

象のいたまち、野洲川河原の足跡化石、滋賀県甲西町教育委員会、一九九〇。

近江の竜骨―湖国に象を追って―、松岡長一郎、近江文庫　六　サンライズ印刷出版、一九九七。

琵琶湖／竹生島、琵琶湖の生いたちと化石、岡村喜明（共同執筆）、一九九四
古琵琶湖層群から産出した鳥類足跡化石、岡村喜明、高橋啓一ほか、化石、五五　一九九三。

鮮新世の哺乳類の足跡化石の研究、亀井節夫ほか、平成元・二年度科学研究成果報告書、一九九一。

古琵琶湖とその生物、高橋啓一、アーバンクボタ　三七　一九九八。

滋賀県甲西町朝国の野洲川河床、足跡化石調査報告、甲西町教育委員会、一九九八。

アケボノゾウ発掘記、滋賀県多賀町教育委員会、一九九三。

愛知川化石林―その古環境復元の試み―、愛知川産化石林調査団、琵琶湖博物館開設準備室研究調査報告、一号　一九九三。

古琵琶湖層群の足跡化石、琵琶湖博物館開設準備室研究調査報告、三号　一九九五。

古琵琶湖層群上野累層の足跡化石、服部川足跡化石調査団、一九九六。

古琵琶湖層群の哺乳類足跡化石、田村幹夫、滋賀県自然誌、滋賀県自然保護財団、一九九一。

ANCIENT LAKES OKAMURA & TAKAHASHI KENOBI PRODUCT・一九九九（共同執筆）。

THE PROBOSCIDEA J・SHOSHANI AND P・TASSY 一九九六。

絶滅動物と日本列島の旧石器人、稲田孝司、科学、六八、四、一九九一。

大阪市山之内遺跡発掘調査説明会資料、大阪市教育委員会・大阪市文化財協会、一九九一。

兵庫県明石市郊外にて発見の獣類足跡化石、徳永重康・直良信夫、地質学雑誌　四一　四九一号　一九

三四。

兵庫県明石郡大久保村西八木発見の獣類足跡化石、鹿間時夫、地球　二六　五号　一九三六。

兵庫県明石市付近より発見された足跡化石、森本義夫・津田貞太郎、博物学雑誌　三五　六〇号　一九三七。

富田林の足跡化石、一〇〇万年前の自然を復元する、富田林市石川化石発掘調査団、一九九四・このほかに小冊子が二編発刊されている。

大分県における足跡化石の予察的調査、岡村喜明ほか、化石研究会会誌　三〇　二号　一九九七。

大分県安心院盆地の津房川層からゾウ化石を発見、北林栄一、大分地質学会誌、四、一九九八。

琵琶湖博物館調査研究報告、一三号、二〇〇〇。

北松炭田地質図説明書、沢田秀穂、地質調査所、一九五八。

金剛寺遺跡発掘調査報告、岡村喜明、高橋啓一、長浜市教育委員会、一九九六。

下坂中町遺跡、岡村喜明、高橋啓一、長浜市教育委員会、一九九八。

野瀬遺跡発掘調査報告、岡村喜明、高橋啓一、長浜市教育委員会、一九九九。

八幡東遺跡、岡村喜明、高橋啓一、長浜市教育委員会、一九九三・このほかに投稿中のものあり。

LAETOLI A PLIOCENE SITE IN NORTHERN TANZANIA M・D・LEAKEY AND J・M・HARRIS CLARENDON PRESS 一九八七。

VERTEBRATE FOOTPRINTS AND INVERTEBRATE TRACES FROM CHADRONIAN (LATEEOCENE) OF TRANS—PECOS TEXAS WILLAM ANTONY at. al Texas

Memorial Museum Bull・三六・一九九四。
GLOSSARY AND MANUAL OF TERAPOD FOOTPRINT PALAEOICHNOLOGY G・LEONARDI 一九八七。
立体写真を使った恐竜の足跡化石の描写法、後藤道治ほか、富山市科学文化センター、一九、一九九六。
デジタル写真測量と光造形を用いた遺物の複製について、宮原健吾、情報考古学、一九九八。

あとがき

著者は、昭和六三年（一九八八）滋賀県甲賀郡甲西町を流れる野洲川河床から約二五〇万年前の長鼻類や偶蹄類の足跡化石が発見されたことをきっかけに、主として国内の新生代の地層からの足跡化石の調査・研究を進めてきた。その過程で最も痛感したことは、本文で解説したように「足跡化石は、古代の生物が移動した時に残したもので、そのへこみには『動の結果』が隠されている」、それをいかにして引き出すかであった。そのために集めた諸書を小脇に抱えて産地を往復するだけでは著者の脳裏に『動』は浮かんで来ない。それは、既存の諸書を批判するものではなく、それらを著した各著者の目的が足跡化石の研究を目的としていないだけである。それではと、産地を歩くうちに集めた資料をまとめてみようと考えて筆を走らせたのが本書である。終わってみると、まだまだもの足りない感であるが、著者の意図するところが少しでも反映していて、これからの足跡化石の研究に役立てば幸いである。

「はじめに」にも書いたが、三重県伊賀上野地方から滋賀県南部に四〇〇万年の長きにわたって堆積した古琵琶湖層群の足跡化石のように、流されても次々と下位の層から姿をあらわす産地も、ほんの数枚の層準からだけ産出してすぐに浸食や風化、工事のために破壊されてしまう産地も、古足跡学の将来を考えれば、できるだけ早急に正確な発掘調査をすることが望ましく、それがわれわれの使命であろう。足跡化石調査の「迅速」かつ「正確」を期すためには、その産地、産状に則した計画と発掘方法にかかっている。いかなる分野の学問も日進月歩、これでベストということはないが、せっかくわれわれの前に顔を出してくれた足跡化石を無駄にしないためには、一九二三年、宮沢賢治さんの発見以来、現在まで各地で行われてきた足跡化石の調査、研究の報告書を読み、そこで採用された調査法を十分に検討することが大切である。過去には足跡化石の解析には不十分な記録もあれば、大変参考になる記録もある。これからの足跡化石の研究には、その報告書を読む人が、その調査に加わっていなくても、あたかも足跡が目の前におかれ、現地で眺めているような記録が要求される。

モロッコやモンゴルで恐竜の足跡化石を調査した経験をもつ岡山市の林原自然史博物館開設準備室に勤務されている石垣忍さんは、一九八八年、『化石研究会会誌　二〇』に〝古足跡学の可能性〟と題して足跡化石のもつ特性と将来の展望について詳細に解説している。また彼は同じ年、ブラジルのギセッペ　レオナルディが一九八七年に著した『Glossary and Manual of Tetrapod Footprint Palaeoichnology』にある八カ国語の足跡学用語などを基本にして、ドイツ語、英語、フランス語と日本語の対照表を作成し、生物科学、四〇に投稿した。この二つの資料は、数少ないわが国の足跡学、特に古足跡学のバイブルともいえる存在で多くの研究者のひも解くものとなっている。

また、亀井節夫さんは、一九九四年に発刊された大阪府富田林市の足跡化石調査報告『富田林の足跡化石』富田林市石川化石発掘調査団編で、古足跡学の将来は、足跡化石のもつ特性を考慮したうえで現生種の足跡などの情報の集積、足跡の認定と形態の記載が正確に行われてはじめて解析が進み、さらにはバイオメカニクス、古環境の復元が可能となると書いている。まさにそのとおりで、各産地の諸条件を考慮しながらも、ある一定の基準に基づいて足跡化石の研究に臨めば、古足跡学の将来は開けるであろう。

中生代ジュラ紀、白亜紀からの恐竜などの爬虫類や鳥類、両生類などの足跡化石も今後ますます加速して発見、研究されることであろう。また、今までは新生代のなかでも鮮新～更新世の足跡化石が圧倒的に多かったが、最近、中新世からの発見も増えてきている。著者も、今以上に多くの研究者やアマチュアの意見を聞き、この書に新たな知見を加えることができれば幸いである。

謝辞

本書を著すについては実に多くの方々のご協力とご理解が必要であった。それは足跡学や古足跡学をひも解くには、いかなる分野の学問も同じであるが、古生物学は言うにおよばず生物学、動物学、医学、解剖学、地質学、堆積学、運動力学などそれにまつわる広い視野でものをみていかなければならない。今の著者の知識と交流範囲ではまだまだ微々たることしかできない。それを不十分ではあるがここまで筆を運ぶことができたのは次にあげた人々のお蔭である。ここに心から感謝の意を表したい（敬称は省略させていただいた）。また、滋賀県立琵琶湖博物館の専門学芸員である高橋啓一さんには終始懇切丁寧な指導、監修をいただいた。あわせて深くお礼を申しあげる。

吉田三郎、川辺孝幸、山形大学、長沢一雄、山形県立博物館、新田康夫、氏家富士子、岩手県金ケ崎町教育委員会、北上市立博物館、加藤正明、安藤正芳、長岡市立科学博物館、堀川秀夫、新潟県越路町教育委員会、我孫子市鳥の博物館、神谷敏郎、犬塚則久、埼玉県立博物館、久津間文隆、入間市博物館、浅見泰志、楡井尊、間島信男、熱川バナナワニ園、山本恒幸、長森英明、畠山幸司、田辺智隆、戸隠村地質化石館、野尻湖ナウマンゾウ博物館、近藤洋一、小泉明裕、柴正博、加藤貞亨、愛知県鳳来寺山自然科学博物館、葉室俊和、石川県門前町教育委員会、門前町足跡化石調査団、松浦信臣、白峰村教育委員会、石川テレビ、安野敏勝、東洋一、後藤道治、瑞浪市化石博物館、鹿野勘次、子安和弘、蜂矢喜一郎、松岡敬二、奥山茂美、冨田靖男、三重県立博物館、清水善吉、三重県大山田村教育委員会、落合寛

道、北田稔、川口貢、松岡長一郎、田村幹夫、新保健志、小西省吾、黒川明、甲西町教育委員会、日野町教育委員会、蒲生町教育委員会、甲南町教育委員会、阿部勇治、大島浩、音田直紀、多賀の自然と文化の館、みなくち子どもの森自然館、栗東自然観察の森、滋賀県立琵琶湖博物館、同博物館地学研究室、中島経夫、服部昇、西出忠、長浜市教育委員会、西原雄大、前畑政善、小早川隆、雨森清、磯部敏雄、藤本秀弘、友田淑郎、生田病院、滋賀サファリ博物館、梅沢幸平、大西行雄、亀井節夫、石田志朗、神谷英利、志岐常正、清水大吉郎、田中里志、京都市動物園、大堀克人、谷本正浩、樽野博幸、森山義博、富田林市石川化石発掘調査団、野村正育、吉川周作、三枝春生、神戸市立王子動物園、権藤眞禎、村田浩一、宝塚動植物園、佐古文洋、北林栄一、岡崎美彦、河野隆重、池上直樹、ソウル大公園動物園（韓国）、北京自然博物館、ポブホールメンタイソン（タイ）、タェポークアンカワニッシュ（タイ）、ニタヤスララート（タイ）、ニッタヤビリヤカセンスク（タイ）、バンコク市デュシット動物園資料館、サンプラーンエレファントグラウンド、サムットプラカーンワニ園、ミンブリ・サファリワールド、アユタヤ象乗り場のスタッフ、ランパーン象保護センター、メーテンジャングルラーフト、チェンダオエレファントトレーニングセンター、チェンマイ市ニューファイブスター（旅行社）、トイ（ガイド）、チーホノフ（サンクトペテルブルグ）、足跡化石および足型保管について返答いただいた各機関。

最後になったが、本書を出版するにあたって、多大なご助力をいただいたサンライズ出版の岩根順子社長とスタッフの方々に感謝する。

■著者略歴

岡　村　喜　明（おかむら　よしあき）

1938年　滋賀県に生まれる
1963年　日本医科大学卒業。現在、滋賀県草津市にて皮膚科、泌尿器科を開業
1975年　草津地学同好会設立
1991年　滋賀県足跡化石研究会設立。以来、全国各地の足跡化石産地の観察や調査をつづけていて、特に古琵琶湖層群からの足跡化石のでき方に興味をもち、現在の動物の観察や印跡・復元の実験をしている。

住　所
〒520－3005　滋賀県栗太郡栗東町御園1022－7

■写真の説明

表紙カバー　滋賀県蒲生郡日野町の日野川ダム下流にみられた偶蹄類の足跡化石の密集。
裏　チンパンジーは、ぞうりを履くのが苦手。タイのサムットプラカーンにて、ガイドのニターヤさんと。

石《いし》になった足跡《あしあと》　―へこみの正体《しょうたい》をあばく―

2000年12月20日　初版１刷発行

著　者　岡　村　喜　明

発行者　岩　根　順　子

発行所　サンライズ出版
滋賀県彦根市鳥居本町655-1 〒522-0004
電話0749-22-0627　振替01080-9-61946

印　刷　サンライズ印刷株式会社

ISBN4-88325-082-2 C0044